全国计算机技术与软件专业技术资格（水平）考试用书

# 网络管理员教程

## 第6版

景 为 朱光明 张 珂 主 编

清華大学出版社
北 京

## 内容简介

本书按照计算机技术与软件专业技术资格（水平）考试的要求编写，内容紧扣《网络管理员考试大纲》（2024年审定通过）。全书共分5章，分别对计算机网络基本概念、局域网技术、网络操作系统、Web网站建设、网络安全与管理进行了系统的讲解。

本书内容丰富、层次清晰，注重理论与实践相结合，力求反映计算机网络技术的最新发展，既可作为网络管理员资格考试的教材，也可作为各类网络与通信技术基础培训的教材。



**图书在版编目(CIP)数据**

网络管理员教程 / 景为，朱光明，张珂主编 .
6版 . -- 北京 : 清华大学出版社 , 2025. 1. -- ( 全国计算机技术与软件专业技术资格（水平）考试用书 ).
ISBN 978-7-302-66918-0
Ⅰ. TP393.07
中国国家版本馆CIP数据核字第2024B5V716号

**责任编辑：** 杨如林　邓甄臻
**封面设计：** 杨玉兰
**责任校对：** 胡伟民
**责任印制：** 宋　林

**出版发行：** 清华大学出版社
**网　　址：** https://www.tup.com.cn，https://www.wqxuetang.com
**地　　址：** 北京清华大学学研大厦A座　　**邮　　编：** 100084
**社 总 机：** 010-83470000　　**邮　　购：** 010-62786544
**投稿与读者服务：** 010-62776969，c-service@tup.tsinghua.edu.cn
**质 量 反 馈：** 010-62772015，zhiliang@tup.tsinghua.edu.cn
**印 装 者：** 三河市龙大印装有限公司
**经　　销：** 全国新华书店
**开　　本：** 185mm×230mm　　**印　　张：** 18.5　　**防伪页：** 1　　**字　　数：** 455千字
**版　　次：** 2004年7月第1版　　2025年1月第6版　　**印　　次：** 2025年1月第1次印刷
**定　　价：** 79.00元

---

产品编号：104533-01

# 前言

全国计算机技术与软件专业技术资格（水平）考试实施至今已经历了30余年，在社会上产生了很大的影响，对我国软件产业的形成和发展做出了重要贡献。随着因特网的迅猛发展，电子政务、电子商务的快速兴起，人类正以前所未有的速度跨入信息化社会，进入网络时代。计算机网络逐渐成为人类各种活动中必不可少的一部分，成为政府施政、企业管理、商家经营的主要平台，成为人与人之间进行沟通的主要方式。为了适应我国信息化发展的需要，人力资源和社会保障部、工业和信息化部决定将考试的级别拓展到计算机技术与软件的各个方面，并设置了网络管理员级别的考试，以满足社会上对各种信息技术人才的需要。

编者受全国计算机专业技术资格考试办公室的委托，对《网络管理员教程》（第5版）进行了修订，以适应网络管理员级别考试大纲的要求。编者在撰写本书时紧扣《网络管理员考试大纲》（2024年审定通过），对考生需要掌握的内容进行了全面、深入的阐述。全书共分5章，对计算机网络基本概念、局域网技术、网络操作系统、Web网站建设、网络安全与管理进行了系统的讲解。需要指出的是，计算机网络管理既具有较强的理论性，又是一门实践性很强的实用技术。所以，希望读者在学习过程中注意理论与实践相结合。本书不仅是全国计算机技术与软件专业技术资格（水平）考试中网络管理员资格考试的指定用书，也可作为初级网络管理工程技术人员的参考书。

本书由景为、朱光明、张珂主编，张国鸣主审，第1章由严体华、高悦编写，第2章由景为、高振江编写，第3章由朱光明、景为编写，第4章由张永刚编写，第5章由严体华、张珂编写。全书由景为统稿。

本书对上一版的网络操作系统、动态网页技术等方面的内容进行了较大修改，并对部分章节进行了合并、调整与删减，请读者注意。

编　者

2024年5月

# 目　录

# 第 1 章　计算机网络概述

## 1.1　数据通信基础

### 1.1.1　数据通信的基本概念

#### 1. 数据信号

数据可分为模拟数据与数字数据两种。在通信系统中，表示模拟数据的信号称作模拟信号，表示数字数据的信号称作数字信号，二者可以相互转化。模拟信号在时间和幅度取值上都是连续的，其电平也随时间连续变化，如图 1-1（a）所示。例如，话音是典型的模拟信号，其他由模拟传感器接收到的信号（如温度、压力、流量等）也都是模拟信号。数字信号在时间上是离散的，在幅值上是经过量化的，它一般是由二进制代码 0 和 1 组成的数字序列，如图 1-1（b）所示。计算机中传送的是典型的数字信号。

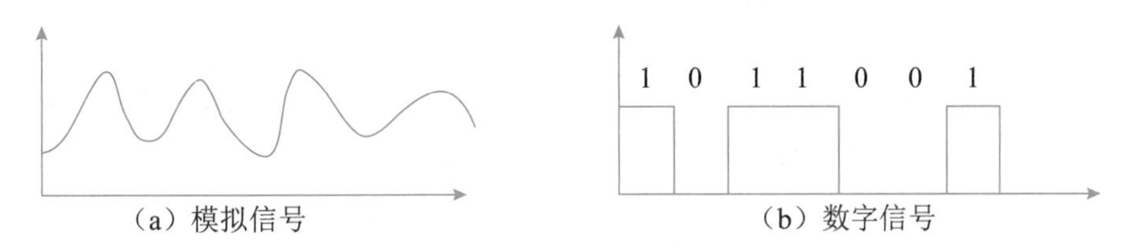


图 1-1　模拟信号和数字信号

传统的电话通信信道是传输音频的模拟信道，无法直接传输计算机中的数字信号。为了利用现有的模拟线路传输数字信号，必须将数字信号转化为模拟信号，这一过程称为调制（Modulation）。在另一端，接收到的模拟信号要还原成数字信号，这个过程称为解调（Demodulation）。通常由于数据的传输是双向的，因此，每端都需要调制和解调，进行调制和解调的设备称为调制解调器（Modem）。

模拟信号的数字化需要 3 个步骤，依次为采样、量化和编码。采样是用每隔一定时间的信号样值序列来代替原来在时间上连续的信号，也就是在时间上将模拟信号离散化。量化是用有限个幅度值近似原来连续变化幅度的值，把模拟信号的连续幅度变为有限数量的有一定间隔的离散值。编码则是按照一定的规律，把量化后的值用二进制数字表示，然后转换成二值或多值的数字信号流，这样得到的数字信号可以通过电缆、光纤、微波干线、卫星通道等数字线路传输，上述数字化的过程又称为脉冲编码调制。在接收端则与上述模拟信号数字化过程相反，经过滤波又恢复成原来的模拟信号。

#### 2. 信道

要进行数据终端设备之间的通信，当然要有传输电磁波信号的电路，这里所说的电路既包括有线电路，也包括无线电路。信息传输的必经之路称为“信道”。信道有物理信道和逻辑信道之分。物理信道是指用来传送信号或数据的物理通路，网络中两个节点之间的物理通路称为通信链路，物理信道由传输介质及有关设备组成。逻辑信道也是一种通路，但在信号收、发点之间并不存在一条物理上的传输介质，而是在物理信道的基础上，由节点内部或节点之间建立的连接来实现的。通常把逻辑信道称为“连接”。

信道和电路不同，信道一般都是用来表示向某一个方向传送数据的媒体，一个信道可以看作是电路的逻辑部件；一条电路至少包含一条发送信道或一条接收信道。

#### 3. 数据通信模型

图1-2所示的是数据通信系统的基本模型。远端的数据终端设备（Data Terminal Equipment，DTE）通过数据电路与计算机系统相连。数据电路由通信信道和数据通信设备（Data Communication Equipment，DCE）组成。如果通信信道是模拟信道，DCE的作用就是把DTE送来的数字信号变换为模拟信号再送往信道，信号到达目的节点后，把信道送来的模拟信号变换成数字信号再送到DTE；如果通信信道是数字信道，DCE的作用就是实现信号码型与电平的转换、信道特性的均衡、收发时钟的形成与供给，以及线路接续控制等。

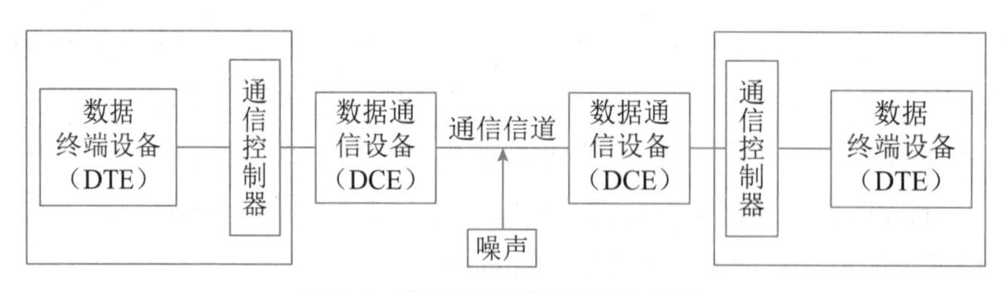


图1-2 数据通信系统的基本模型

数据通信和传统电话通信的重要区别之一是，电话通信必须有人直接参与，摘机拨号，接通线路，双方都确认后才开始通话，通话过程中有听不清楚的地方还可要求对方再讲一遍，等等。在数据通信中也必须解决类似的问题，才能进行有效的通信。但由于数据通信没有人直接参与，就必须对传输过程按一定的规程进行控制，以便双方协调可靠地工作，包括通信线路的连接、收发双方的同步、工作方式的选择、传输差错的检测与校正、数据流的控制，以及数据交换过程中可能出现的异常情况的检测和恢复。这些都是按双方事先约定的传输控制规程来完成的，具体工作由数据通信系统中的通信控制器来完成。

#### 4. 数据通信方式

根据所允许的传输方向，数据通信方式可分成以下 3 种。

（1）单工通信：数据只能沿一个固定方向传输，即传输是单向的，如图 1-3（a）所示。

（2）半双工通信：允许数据沿两个方向传输，但在同一时刻信息只能在一个方向传输，如图 1-3（b）所示。

（3）双工通信：允许信息同时沿两个方向传输，这是计算机通信常用的方式，可极大地提高传输速率，如图 1-3（c）所示。

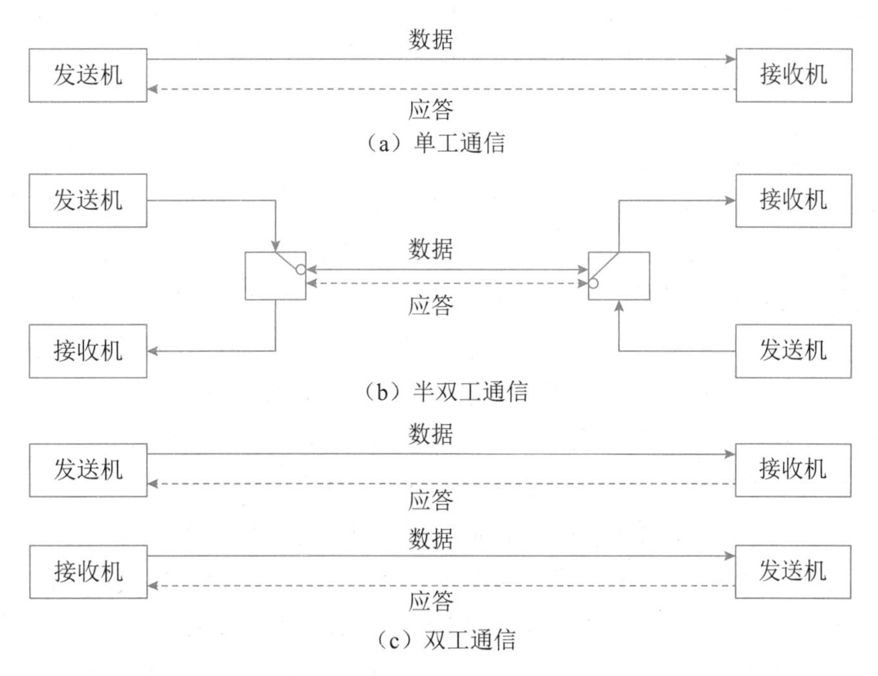


图 1-3　数据通信方式

## 1.1.2 数据传输

### 1. 数据传输方式

1）并行传输与串行传输

并行传输指的是数据以成组的方式，在多条并行信道上同时进行传输，常见的就是将构成一个字符代码的几位二进制码分别在几个并行信道上进行传输。例如，采用8单位代码的字符，可以用8个信道并行传输，一次传送一个字符，因此收、发双方不存在字符的同步问题，不需要另加“起”“止”信号或其他同步信号来实现收、发双方的字符同步，这是并行传输的一个主要优点。但是，并行传输必须有并行信道，这往往带来了设备或实施条件上的限制，因此，实际应用受限。

串行传输指的是数据流以串行方式在一条信道上传输。一个字符的8个二进制代码，由高位到低位顺序排列，再接下一个字符的8位二进制码，这样串接起来即形成串行数据流传输。串行传输只需要一条传输信道，易于实现，是目前采用的一种主要的传输方式。但是串行传输存在收、发双方如何保持码组或字符同步的问题，这个问题不解决，接收方就不能从接收到的数据流中正确地区分出一个个字符，因而传输将失去意义。对于码组或字符的同步问题，目前有两种不同的解决办法，即异步传输方式和同步传输方式。

2）异步传输与同步传输

异步传输一般以字符为单位，不论所采用的字符代码长度为多少位，在发送每个字符代码时，前面均加上一个“起”信号，其长度规定为1个码元，极性为“0”，即空号的极性；字符代码后面均加上一个“止”信号，其长度为1或2个码元，极性皆为“1”，即与信号极性相同，加上起、止信号的作用就是为了能区分串行传输的“字符”，也就实现了串行传输收、发双方码组或字符的同步。这种传输方式的优点是同步实现简单，收、发双方的时钟信号不需要严格同步，缺点是对每一个字符都需加入起、止码元，使传输效率降低，故适用于1200b/s以下的低速数据传输。

同步传输是以同步的时钟节拍来发送数据信号的，因此在一个串行的数据流中，各信号码元之间的相对位置都是固定的（即同步的）。接收端为了从收到的数据流中正确地区分出一个个信号码元，首先必须建立准确的时钟信号。数据的发送一般以组（帧）为单位，一组数据包含多个字符收发之间的码组或帧同步，是通过传输特定的传输控制字符或同步序列来完成的，传输效率较高。

### 2. 数据传输形式

1）基带传输

在信道上直接传输基带信号的方式称为基带传输。它是指在通信电缆上原封不动地传输由计算机或终端产生的数字脉冲信号。这样一个信号的基本频带可以从直流成分到兆赫，频带越宽，传输线路的电容电感等对传输信号波形衰减的影响越大，超出介质的最大传输距离需加中继器来放大信号，以便延长传输距离。基带信号绝大部分是数字信号，计算机网络内往往采用基带传输。

2）频带传输

将基带信号转换为以频率表示的模拟信号来传输的方式，称为频带传输。例如，使用电话线进行远距离数据通信，需要将数字信号调制成音频信号再发送和传输，接收端再将音频信号解调成数字信号。由此可见，采用频带传输时，要求在发送和接收端安装调制解调器，这不仅实现了数字信号可用电话线路传输，还可以实现多路复用，从而提高了信道利用率。

3）宽带传输

将信道分成多个子信道，分别传送音频、视频和数字信号的方式，称为宽带传输。它是一种传输介质频带宽度较宽的信息传输方式，通常为 300 ～ 400MHz。系统设计时将此频带分隔成几个子频带，采用“多路复用”技术。一般来说，宽带传输与基带传输相比有以下优点：能在一条信道中传输声音、图像和数据信息，使系统具有多种用途；一条宽带信道能划分为多条逻辑基带信道，实现多路复用，因此信道的容量大大增加；宽带传输的距离比基带远，因为基带传输直接传送数字信号，传输的速率越高，能够传输的距离就越短。

### 3. 数据传输速率

1）比特率

比特率是指单位时间内所传送的二进制码元的有效位数，即每秒比特数，单位是 b/s。例如一个数字通信系统，它每秒传输 800 个二进制码元，它的比特率就是 800 比特 / 秒（800b/s）。码元是对于网络中传送的二进制数字中每一位的通称，也常称作“位”或 b。例如，1010101 共有 7 位或 7b。

2）信道带宽

模拟信道的带宽如图 1-4 所示，信道带宽 $W=f_2-f_1$，其中，$f_1$ 是信道能通过的最低频率；$f_2$ 是信道能通过的最高频率，两者都是由信道的物理特性决定的。为了使信号传输中的失真小些，信道要有足够的带宽。

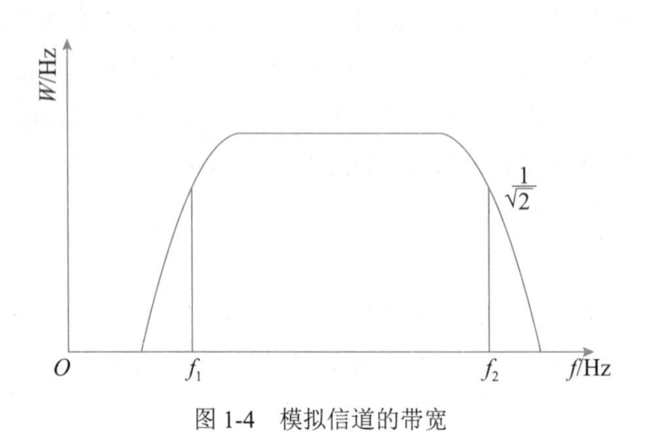


图 1-4 模拟信道的带宽

3）波特率

数字信道是一种离散信道，它只能传送取离散值的数字信号。信道的带宽决定了信道中能不失真地传输脉冲序列的最高速率。一个数字脉冲称为一个码元，用码元速率表示单位时间内信号波形的变换次数，即单位时间内通过信道传输的码元个数。若信号码元宽度为 $T$ 秒，则码元速率 $B=1/T$。码元速率的单位叫波特（Baud），所以码元速率也叫波特率。这里的码元可以是二进制的，也可以是多进制的。波特率 $N$ 和比特率 R 的关系为 $R=N\log_2 M$，当码元为二进制时 $M$ 为 2，当码元为四进制时 $M$ 为 4，以此类推。如果波特率为 600Baud，在二进制时，比特率为 600b/s，在八进制时为 1800b/s。

4）奈奎斯特定理

1924 年，贝尔实验室的研究员亨利·奈奎斯特（Harry Nyquist）就推导出了有限带宽无噪声信道的极限波特率，称为奈奎斯特定理。若信道带宽为 $W$，则最大码元速率为：

$$B=2W\ (\text{Baud})$$

奈奎斯特定理指定的信道容量也叫作奈奎斯特极限，这是由信道的物理特性决定的。超过奈奎斯特极限传送脉冲信号是不可能的，所以要进一步提高波特率，必须改善信道带宽。

码元携带的信息量由码元取的离散值个数决定。若码元取两个离散值，则一个码元携带 1 比特（b）信息。若码元可取 4 种离散值，则一个码元携带两比特信息，即一个

码元携带的信息量 $n$（比特）与码元的种类数 $N$ 有如下关系：

$$n=\log_2 N$$

在一定的波特率下提高速率的途径是用一个码元表示更多的比特数。如果把 2 比特编码为一个码元，则数据速率可成倍提高，即：

$$R=B\log_2 N=2W\log_2 N\text{（b/s）}$$

其中，$R$ 表示数据速率，单位是每秒位（bit per second），简写为 b/s。

5）香农（Shannon）定理

奈奎斯特定理是在无噪声的理想情况下的极限值。实际信道会受到各种噪声的干扰，因而远远达不到按奈奎斯特定理计算出的数据传送速率。香农的研究表明，有噪声信道的极限数据速率为：

$$C=W\log_2\left(1+\frac{S}{N}\right)$$

其中，$W$ 为信道带宽，$S$ 为信号的平均功率，$N$ 为噪声平均功率，$\frac{S}{N}$ 叫作信噪比。由于在实际使用中 $S$ 与 $N$ 的比值太大，故常取其分贝数（dB）。分贝与信噪比的关系为：

$$1\text{dB}=10\lg\frac{S}{N}$$

例如，当 $\frac{S}{N}$ =1000 时，信噪比为 30dB。这个公式与信号取的离散值个数无关，也就是说无论用什么方式调制，只要给定了信噪比，则单位时间内最大的信息传输量就确定了。例如，信道带宽为 3000Hz，信噪比为 30dB，则最大数据速率为：

$$C=3000\log_2(1+1000)\approx 3000\times 9.97\approx 30\,000\text{ (b/s)}$$

这是极限值，只有理论上的意义。实际上，在 3000 Hz 带宽的电话线上，数据速率能达到 9600 b/s 就很不错了。

6）误码率

误码率指信息传输的错误率，是衡量系统可靠性的指标。它以接收信息中错误比特数占总传输比特数的比例来度量，通常应低于 $10^{-6}$。

### 1.1.3　数据编码

在计算机中，数据是以离散的二进制比特流方式表示的，称为数字数据。计算机数据在网络中传输，通信信道无外乎两种类型，即模拟信道和数字信道。计算机数据在不同的信道中传输要采用不同的编码方式，也就是说，在模拟信道中传输时，要把计算机中的数字信号转换成模拟信道能够识别的模拟信号；在数字信道中传输时，要把计算机中的数字信号转换成网络媒体能够识别的，利于网络传输的数字信号。

### 1. 模拟数据编码

将计算机中的数字数据在网络中用模拟信号表示，要进行调制，也就是要进行波形变换，或者更严格地讲，是进行频谱变换，将数字信号的频谱变换成适合于在模拟信道中传输的频谱。最基本的调制方法有以下3种。

1）调幅

调幅（Amplitude Modulation，AM）即载波的振幅随着基带数字信号而变化，例如数字信号1用有载波输出表示，数字信号0用无载波输出表示，如图1-5（a）所示。这种调幅的方法又叫幅移键控（Amplitude Shift Keying，ASK），其特点是信号容易实现，技术简单，但抗干扰能力差。

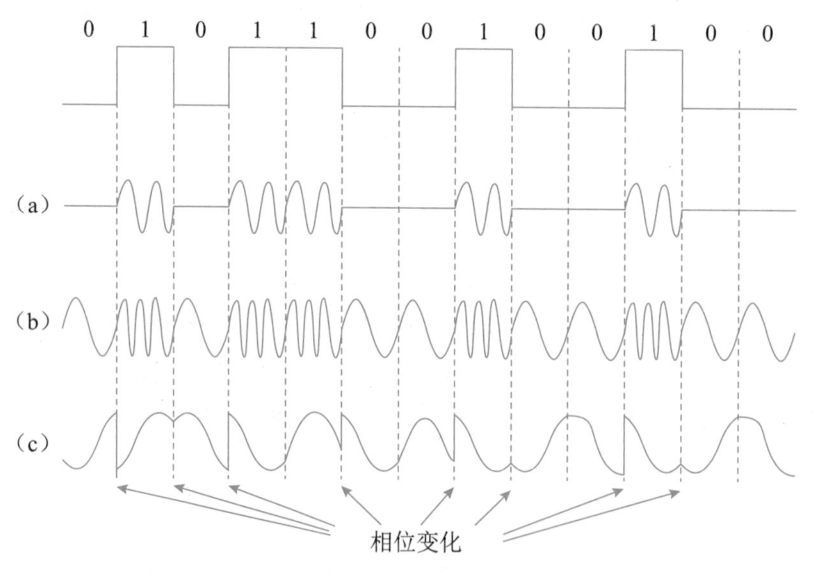


图1-5 基带数字信号的调制方法

2）调频

调频（Frequency Modulation，FM）即载波的频率随着基带数字信号而变化，例如数字信号 1 用频率 $f_1$ 表示，数字信号 0 用频率 $f_2$ 表示，如图 1-5（b）所示。这种调频的方法又叫频移键控（Frequency Shift Keying，FSK），其特点是信号容易实现，技术简单，抗干扰能力较强。

3）调相

调相（Phase Modulation，PM）即载波的初始相位随着基带数字信号而变化，例如数字信号 1 对应于相位 180°，数字信号 0 对应于相位 0°，如图 1-5（c）所示。这种调相的方法又称为相移键控（Phase Shift Keying，PSK），其特点是抗干扰能力较强，但信号实现的技术比较复杂。

### 2. 数字数据编码

在数字信道中传输计算机数据时，要对计算机中的数字信号重新编码后进行基带传输。在基带传输中，数字信号的编码方式主要有以下几种。

1）不归零编码

不归零编码（Non-Return-to-Zero，NRZ）用低电平表示二进制 0，用高电平表示二进制 1，如图 1-6（a）所示。

不归零编码的缺点是无法判断每一位的开始与结束，收发双方不能保持同步。为保证收发双方同步，必须在发送不归零编码的同时用另一个信道传送同步信号。

2）曼彻斯特编码

曼彻斯特编码（Manchester Encoding，ME）不是用电平的高低表示二进制，而是用电平的跳变来表示的。在曼彻斯特编码中，每一个比特的中间均有一个跳变，这个跳变既作为时钟信号，又作为数据信号。电平从高到低的跳变表示二进制 1，从低到高的跳变表示二进制 0，如图 1-6（b）所示。

3）差分曼彻斯特编码

差分曼彻斯特编码（Differential Manchester Encoding，DME）是对曼彻斯特编码的改进，每比特中间的跳变仅做同步之用，每比特的值根据其开始边界是否发生跳变来决定。每比特的开始无跳变表示二进制 1，有跳变表示二进制 0，如图 1-6（c）所示。

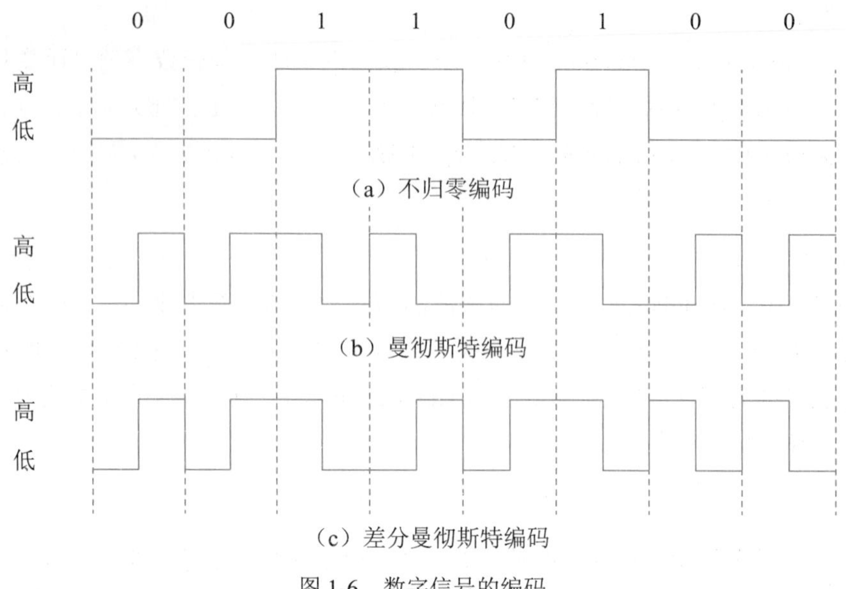


图 1-6 数字信号的编码

曼彻斯特编码和差分曼彻斯特编码是数据通信中最常用的数字信号编码方式，它们的优点是明显的，那就是无须另发同步信号；但缺点也是明显的，那就是编码效率低，如果传送 10Mb/s 的数据，将需要 20MHz 的脉冲。

### 1.1.4 多路复用技术

为了充分利用传输媒介，人们研究了在一条物理线路上建立多个通信信道的技术，这就是多路复用技术。多路复用技术的实质是，将一个区域的多个用户数据通过发送多路复用器进行汇集，然后将汇集后的数据通过一条物理线路进行传送，接收多路复用器再对数据进行分离，分发到多个用户。多路复用通常分为频分多路复用、时分多路复用、波分多路复用、码分多址和空分多址。

#### 1. 频分多路复用

事实上，通信线路的可用带宽超过了给定信号的带宽，频分多路复用（Frequency Division Multiplexing，FDM）恰恰是利用了这一优点。频分多路复用的基本原理是：如果每路信号以不同的载波频率进行调制，而且各个载波频率是完全独立的，即各个信道所占用的频带相互不重叠，相邻信道之间用“警戒频带”隔离，那么每个信道就能独立地传输一路信号。其基本原理如图 1-7 所示。

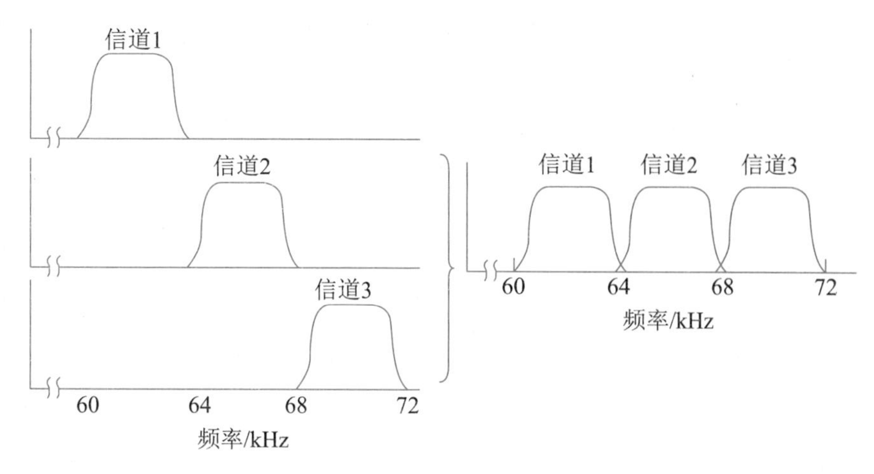


图 1-7　频分多路复用的基本原理

频分多路复用的主要特点是信号被划分成若干通道（频道、波段），每个通道互不重叠，独立进行数据传递。频分多路复用在无线电广播和电视领域中应用较多。ADSL 也是一个典型的频分多路复用。ADSL 用频分多路复用的方法，在 PSTN 使用的双绞线上划分出 3 个频段，0 ～ 4kHz 用来传送传统的语音信号；20 ～ 50kHz 用来传送计算机上载的数据信息；150 ～ 500kHz 或 140 ～ 1100kHz 用来传送从服务器上下载的数据信息。

### 2. 时分多路复用

时分多路复用（Time Division Multiplexing，TDM）是以信道传输时间作为分隔对象，通过为多个信道分配互不重叠的时间片的方法来实现多路复用。时分多路复用将用于传输的时间划分为若干个时间片，每个用户分得一个时间片。

时分多路复用通信，是各路信号在同一信道上占有不同时间片进行通信。由抽样理论可知，抽样的一个重要作用是将时间上连续的信号变成时间上离散的信号，其在信道上占用时间的有限性，为多路信号沿同一信道传输提供了条件。具体说，就是把时间分成一些均匀的时间片，将各路信号的传输时间分配在不同的时间片，以达到互相分开、互不干扰的目的。图 1-8 所示为时分多路复用示意图。

应用最广泛的时分多路复用是贝尔系统的 T1 载波。T1 载波将 24 路音频信道复用在一条通信线路上，每路音频信号在送到多路复用器之前，要通过一个脉冲编码调制（Pulse Code Modulation，PCM）编码器，编码器每秒取样 8000 次。24 路信号的每一路轮流将一个字节插入帧中，每个字节的长度为 8 位，其中 7 位是数据位，1 位用于信道控制。每帧由 24×8=192 位组成，附加 1bit 作为帧的开始标志位，所以每帧共有

193bit。由于发送一帧需要 125μs，所以一秒钟可以发送 8000 帧。因此 T1 载波的数据传输速率为：

$$193b \times 8000 = 1\ 544\ 000b/s = 1544kb/s = 1.544Mb/s$$

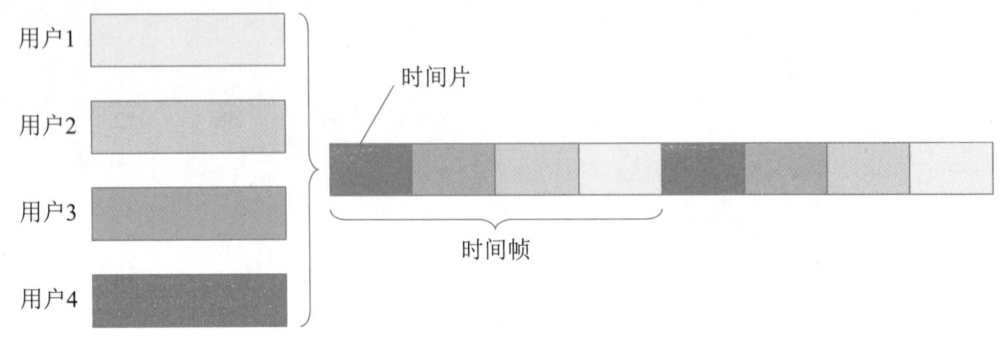


图 1-8 时分多路复用的基本原理

### 3. 波分多路复用

什么叫波分多路复用（Wavelength Division Multiplexing，WDM）？所谓波分多路复用，就是在同一根光纤内传输多路不同波长的光信号，以提高单根光纤的传输能力。目前，光通信的光源在光通信的“窗口”上只占用了很窄的一部分，还有很大的范围没有利用。也可以这样认为：WDM 是 FDM 应用于光纤信道的一个变例。如果让不同波长的光信号在同一根光纤上传输而互不干扰，利用多个波长适当错开的光源同时在一根光纤上传送各自携带的信息，就可以大大增加所传输的信息容量。由于是用不同的波长传送各自的信息，因此即使在同一根光纤上也不会相互干扰。在接收端转换成电信号时，可以独立地保存每一个不同波长的光源所传送的信息。这种方式就叫作“波分多路复用”，其基本原理如图 1-9 所示。

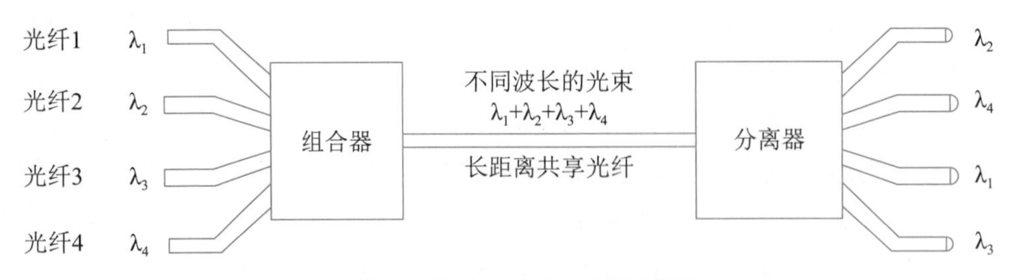


图 1-9 波分多路复用的基本原理

如果将一系列载有信息的不同波长的光载波，在光频域内以 1 纳米至几百纳米的波长间隔合在一起沿单根光纤传输，在接收端再用一定的方法就可将各个不同波长的光载波分开。在光纤的工作窗口上安排100个波长不同的光源，同时在一根光纤上传送各自携带的信息，就能使光纤通信系统的容量提高100倍。

4. 码分多址

码分多址（Code Division Multiple Access，CDMA）是采用地址码和时间、频率共同区分信道的方式。CDMA的特征是每个用户具有特定的地址码，而地址码之间相互具有正交性，因此各用户信息的发射信号在频率、时间和空间上都可能重叠，从而使有限的频率资源得到利用。

CDMA是在扩频技术的基础上发展起来的无线通信技术，即将需要传送的具有一定信号带宽的信息数据，用一个带宽远大于信号带宽的高速伪随机码进行调制，使原数据信号的带宽被扩展，再经载波调制并发送出去。接收端也使用完全相同的伪随机码对接收的带宽信号做相关处理，把宽带信号转换成原信息数据的窄带信号，即解扩，以实现信息通信。不同的移动台（或手机）可以使用同一个频率，但是每个移动台（或手机）都被分配一个独特的“码序列”，该序列码与所有别的“码序列”都不相同，因为是靠不同的“码序列”来区分不同的移动台（或手机），所以各个用户相互之间也没有干扰，从而达到了多路复用的目的。

5. 空分多址

空分多址（Space Division Multiple Access，SDMA）这种技术将空间分隔构成不同的信道，从而实现频率的重复使用，达到信道增容的目的。举例来说，在一颗卫星上使用多个天线，各个天线的波束射向地球表面的不同区域，地面上不同地区的地球站在同一时间，即使使用相同的频率进行工作，它们之间也不会形成干扰。SDMA系统的处理程序如下所述。

（1）系统将首先对来自所有天线中的信号进行快照或取样，然后将其转换成数字形式，并存储在内存中。

（2）计算机中的SDMA处理器将立即分析样本，对无线环境进行评估，确认用户、干扰源及其所在的位置。

（3）处理器对天线信号的组合方式进行计算，力争最佳地恢复用户的信号。借助这种策略，每位用户的信号接收质量将大大提高，而其他用户的信号或干扰信号则会遭到屏蔽。

（4）系统将进行模拟计算，使天线阵列可以有选择地向空间发送信号。在此基础上，每位用户的信号都可以通过单独的通信信道——空间信道实现高效传输。

（5）在上述处理的基础上，系统就能够在每条空间信道上发送和接收信号，从而使这些信道成为双向信道。

利用上述流程，SDMA 系统就能够在一条普通信道上创建大量的频分、时分或码分双向空间信道，每一条信道都可以完全获得整个阵列的增益和抗干扰功能。从理论上而言，带有 $m$ 个单元的阵列能够在每条普通信道上支持 $m$ 条空间信道。但在实际应用中支持的信道数量将略低于这个数目，具体情况取决于环境。由此可见，SDMA 系统可使系统容量成倍增加，使得系统在有限的频谱内可以支持更多的用户，从而成倍地提高频谱使用效率。

### 1.1.5 数据交换技术

#### 1. 电路交换

在数据通信网发展初期，人们根据电话交换原理，发展了电路交换方式。当用户要发信息时，由源交换机根据信息要到达的目的地址，把线路接到目的交换机。这个过程称为线路接续，是由所谓的联络信号经存储转发方式完成的，即根据用户号码或地址（被叫），经局间中继线传送给被叫交换局并转被叫用户。线路接通后，就形成了一条端对端（用户终端和被叫用户终端之间）的信息通路，在这条通路上双方即可进行通信。通信完毕，由通信双方的某一方向自己所属的交换机发出拆除线路的要求，交换机收到此信号后就将此线路拆除，以供别的用户呼叫使用。电路交换与电话交换方式的工作过程很类似，如图 1-10 所示。

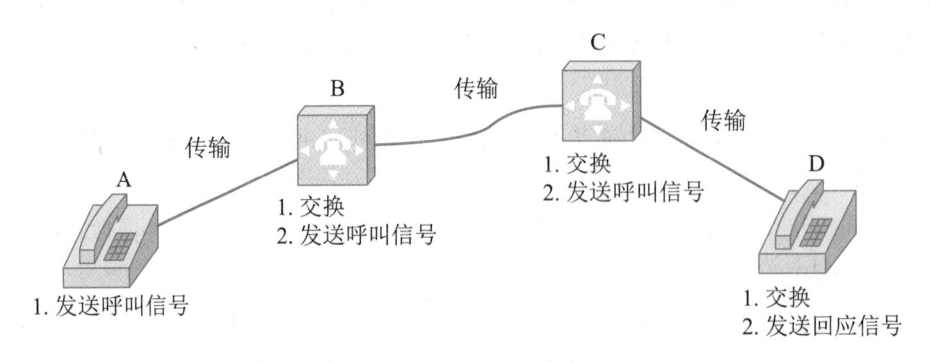


图 1-10 电路交换原理示意图

主机 A 要向主机 D 传送数据，首先要通过通信子网 B 和 C 在 A 和 D 之间建立连接。首先，主机 A 向节点 B 发送呼叫信号，其中含有要建立连接的主机 D 的目的地址；节点 B 根据目的地址和路径选择算法选择下一个节点 C，并向节点 C 发送呼叫信号；节点 C 根据目的地址和路径选择算法选择目的主机 D，并向主机 D 发送呼叫信号；主机 D 如果接受呼叫请求，它一方面建立连接，另一方面通过已建立的连接 A-B-C-D 向主机 A 发送呼叫回应包。

### 2. 报文交换

在 20 世纪六七十年代，为了获得较好的信道利用率，出现了存储－转发的想法，这种交换方式就是报文交换。目前这种技术仍普遍应用在某些领域，如电子信箱等。

在报文交换中，不需要在两个站之间建立专用通路，其数据传输的单位是报文，即站点一次性要发送的数据块，其长度不限且可变。传送采用存储—转发方式，即如果一个站想要发送一个报文，它就把一个目的地址附加在报文上，网络节点根据报文上的目的地址信息，把报文发送到下一个节点，一直逐个节点地转送到目的节点。每个节点在收下整个报文之后进行检查，无错误后暂存这个报文，然后利用路由信息找出下一个节点的地址，再把整个报文传送给下一个节点，因此，端与端之间无须通过呼叫建立连接。

它的基本原理是用户之间进行数据传输，主叫用户不需要先建立呼叫，而先进入本地交换机存储器，等到连接该交换机的中继线空闲时，再根据确定的路由转发到目的交换机。由于每份报文的头部都含有被寻址用户的完整地址，所以每条路由不是固定分配给某一个用户的，而是由多个用户进行统计复用。

报文交换与邮寄信件的工作过程很类似，信（报文）邮寄出去时，写好目的地址，就交给邮局（通信子网），至于信如何分发、走哪条路，信源节点都不管，完全交给邮局处理，如图 1-11 所示。

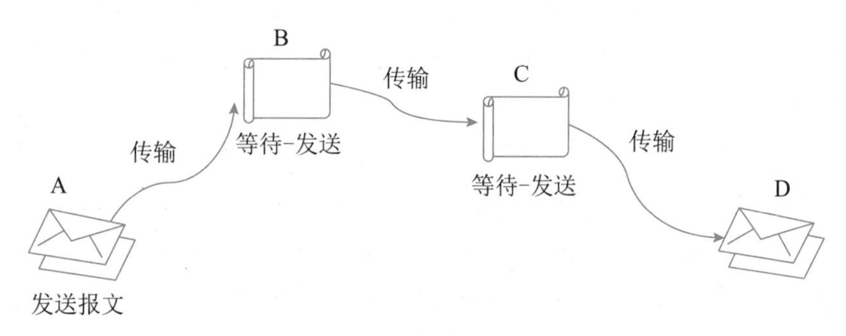


图 1-11　报文交换工作过程示意图

这种方法相比于电路交换有许多优点，如下所述。

（1）线路效率较高。这是因为许多报文可以分时共享一条节点的通道。对于同样的通信容量来说，需要较少的传输能力。

（2）不需要同时使用发送器和接收器来传输数据，网络可以在接收器可用之前暂时存储这个报文。

（3）在电路交换网络上，当通信量变得很大时，就不能接受某些呼叫；而在报文交换网络上，却仍然可以接收报文，但传送延迟会增加。

（4）报文交换系统可以把一个报文发送到多个目的地，而电路交换网络很难做到这一点。

报文交换的主要缺点是，它不能满足实时或交互式的通信要求，经过网络的延迟相当长，而且有相当大的变化。因此，这种方式不能用于声音连接，也不适合于交互式终端到计算机的连接。有时节点收到过多数据而不得不丢弃报文，并阻止了其他报文的传送，而且发出的报文不按顺序到达目的地。另外，报文交换中，若报文较长，也需要较大容量的存储器，将报文放到外存储器中去时，会造成响应时间过长，增加网络延迟时间。

### 3. 分组交换

分组交换也称包交换，它是将用户传送的数据划分成长度一定的多个部分，每个部分叫作一个分组。分组交换与报文交换都是采用存储 - 转发的交换方式。二者的主要区别是，报文交换时报文的长度不限且可变，而分组交换的报文长度不变。分组交换首先把来自用户的数据暂存于存储装置中，并划分为多个一定长度的分组，每个分组前边都加上固定格式的分组标题，用于指明该分组的发端地址、收端地址及分组序号等。

以报文分组作为存储转发的单位，分组在各交换节点之间传送比较灵活，交换节点不必等待整个报文的其他分组到齐，一个分组、一个分组地转发。这样可以大大压缩节点所需的存储容量，也缩短了网络延时。另外，较短的报文分组相比于长的报文可大大减少差错的产生，提高了传输的可靠性。

分组交换通常有两种方式，即数据包方式和虚电路方式。数据包方式，是每一个数据分组都包含终点地址信息，分组交换机为每一个数据分组独立地寻找路径。因一份报文包含的不同分组可能沿着不同的路径到达终点，在网络终点需要重新排序。所谓虚电路，就是两个用户终端设备在开始互相发送和接收数据之前，需要通过网络建立的逻辑上的连接，一旦这种连接建立之后，就在网络中保持已建立的数据通路，用户发送的数据（以分组为单位）将按顺序通过网络到达终点。当用户不需要发送和接收数据时，可以清除这种连接。

在分组交换方式中，由于能够以分组方式进行数据的暂存交换，经交换机处理后，可以很容易地实现在不同速率、不同规程的终端间通信。分组交换的特点主要如下所述。

（1）线路利用率高。分组交换以虚电路的形式进行信道的多路复用，实现资源共享，可在一条物理线路上提供多条逻辑信道，极大地提高了线路的利用率。

（2）不同种类的终端可以相互通信。数据以分组为单位在网络内存储转发，使不同速率终端、不同协议的设备经网络提供的协议变换功能后实现互相通信。

（3）信息传输可靠性高。每个分组在网络中进行传输时，节点交换机之间采用差错校验与重发的功能，因而在网络中传送的误码率大大降低。而且当网络内发生故障时，网络中的路由机制会使分组自动地选择一条新的路由以避开故障点，不会造成通信中断。

（4）分组多路通信。由于每个分组都包含有控制信息，所以分组型终端可以同时与多个用户终端进行通信，可把同一信息发送到不同用户。

#### 4. 信元交换

普通的电路交换和分组交换都很难胜任宽带高速交换的交换任务。对于电路交换，当数据的传输速率及其变化非常大时，交换的控制就变得十分复杂；对于分组交换，当数据传输速率很高时，协议数据单元在各层的处理就成为很大的开销，无法满足实时性要求很强的业务需求。但电路交换的实时性很好，分组交换的灵活性很好。信元交换技术结合了这两种交换方式的优点。

信元交换又叫异步传输模式（Asynchronous Transfer Mode，ATM），是一种面向连接的快速分组交换技术，它是通过建立虚电路来进行数据传输的。ATM 采用固定长度的信元作为数据传送的基本单位，信元长度为 53 字节，其中信元头为 5 字节，数据为 48 字节。长度固定的信元可以使 ATM 交换机的功能尽量简化，只用硬件电路就可以对信元头中的虚电路标识进行识别，因此大大缩短了每一个信元的处理时间。另外，ATM 采用了统计时分复用的方式来进行数据传输，根据各种业务的统计特性，在保证服务质量（Quality of Service，QoS）要求的前提下，各个业务之间动态地分配网络带宽。

## 1.2 计算机网络简介

### 1.2.1 计算机网络的概念

计算机网络是现代通信技术与计算机技术相结合的产物。所谓计算机网络，就是把分布在不同地理区域的计算机与专用外部设备用通信线路互联成一个规模大、功能强的计算机应用系统，从而使众多的计算机可以方便地互相传递信息，共享硬件、软件、数据信息等资源。计算机网络的规模有大有小，大的可以覆盖全球，小的可以仅由一间办公室中的两台或几台计算机构成。通常，网络规模越大，包含的计算机越多，它所提供的网络资源就越丰富，其价值也就越高。

从定义中可以看出，计算机网络涉及如下3个方面的问题。

（1）至少有两台计算机互联。

（2）通信设备与线路介质。

（3）网络软件，是指通信协议和网络操作系统。

### 1.2.2 计算机网络的分类

计算机网络的种类很多，通常是按照规模大小和延伸范围来分类的，根据不同的分类原则，可以得到不同类型的计算机网络。按网络覆盖的范围大小不同，计算机网络可分为局域网（Local Area Network，LAN）、城域网（Metropolitan Area Network，MAN）、广域网（Wide Area Network，WAN）；按照网络的拓扑结构来划分，计算机网络可以分为环形网、星形网、总线网等；按照通信传输介质来划分，可以分为双绞线网、同轴电缆网、光纤网、微波网、卫星网、红外线网等；按照信号频带占用方式来划分，又可以分为基带网和宽带网。

（1）局域网：是指在较小的地理范围内（一般小于10km）由计算机、通信线路（一般为双绞线）和网络连接设备（一般为集线器和交换机）组成的网络。

（2）城域网：是指在一个城市范围内（一般小于100km）由计算机、通信线路（包括有线介质和无线介质）和网络连接设备（一般为集线器、交换机和路由器等）组成的网络。

（3）广域网：比城域网范围大，是由多个局域网或城域网组成的网络。目前，已不能明确区分广域网和城域网，或者也可以说城域网的概念越来越模糊了，因为在实际应用中，已经很少有封闭在一个城市内的独立网络。互联网是世界上最大的广域网。

### 1.2.3　计算机网络的构成

和计算机系统一样，一个完整的计算机网络系统也是由硬件系统和软件系统两大部分组成的。

#### 1. 网络硬件

网络硬件一般是指计算机设备、传输介质和网络连接设备。目前，网络连接设备有很多，功能不一，也很复杂。

网络中的计算机，根据其作用不同，可分为服务器和工作站。服务器的主要功能是通过网络操作系统控制和协调网络各工作站的运行，处理和响应各工作站同时发来的各种网络操作要求，提供网络服务。工作站是网络各用户的工作场所，通常是一台计算机或终端。工作站通过插在其中的网络接口板（网卡）经传输介质与网络服务器相连。

按照提供的应用类型，网络服务器可分为文件服务器、应用程序服务器、通信服务器几大类。通常一个网络至少有一个文件服务器，网络操作系统及其实用程序和共享硬件资源都安装在文件服务器上。文件服务器只为网络提供硬盘共享、文件共享、打印机共享等功能，工作站需要共享数据时，便到文件服务器中去取过来，文件服务器只负责共享信息的管理、接收和发送，而丝毫不帮助工作站对所要求的信息进行处理。随着分布式网络操作系统和分布式数据库管理系统的出现，网络服务器不仅要求具有文件服务器功能，而且要能够处理用户提交的任务。简单地说就是，当某一网络工作站要对共享数据进行操作时，具体控制该操作的不仅是工作站上的处理器，还应有网络服务器上的处理器，即网络中有多个处理器为一个事务进行处理，这种能执行用户应用程序的服务器叫应用程序服务器。一般人们所说的计算机局域网中的工作站并不共享网络服务器的 CPU 资源，如果有了应用程序服务器就可以实现了。若应用程序是一个数据库管理系统，则有时也称为数据库服务器。

随着信息技术的发展，网络服务器呈现出虚拟化与集群化的特点，出现了虚拟专用服务器（Virtual Private Server，VPS）与云服务器。VPS 是将一台物理服务器分割成多个虚拟专享服务器。在虚拟机中每个 VPS 都可分配独立公网 IP 地址、独立操作系统、实现不同 VPS 间磁盘空间、内存、CPU 资源、进程和系统配置的隔离，VPS 可以像独立服务器一样，重装操作系统，安装程序，单独重启服务器。云主机基于集群服务器，采用网络分布式存储，可以做到热点迁移和故障节点的自动切换，可靠性高于 VPS。

### 2. 网络软件

网络软件一般是指系统级的网络操作系统、网络通信协议和应用级的提供网络服务功能的专用软件。

1）网络操作系统

网络操作系统是用于管理网络的软、硬件资源，提供简单的网络管理系统软件。常见的网络操作系统有 UNIX、Windows、Linux 等。

1969 年，贝尔实验室的 Ken Thompson 和 Dennis Ritchie 利用一台 PDP-7 计算机开发了一种多用户、多任务操作系统。Ritchie 受一个更早的项目——Multics 的启发，将此操作系统命名为 UNIX。早期 UNIX 是用汇编语言编写的，但其第三个版本用一种崭新的编程语言 C 重新设计了。C 是 Ritchie 设计出来并用于编写操作系统的程序语言。通过这次重新编写，UNIX 得以移植到更为强大的 DEC PDP-11/45 与 11/70 计算机上运行。UNIX 从实验室走出来并成为了操作系统的主流，现在几乎每个主要的计算机厂商都有其自有版本的 UNIX。

1981 年，微软公司开始开发一个名为“界面管理器”的程序，基于 DOS 之上的一个图形应用程序，后于 1985 年 11 月以 Windows 的名字发布早期系统。1996 年 4 月发布了 Windows NT 4.0，Windows NT 是纯 32 位操作系统，采用先进的 NT 核心技术。NT（New Technology）即新技术。该系统面向工作站、网络服务器和大型计算机，它与通信服务紧密集成，提供文件和打印服务，能运行客户机 / 服务器应用程序，内置了 Internet/Intranet 功能。

1991 年，Linus Torvalds 就读于赫尔辛基大学期间，对 UNIX 产生浓厚兴趣，尝试着在 Minix 上做一些开发工作。因为 Minix 只是教学使用，因此功能并不强大，Linus 经常要用他的终端仿真器（Terminal Emulator）去访问大学主机上的新闻组和邮件，为了方便读写和下载文件，他自己编写了磁盘驱动程序和文件系统，并将这项成果通过互联网与其他人共享，主要用于学术领域。有人看到了这个软件并开始分发。每当出现新问题时，有人会立刻找到解决办法并加入其中，很快的，以 Linux 命名的操作系统成为了一个流行的操作系统。

2）网络通信协议

网络通信协议是网络中计算机交换信息时的约定，它规定了计算机在网络中互通信息的规则。互联网采用的协议是 TCP/IP，该协议也是目前应用最广泛的协议。

# 1.3　计算机网络硬件

## 1.3.1　计算机网络传输媒介

网络上数据的传输需要有“传输媒介”，这好比是车辆必须在公路上行驶一样，道路质量的好坏会影响到行车是否安全舒适。同样，网络传输媒介的质量好坏也会影响数据传输的质量，包括速率、数据丢失等。

常用的网络传输媒介可分为两类，一类是有线的，一类是无线的。有线传输媒介主要有同轴电缆、双绞线及光缆，无线传输媒介主要有微波、无线电、激光和红外线等。

### 1. 同轴电缆

同轴电缆（Coaxial Cable）绝缘效果佳，频带较宽，数据传输稳定，价格适中，性价比高。同轴电缆中央是一根内导体铜质芯线，外面依次包有绝缘层、网状编织的外导体屏蔽层和塑料保护外层，如图 1-12 所示。

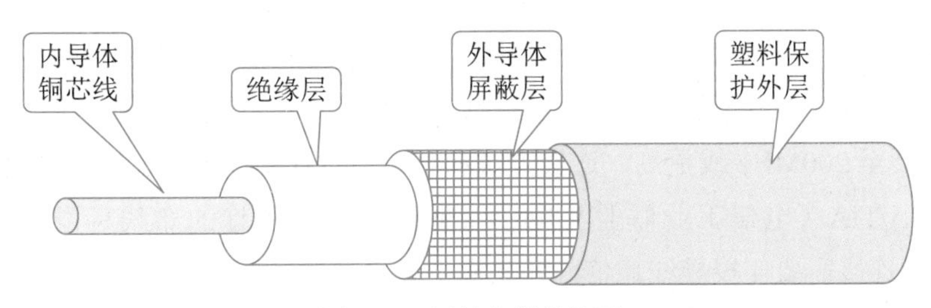


图 1-12　同轴电缆结构图

通常按特性阻抗数值的不同，可将同轴电缆分为 50Ω 基带同轴电缆和 75Ω 宽带同轴电缆。前者用于传输基带数字信号，是早期局域网的主要传输媒介；后者是有线电视系统 CATV 中的标准传输电缆，在这种电缆上传输的信号采用了频分复用的宽带模拟信号。

### 2. 双绞线

双绞线（Twisted-Pair）是由两条导线按一定扭距相互绞合在一起形成的类似于电话线的传输媒介，每根线加绝缘层并用颜色来标记，如图 1-13（a）所示。成对线的扭绞旨在使电磁辐射和外部电磁干扰减到最小。使用双绞线组网，双绞线与网卡、双绞线与集线器的接口叫 RJ-45，俗称水晶头，如图 1-13（b）所示。

双绞线分为屏蔽双绞线（STP）和非屏蔽双绞线（UTP），STP 双绞线内部包了一层皱纹状的屏蔽金属物质，并且多了一条接地用的金属铜丝线，因此它的抗干扰性比 UTP 双绞线强，但价格也要贵很多，阻抗值通常为 150Ω。UTP 双绞线阻抗值通常为 100Ω，中心芯线 24AWG（直径为 0.5mm），每条双绞线最大传输距离为 100m。

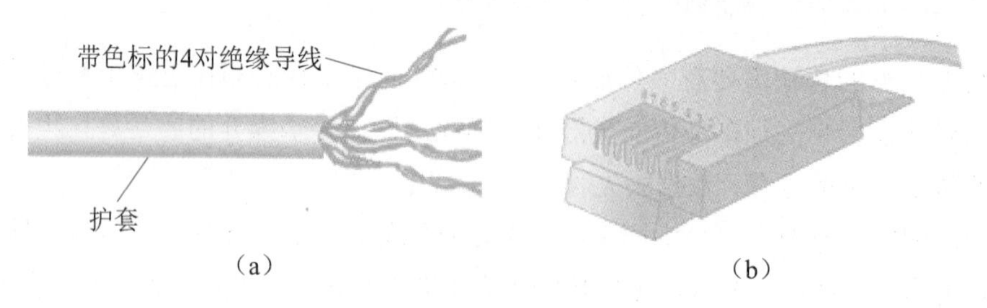


图 1-13　双绞线及 RJ-45 接口

通常 LAN 中使用五类双绞线、超五类双绞线或者六类双绞线。五类双绞线是 24AWG 的 4 对电缆，比 100Ω 低损耗电缆具有更好的传输特性，并适用于 16Mb/s 以上的速率，最高可达 100Mb/s；超五类电缆系统是在对现有的 UTP 五类双绞线的部分性能加以改善后出现的系统，不少性能参数，如近端串扰（NEXT）、衰减串扰比（ACR）等都有所提高，但其传输频率仍为 100MHz，连接方式和现在广泛使用的 RJ-45 接插模块相兼容；六类电缆系统是一个新级别的电缆系统，除了各项参数都有较大提高之外，其频率将扩展至 200MHz 或更高，连接方式和现在广泛使用的 RJ-45 接插模块相兼容。

根据 EIA/TIA（电信工业联盟与电子工业联盟共同制订的布线标准），双绞线与 RJ-45 接头的连接需要 4 根导线通信，两条用于发送数据，两条用于接收数据。RJ-45 接口制作有两种标准，即 EIA/TIA T568A 标准和 EIA/TIA T568B 标准，如图 1-14 所示。

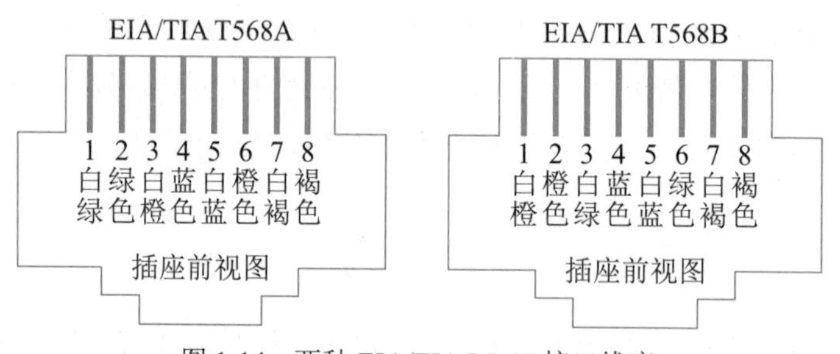


图 1-14　两种 EIA/TIA RJ-45 接口线序

双绞线的制作方法有两种：一是直通线，即双绞线的两个接头都按 T568B 线序标准连接；二是交叉线，即双绞线的一个接头按 EIA/TIA T568A 线序连接，另一个接头按 EIA/TIA T568B 线序连接。

### 3. 光纤

光纤是新一代的传输媒介，与铜质媒介相比，光纤具有一些明显的优势。因为光纤不会向外界辐射电子信号，所以使用光纤媒介的网络无论是在安全性、可靠性还是在传输速率等网络性能方面都有了很大的提高。

光纤由单根玻璃光纤（纤芯）、紧靠纤芯的包层以及塑料保护涂层（护套）组成，如图 1-15（a）所示。为使用光纤传输信号，光纤两端必须配有光发射机和光接收机，光发射机执行从电信号到光信号的转换。实现电光转换的通常是发光二极管（LED）或注入式激光二极管（ILD）；实现光电转换的是光电二极管或光电三极管。

根据光在光纤中的传播方式，光纤有多模光纤和单模光纤两种类型。多模光纤纤芯直径较大，可为 61.5μm 或 50μm；包层外径通常为 125μm。单模光纤纤芯直径较小，一般为 9 ～ 10μm；包层外径通常也为 125μm。多模光纤又根据其包层的折射率进一步分为突变型折射率和渐变型折射率。以突变型折射率光纤作为传输媒介时，发光管以小于临界角发射的所有光都在光缆包层界面进行反射，并通过多次内部反射沿纤芯传播。这种类型的光缆主要适用于适度比特率的场合，如图 1-15（b）所示。多模渐变型折射率光纤的散射通过使用具有可变折射率的纤芯材料来减小，如图 1-15（c）所示。

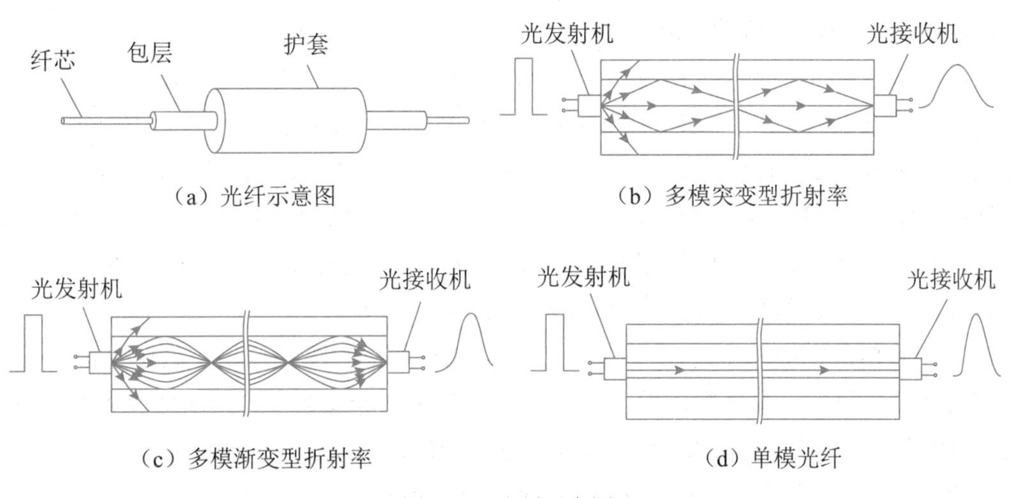


图 1-15　光纤示意图

折射率随离开纤芯的距离增加而增加，导致光沿纤芯的传播好像是正弦波。将纤芯直径减小到一种波长（3 ～ 10μm），可进一步改进光纤的性能，在这种情况下，所有发射的光都沿直线传播，这种光纤称为单模光纤，如图 1-15（d）所示。这种单模光纤通常使用 ILD 作为发光元件，可传输的数据速率为数吉位每秒。

从上述3种光纤接收的信号看，单模光纤接收的信号与输入的信号最接近，多模渐变型次之，多模突变型接收的信号散射最严重，因而它所获得的速率最低。

#### 4. 无线传输

上述3种传输媒介有一个共同的缺点，那便是都需要一根缆线连接计算机，这在很多场合下是不方便的。例如，若通信线路需要越过高山或岛屿或在市区跨越主干道路时就很难铺设，利用无线电波在空间自由地传播，可以进行多种通信。尤其近几年，随着移动电话的飞速发展，移动计算机数据通信也变得越来越成熟。

无线传输主要分为无线电、微波、红外线及可见光几个波段，紫外线和更高的波段目前还不能用于通信。国际电信同盟（International Telecommunications Union，ITU）对无线传输所使用的频段进行了正式命名，分别是低频（Low Frequency，LF）、中频（Medium Frequency，MF）、高频（High Frequency，HF）、甚高频（Very HF，VHF）、特高频（Ultra HF，UHF）、超高频（Super HF，SHF）、极高频（Extremely HF，EHF）和目前尚无标准译名的THF（Tuned HF）。

无线电微波通信在数据通信中占有重要地位。微波的频率范围为300MHz～300GHz，但主要使用2GHz～40GHz的频率范围。微波通信主要有两种方式，即地面微波接力通信和卫星通信。

由于微波在空间是直线传播的，而地球表面是个曲面，因此其传输距离受到了限制，一般只有50km左右。若采用100m高的天线塔，传输距离可增大到100km。为实现远距离传输，必须在信道的两个终端之间建立若干个中继站，故称“接力通信”。微波通信主要优点是频率高、范围宽，因此通信容量很大；因频谱干扰少，故传输质量高、可靠性高；与相同距离的电缆载波通信相比，投资少、见效快。缺点是因相邻站之间必须直视，对环境要求高，有时会受恶劣天气的影响，保密性差。

卫星通信是在地球站之间利用位于36 000km高空的同步卫星作为中继的一种微波接力通信。每颗卫星覆盖范围达18 000km，通常在赤道上空等距离地放置3颗相隔120°的卫星，就可覆盖全球。和微波接力通信相似，卫星通信也具有频带宽、干扰少、容量大、质量好等优点。另外，其最大特点是通信距离远，基本没有盲区；缺点是传输时延长。

### 1.3.2 计算机网络互联设备

数据在网络中是以“包”的形式传递的，但不同网络的“包”，其格式也是不一样的。如果在不同的网络间传送数据，由于包格式不同，会导致数据无法传送，于是网间连接设备就充当“翻译”的角色，将一种网络中的“信息包”转换成另一种网络的“信息包”。

信息包在网络间的转换，与OSI的七层模型关系密切。如果两个网络间的差别程度小，则需转换的层数也少。例如以太网与以太网互联，因为它们属于同一种网络，数据包仅需转换到OSI的第二层（数据链路层），所需网间连接设备的功能也简单（如网桥）；若以太网与令牌环网相连，数据信息需转换至OSI的第三层（网络层），所需中介设备也比较复杂（如路由器）；如果连接两个完全不同结构的网络，如TCP/IP与SNA，其数据包需做全部七层的转换，需要的连接设备也最复杂（如网关）。

1. 中继器（Repeater）

在同一种网络中，每一网段的传输媒介均有其最大的传输距离，如细缆的最大网段长度为185m，粗缆为500m，双绞线为100m，超过这个长度，传输媒介中的数据信号就会衰减。如果传输距离比较长，就需要安装一个叫作中继器的设备，如图1-16所示。中继器可以“延长”网络的距离，在网络数据传输中起到放大信号的作用。数据经过中继器，不需要进行信息包的转换。中继器连接的两个网络在逻辑上是同一个网络。

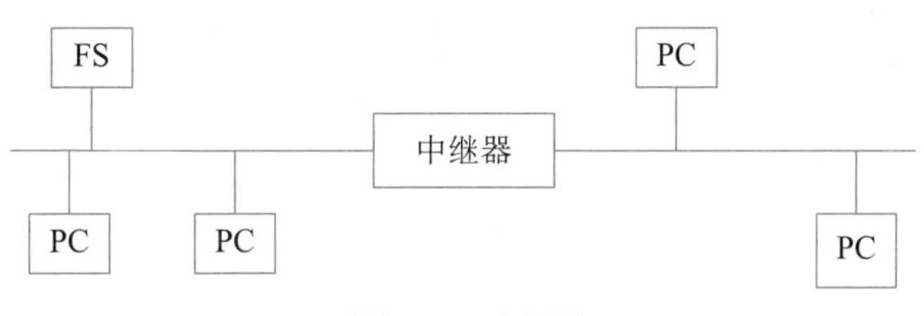


图1-16 中继器

中继器的主要优点是安装简单、使用方便、价格相对低廉。它不仅起到扩展网络距离的作用，还可以将不同传输媒介的网络连接在一起。中继器工作在物理层，对于高层协议完全透明。

2. 集线器（Hub）

集线器是中继器的一种，其区别仅在于集线器能够提供更多的端口服务，所以集线器又叫多口中继器。集线器主要是以优化网络布线结构，简化网络管理为目标而设计的。集线器是对网络进行集中管理的最小单元，像树的主干一样，是各分支的汇集点。

集线器是对网络进行集中管理的最小单元，它只是一个信号放大和中转的设备，不具备自动寻址能力和交换作用，由于所有传到集线器的数据均被广播到与之相连的各个端口，因而容易形成数据堵塞。集线器源于早期组建10Base-T网络时所使用的集成器。从集线器的作用来看，它不属于网间连接设备，而应叫作网络连接设备。因此它与网桥、路由器、网关等不同，不具备协议翻译功能，而只是分配带宽。例如使用一台 $N$ 个端口的集线器组建10Base-T以太网，每个端口所分配的带宽是10/$N$Mb/s。

### 3. 网桥（Bridge）

当一个单位有多个LAN，或一个LAN由于通信距离受限无法覆盖所有节点而不得不使用多个局域网时，需要将这些局域网互连起来，以实现局域网之间的通信。扩展局域网最常见的方法是使用网桥，如图1-17所示。最简单的网桥有两个端口，复杂些的网桥可以有更多的端口。网桥的每个端口与一个网段（这里所说的网段就是普通的局域网）相连。在图1-17所示的网桥中，其端口1与网段A相连，而端口2则连接到网段B。

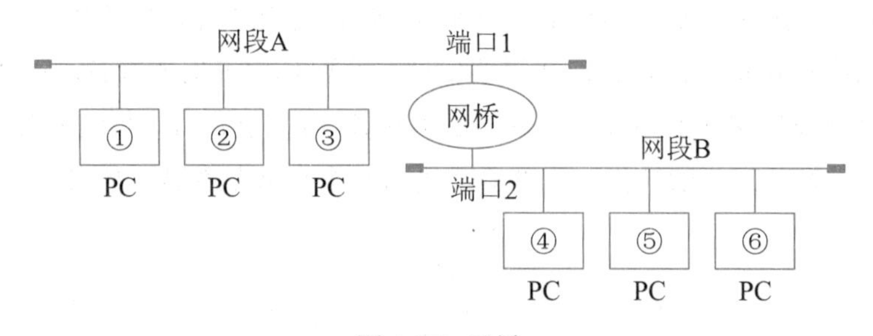


图1-17　网桥

网桥从端口接收网段上传送的各种帧。每当收到一个帧时，就先存放在其缓冲区中。若此帧未出现差错，且欲发往的目的站地址属于另一个网段，则通过查找站表，将收到的帧送往对应的端口转发出去，否则就丢弃此帧。因此，仅在同一个网段中通信的帧，不会被网桥转发到另一个网段去，因而不会加重整个网络的负担。例如，设网段A的3个站的地址分别为①、②和③，网段B的3个站的地址分别为④、⑤和⑥，若网桥的端口1收到站①发给站②的帧，通过查找站表得知应将此帧送回端口1，表明此帧属于同一个网桥上通信的帧，于是丢弃此帧。若端口1收到站①发给站⑤的帧，则在查找站表后，将此帧送到端口2转发给网段B，然后再传送给站⑤。

使用网桥可以带来如下好处。

（1）过滤通信量。网桥可以使局域网一个网段上各工作站之间的通信量局限在本网段的范围内，而不会经过网桥流到其他网段去。

（2）扩大了物理范围，也增加了整个局域网上工作站的最大数目。

（3）可使用不同的物理层，可互连不同的局域网。

（4）提高了可靠性。如果把较大的局域网分隔成若干较小的局域网，并且每个小的局域网内部的通信量明显高于网间的通信量，那么整个互连网络的性能就变得更好。

### 4. 交换机（Switch）

传统的集线器虽然有许多优点，但分配给每个端口的频带太低了（10/*N*Mb/s）。为了提高网络的传输速度，根据程控交换机（Switch）的工作原理，设计出了交换式集线器，如图 1-18 所示。

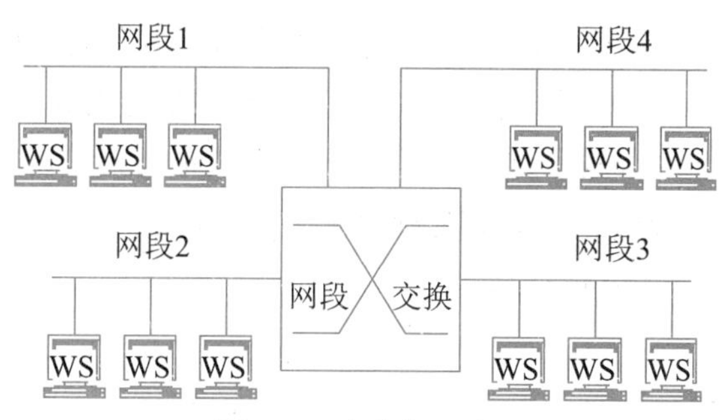


图 1-18　交换机示意图

交换机提供了另一种提高数据传输速率的方法，且这种方法比 FDDI、ATM 的成本都要低许多，交换机能够将以太网络的速率提高至真正的 10Mb/s 或 100Mb/s。目前这种产品已十分成熟，在高速局域网中已成为必选的设备。

传统式集线器实际上是把一条广播总线浓缩成一个小小的盒子，组成的网络在物理上是星形拓扑结构，而在逻辑上仍然是总线，是共享型的。集线器虽然有多个端口，但同一时间只允许一个端口发送或接收数据；而交换机则是采用电话交换机的原理，它可以让多对端口同时发送或接收数据，每一个端口独占整个带宽，从而大幅度提高了网络的传输速率。

例如一台 8 口的 10Base-T Hub，每个端口所分配到的带宽为 10/8Mb/s=1.25Mb/s；如果是一台 8 口的 10Base-Switch，同一时刻可有 4 个交换通路存在，也就是说可以有 4 个 10Mb/s 的信道，有 4 对端口进行数据传输，4 个端口分别发送 10Mb/s 的数据，另外 4 个端口分别接收 10Mb/s 的数据。这样每个端口所分配到的带宽均为 10Mb/s，在理想的满负荷状态下，整个交换机的带宽为 10×8Mb/s=80Mb/s。

### 5. 路由器（Router）

当两个不同类型的网络彼此相连时，必须使用路由器。例如，LAN A 是 Token Ring，

LAN B 是 Ethernet，这时就可以用路由器将这两个网络连接在一起，如图 1-19 所示。

从表面上看，路由器和网桥两者均为网络互连设备，但两者最本质的差别在于网桥的功能发生在 OSI 参考模型的第二层（链路层），而路由器的功能发生在第三层（网络层）。由于路由器比网桥高一层，因此智能性更强。它不仅具有传输能力，而且有路径选择能力。当某一链路不通时，路由器会选择一条好的链路完成通信。另外，路由器有选择最短路径的能力。由于路由器的复杂化，其传输信息的速度比网桥要慢，比较适合于大型、复杂的网络连接。网桥在把数据从源端向目的端转发时，仅仅依靠链路层的帧头中的信息（MAC 地址）作为转发的依据。而路由器除了分析链路层的信息外，主要以网络层包头中的信息（网络地址）作为转发的依据，但会耗去更多的 CPU 时间，所以路由器的性能从这个意义上讲可能不如网桥。但是正是因为其转发依赖网络协议更高层的信息，所以可以进一步减少其对特定网络技术的依赖性，扩大了路由器的适用范围。再者，路由器具有广播包抑制和子网隔离功能，网桥是不可能具备的，正是这样一种情况使得路由器得到了广泛的应用。

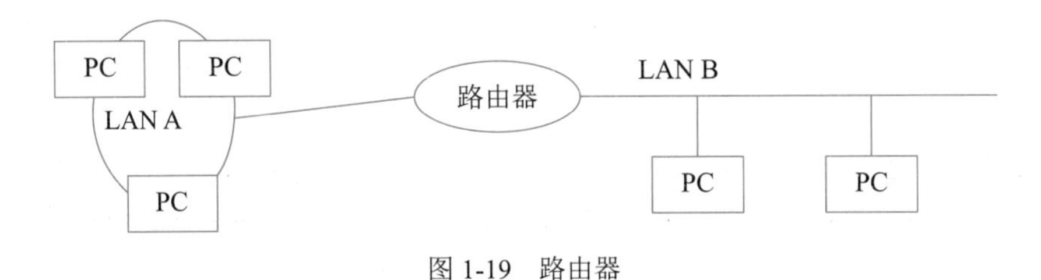


图 1-19　路由器

### 6. 网关（Gateway）

当连接两个完全不同结构的网络时，必须使用网关。例如，Ethernet 网与一台 IBM 的大型主机相连，必须用网关来完成这项工作，如图 1-20 所示。

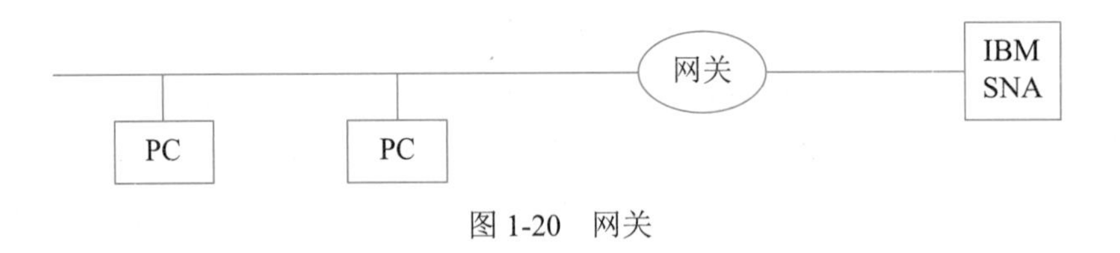


图 1-20　网关

网关不能完全归为一种网络硬件。用概括性的术语来讲，它们应该是能够连接不同网络的软件和硬件的结合产品。特别要说明的是，它们可以使用不同的格式、通信协议或结构连接两个系统。网关实际上通过重新封装信息以使它们能被另一个系统读取。为了完成这项任务，网关必须能够运行在 OSI 模型的几个层上。网关必须同应用通信，建立和管理会话，传输已经编码的数据，并解析逻辑和物理地址数据。

网关可以设在服务器、微机或大型机上。由于网关具有强大的功能，并且大多数情况下都和应用有关，所以它们比路由器的价格要贵一些。另外，由于网关的传输更复杂，它们传输数据的速度要比网桥或路由器低一些。正是由于网关较慢，它们有造成网络堵塞的可能。然而，在某些场合，只有网关能胜任工作。常见的网关有以下几种。

（1）电子邮件网关：该网关可以从一种类型的系统向另一种类型的系统传输数据。例如，电子邮件网关可以允许使用 Eudora 电子邮件的人与使用 Group Wise 电子邮件的人相互通信。

（2）IBM 主机网关：这种网关可以在一台个人计算机与 IBM 大型机之间建立和管理通信。

（3）互联网网关：该网关允许并管理局域网和互联网间的接入，可以限制某些局域网用户访问互联网。

（4）局域网网关：这种网关可以使运行于 OSI 模型不同层上的局域网网段间相互通信。路由器甚至只用一台服务器就可以充当局域网网关。局域网网关也包括远程访问服务器。它允许远程用户通过拨号方式接入局域网。

### 1.3.3　计算机网络接入技术

前文讲述的同轴电缆、双绞线、光纤等传输媒介通常用于构建局域网，但终端远程接入局域网、局域网与局域网远程互联或局域网接入广域网，必须借助公共传输网络。目前，提供公共传输网络服务的单位主要是电信部门，随着电信营运市场的开放，用户可能有较多的选择余地来选择公共传输网络的服务提供者。下面介绍几种典型的网络接入方式。

#### 1. 公共交换电话网

公共交换电话网（Public Switched Telephone Network，PSTN）是基于标准电话线路的电路交换服务，这是一种早期的网络传输服务，往往用来作为连接远程端点的连接方法，比较典型的应用有远程端点和本地 LAN 之间的互连、远程用户拨号上网以及作为专用线路的备份线路。

由于模拟电话线路是针对话音频率（30 ～ 4000Hz）优化设计的，使得通过模拟线路传输数据的速率被限制在 33.4kb/s 以内，而且模拟电话线路的质量有好有坏，许多地方的模拟电话线路的通信质量无法得到保证，线路噪声的存在也将直接影响数据的传输速率。

### 2. X.25 分组交换网

X.25 是 CCITT 制定的在公用数据网上供分组型终端使用的，数据终端设备（DTE）与数据通信设备（DCE）之间的接口协议。

简单地说，X.25 只是一个以虚电路服务为基础的对公用分组交换网接口的规格说明。它动态地对用户传输的信息流分配带宽，能够有效地解决突发性、大信息流的传输问题，分组交换网络同时可以对传输的信息进行加密和有效的差错控制。虽然各种错误检测和相互之间的确认应答浪费了一些带宽，增加了报文传输延迟，但对早期可靠性较差的物理传输线路来说，不失为一种提高报文传输可靠性的有效手段。

随着光纤越来越普遍地作为传输媒介，传输出错的概率越来越小，在这种情况下，重复地在链路层和网络层实施差错控制，不仅显得冗余，而且浪费带宽，增加了报文传输延迟。

由于 X.25 分组交换网络是在早期低速、高出错率的物理链路的基础上发展起来的，其特性已不适应目前高速远程连接的要求，因此一般只用于要求传输费用少，而远程传输速率要求又不高的广域网使用环境。虽然现在它已经逐步被性能更好的网络取代，但这个著名的标准在推动分组交换网的发展中做出了巨大贡献。

### 3. 数字数据网

数字数据网（Digital Data Network，DDN）是利用数字通道提供半永久性连接电路，向用户提供端到端的中高速率、高质量的数字专用电路，全程实现数字信号透明传输的数据传输网。

DDN 可以在两个端点之间建立一条专用的数字通道，通道的带宽可以是 $n\times 64$kb/s，一般 $0<n\leqslant 30$。当 $n$ 为 30 时，该数字通道就是完整的 E1 线路，实际带宽可达到 2Mb/s。DDN 专线在租用期间，用户独占该线路的带宽。除传输设备外，DDN 干线主要采用光缆、数字微波与卫星信道，所提供的信道是非交换型的半永久电路，其路由通常由电信部门在用户申请时设定，修改并非经常性的。由于 DDN 采用脉冲编码调制（PCM）的数字中继方式，因而传输距离远，可以跨地区、跨国家，与模拟信道相比，具有传输速度快、质量好、性能稳定和带宽利用率高等优点。

### 4. 帧中继

帧中继（Frame Relay，FR）是为了克服传统 X.25 的缺点，提高其性能而发展出来的一种高速分组交换与传输技术。在一个典型的 X.25 网络中，分组在传输过程中对每个节点都要进行繁杂的差错检查，而每次差错检查都需要将分组全部接收后才能完成。帧中继则是一种减少节点处理时间的技术。帧中继认为帧的传送基本上不会出错，因此每个节点只要知道帧的目的地址，也就是只要接收到帧的前 6 个字节，就立即转发，大大减少了帧在每一个节点的时延，比传统 X.25 的处理时间少一个数量级。

帧中继的设计目标主要针对于局域网之间的互连，它以面向连接的方式、合理的数据传输速率和低廉的价格提供数据通信服务。帧中继的主要思想是“虚拟租用线路”。租用 DDN 专线与虚拟租用线路是不同的，租用 DDN 专线期间用户不可能一直以最高传输速率在线路上传送数据，线路利用率不高；由于帧中继采用帧作为数据传送单元，网络的带宽根据用户帧传输的需要，可以采用统计复用的方式动态分配，这样可以充分地利用网络资源，提高了中继带宽的利用率，尤其是对突发信息的适应性比较强。

### 5. 数字用户线

数字用户线（x Digital Subscriber Line，xDSL）就是利用数字技术对现有的模拟电话用户线进行改造而成的，能够承载宽带业务。字母 x 表示 DSL 的前缀可以是多种不同的字母，常见的有非对称数字用户线（Asymmetric DSL，ADSL）、高速数字用户线（High-bitrate DSL，HDSL）、单对数字用户线（Single-line DSL，SDSL）和甚高速数字用户线（Very high speed DSL，VDSL）。

xDSL 技术的最大特点是使用电信部门已经铺设的双绞线作为传输线路提供高带宽传输速率（64kb/s ～ 52Mb/s）。数字用户线也是点对点的专用线路，用户独占线路的带宽。HDSL 和 SDSL 提供对称带宽传输，即双向传输带宽相同；ADSL 和 VDSL 提供非对称带宽传输，用户向接入设备传输的带宽远远低于接入设备向用户传输的带宽。

数字用户线的主要用途是作为接入线路，把用户网络连接到公共交换网络，如 Internet、帧中继、X.25 等。

### 6. 宽带网接入

宽带网实际上的名称叫作“IP 城域网”，这是目前较流行的一种接入方式，很多新建的住宅小区都采用这种方式。从技术上讲，它是在城市范围内以多种传输媒介为基础，采用 TCP/IP 协议，通过路由器组网，实现 IP 数据包的路由和交换传输。也可以这样来理解，IP 城域网实际就是一个规模足够大的高速局域网，只不过这个局域网大到可以覆盖整个城市。网内用户连接的不是普通孤立的局域网，而是真正的 Internet。每个用户都使用合法的 IP 地址，是真正的 Internet 用户。网络到用户桌面的带宽远远超过

PSTN、ISDN所提供的带宽，大部分用户可用的数据速率达100Mb/s。

IP城域网的接入方式目前一般分为LAN接入（网线）和FTTx接入（光纤）。LAN接入是指从城域网的节点经过交换器和集线器将网线直接拉到用户的家里，它的优势在于LAN技术成熟，网线及中间设备的价格比较便宜，同时可以实现10～100Mb/s的平滑过渡。

FTTx接入是指光纤直接拉到用户的家里，即光纤到户（Fiber To The Home，FTTH）或光纤到桌面（Fiber To The Desk，FTTD）。

#### 7. HFC和Cable MODEM

HFC（Hybrid Fiber Coaxial）网是指光纤同轴电缆混合网，它是一种新型的宽带网络，采用光纤到服务区，而在进入用户的“最后1公里”采用同轴电缆。最常见的就是有线电视网络，它比较合理有效地利用了成熟技术，融数字与模拟传输为一体，能够同时提供较高质量和较多频道的传统模拟电视节目、较好性能价格比的电话服务、高速数据传输服务和多种信息增值服务，还可以逐步开展交互式数字视频应用。HFC网络大部分采用传统的高速局域网技术，但是最重要的组成部分也就是同轴电缆到用户计算机这一段使用了另外一种独立技术，就是Cable Modem。

Cable Modem可称为电缆调制解调器或线缆调制解调器，是一种将数据终端设备（计算机）连接到有线电视网的设备。Cable Modem提供双向信道，从计算机终端到网络方向称为上行（Upstream）信道，从网络到计算机终端方向称为下行（Downstream）信道。上行信道带宽一般为200kb/s～2Mb/s，最高可达10Mb/s，上行信道采用的载波频率范围为5～40MHz。下行信道的带宽一般为3～10Mb/s，最高可达38Mb/s，下行信道采用的载波频率范围为42～750MHz。

#### 8. 本地多点分配接入系统

本地多点分配接入系统（Local Multipoint Distribution System，LMDS）是20世纪90年代发展起来的一种宽带无线点对多点接入技术，能够在3～5km的范围内以点对多点的形式进行广播信号传送。在某些国家和地区也称为本地多点通信系统（Local Multipoint Communication System，LMCS）。所谓“本地”，是指网络的有效距离是单个基站所能够覆盖的范围。LMDS因为受工作频率和电波传播特性的限制，单个基站在城市环境中所覆盖的半径通常小于5km；“多点”是指信号从基站到用户端是以点对多点的广播方式传送的，而信号从用户端到基站则以点对点的方式传送；“分配”是指基站将发出的信号（包括话音、数据及视频业务）分别分配至各个用户。

LMDS 是一种毫米波微波传输技术。它几乎可以提供任何种类的业务，支持双向话音、数据及视频图像业务，能够实现 64kb/s ～ 2Mb/s，甚至高达 155Mb/s 的用户接入速率，具有很高的可靠性，被称为是一种“无线光纤”技术。

9. 无源光网络

无源光网络（Passive Optical Network，PON）是一种点对多点的光纤传输和接入技术，下行采用广播方式，上行采用时分多址方式，可以灵活地组成树状、星形、总线等拓扑结构，在光分支点不需要节点设备，只需要安装一个简单的光分支器即可，因此具有节省光缆资源、带宽资源共享、节省机房投资、设备安全性高、建网速度快及综合建网成本低等优点。PON 包括 ATM-PON（APON，即基于 ATM 的无源光网络）和 Ethernet-PON（EPON，即基于以太网的无源光网络）两种。

PON 结构本身决定了网络的可升级性比较强，只要更换终端设备，就可以使网络升级到 10Gb/s 或者更高速率。EPON 不仅能综合现有的有线电视、数据和话音业务，还能兼容未来业务，如数字电视、VoIP、电视会议和 VOD 等，实现综合业务接入。

## 1.4　计算机网络协议

### 1.4.1　OSI体系结构

1. 协议的概念

1969 年 12 月，美国国防部高级计划研究署的分组交换网 ARPANET 投入运行，从此计算机网络的发展进入了一个新的纪元。ARPANET 当时仅有 4 个节点，分别在美国国防部、原子能委员会、麻省理工学院和加利福尼亚。显然在这 4 台计算机之间进行数据通信仅有传送数据的通路是不够的，还必须遵守一些事先约定好的规则，这些规则明确所交换数据的格式及有关同步的问题。人与人之间交谈需要使用同一种语言，如果一个人讲中文，另一个人讲英文，那就必须有一个翻译，否则这两人之间的信息无法沟通。计算机之间的通信过程和人与人之间的交谈过程非常相似，只是前者由计算机来控制，后者由参加交谈的人来控制。

计算机网络协议就是通信的计算机双方必须共同遵从的一组约定，如怎样建立连接、怎样互相识别等。只有遵守这个约定，计算机之间才能相互通信和交流。

通常网络协议由如下 3 个要素组成。

（1）语法，即控制信息或数据的结构和格式。

（2）语义，即需要发出何种控制信息、完成何种动作以及做出何种应答。

（3）同步，即事件实现顺序的详细说明。

### 2. 开放系统互连参考模型系统结构

ARPANET 的实践经验表明，对于非常复杂的计算机网络而言，其结构最好是采用层次型的。根据这一特点，国际标准化组织 ISO 推出了开放系统互连参考模型（Open Systems Interconnection Reference Model，OSI-RM）。该模型定义了不同计算机互连的标准，是设计和描述计算机网络通信的基本框架。开放系统互连参考模型的系统结构就是层次式的，共分 7 层，如表 1-1 所示。在该模型中层与层之间进行对等通信，且这种通信只是逻辑上的，真正的通信都是在最底层——物理层实现的，每一层要完成相应的功能，下一层为上一层提供服务，从而把复杂的通信过程分成了多个独立的、比较容易解决的子问题，如图 1-21 所示。

表 1-1　OSIRM

| 层序号 | 英文缩写 | 英文名称 | 中文名称 |
|---|---|---|---|
| 7 | A | Application Layer | 应用层 |
| 6 | P | Presentation Layer | 表示层 |
| 5 | S | Session Layer | 会话层 |
| 4 | T | Transport Layer | 传输层 |
| 3 | N | Network Layer | 网络层 |
| 2 | DL | Data Link Layer | 数据链路层 |
| 1 | PL | Physical Layer | 物理层 |

从历史上看，在制定计算机网络标准方面起着很大作用的两个国际组织是国际标准化组织（International Standardization Organization，ISO）和国际电报电话咨询委员会（International Telephone and Telegraph Consultative Committee，CCITT）。ISO 与 CCITT 的工作领域是不同的，ISO 是一个全球性的非政府组织，是国际标准化领域中一个十分重要的组织。ISO 的任务是促进全球范围内的标准化及其有关活动，以利于国际上产品与服务的交流，以及在知识、科学、技术和经济活动中发展国际上的相互合作。CCITT 现更名为国际电信联盟电信标准化部（International Telecommunications Union-Telecom，ITU-T），其主要职责是完成电联有关电信标准方面的目标，即研究电信技术、操作和资费等问题，出版建议书。虽然 OSI 在一开始是由 ISO 来制定，但后来的许多标准都是 ISO 与 CCITT 联合制定的。CCITT 的建议书 X.200 就是讲解开放系统互连参考模型的。

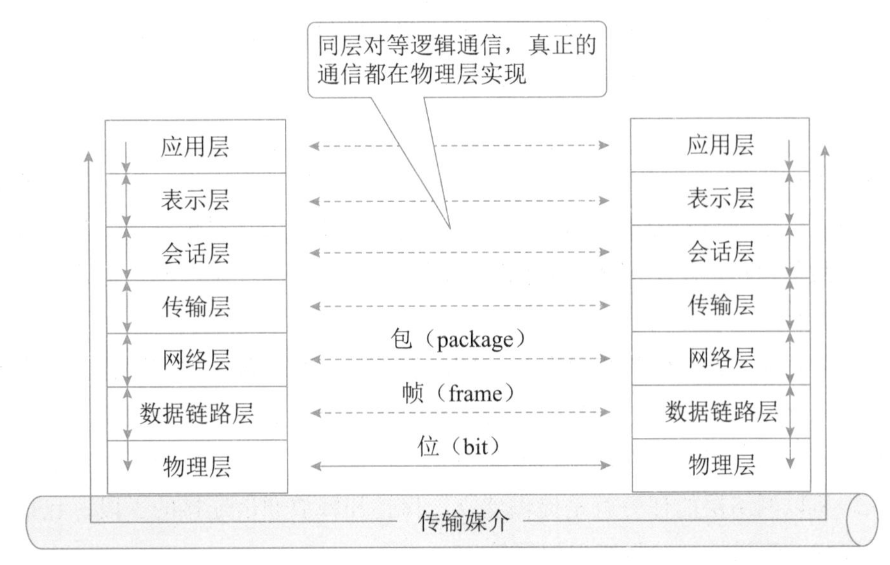


图1-21　OSIRM系统结构

### 3. 开放系统互连参考模型各层的功能

1）物理层

物理层是OSI分层结构体系中最重要、最基础的一层，它建立在传输媒介基础上，实现设备之间的物理接口。物理层只是接收和发送一串比特流，不考虑信息的意义和信息的结构。

它包括对连接到网络上的设备描述其各种机械的、电气的和功能的规定，还定义电位的高低、变化的间隔、电缆的类型、连接器的特性等。物理层的数据单位是位。

物理层的功能是实现实体之间的按位传输，保证按位传输的正确性，并向数据链路层提供一个透明的位流传输。在数据终端设备、数据通信和交换设备等设备之间完成对数据链路的建立、保持和拆除操作。

2）数据链路层

数据链路层实现实体间数据的可靠传送。通过物理层建立起来的链路，将具有一定意义和结构的信息正确地在实体之间进行传输，同时为其上面的网络层提供有效的服务。在数据链路层中对物理链路上产生的差错进行检测和校正，采用差错控制技术保证数据通信的正确性；数据链路层还提供流量控制服务，以保证发送方不致因为速度快而导致接收方来不及正确接收数据。数据链路层的数据单位是帧。

数据链路层的功能是实现系统实体间二进制信息块的正确传输，为网络层提供可靠无错误的数据信息。在数据链路中，需要解决的问题包括信息模式、操作模式、差错控制、流量控制、信息交换过程控制和通信控制规程。

3）网络层

网络层也称通信子网层，是高层协议与低层协议之间的界面层，用于控制通信子网的操作，是通信子网与资源子网的接口。网络层的主要任务是提供路由，为信息包的传送选择一条最佳路径。网络层还具有拥塞控制、信息包顺序控制及网络记账等功能。在网络层交换的数据单元是包。

网络层的功能是向传输层提供服务，同时接受来自数据链路层的服务。其主要功能是实现整个网络系统内连接，为传输层提供整个网络范围内两个终端用户之间进行数据传输的通路。它涉及整个网络范围内所有节点、通信双方终端节点和中间节点几方面的相互关系。所以网络层的任务就是提供建立、保持和释放通信连接的手段，包括交换方式、路径选择、流量控制、阻塞与死锁等。

4）传输层

传输层建立在网络层和会话层之间，实质上它是网络体系结构中高低层之间衔接的一个接口层。传输层不仅是一个单独的结构层，还是整个分层体系协议的核心，没有传输层，整个分层协议就没有意义。

传输层获得下层提供的服务包括发送和接收顺序正确的数据块分组序列，并用其构成传输层数据；获得网络层地址，包括虚拟信道和逻辑信道。

传输层向上层提供的服务包括无差错的有序的报文收发、提供传输连接、进行流量控制。

传输层的功能是从会话层接收数据，根据需要把数据切成较小的数据片，并把数据传送给网络层，确保数据片正确到达网络层，从而实现两层间数据的透明传送。

5）会话层

会话层用于建立、管理以及终止两个应用系统之间的会话。它是用户连接到网络的接口，基本任务是负责两主机间的原始报文的传输。

会话层为表示层提供服务，同时接受传输层的服务。为实现在表示层实体之间传送数据，会话连接必须被映射到传输连接上。

会话层的功能包括会话层连接到传输层的映射、会话连接的流量控制、数据传输、会话连接恢复与释放以及会话连接管理和差错控制。

会话层提供给表示层的服务包括数据交换、隔离服务、交互管理、会话连接同步和异常报告。

会话层最重要的特征是数据交换。与传输连接相似，一个会话分为建立链路、数据交换和释放链路 3 个阶段。

6）表示层

表示层向上对应用层服务，向下接受来自会话层的服务。表示层为在应用过程之间传送的信息提供表示方法，它关心的只是发出信息的语法与语义。表示层要完成某些特定的功能，主要有不同数据编码格式的转换，提供数据压缩、解压缩服务，对数据进行加密和解密。

表示层为应用层提供的服务包括语法选择、语法转换等。语法选择是提供一种初始语法和以后修改这种选择的手段。语法转换涉及代码转换和字符集的转换、数据格式的修改以及对数据结构操作的适配。

7）应用层

应用层是通信用户之间的窗口，为用户提供网络管理、文件传输、事务处理等服务，其中包含若干个独立的、用户通用的服务协议模块。应用层是 OSI 的最高层，为网络用户之间的通信提供专用的程序。应用层的内容主要取决于用户的各自需要，这一层涉及的主要问题是分布数据库、分布计算技术、网络操作系统和分布操作系统、远程文件传输、电子邮件、终端电话及远程作业登录与控制等。目前应用层在国际上几乎没有完整的标准，是一个范围很广的研究领域。在 OSI 的 7 个层次中，应用层是最复杂的，所包含的应用层协议也最多，有些还正在研究和开发之中。

## 1.4.2 TCP/IP协议

### 1. 什么是 TCP/IP

如前文所说，协议是互相通信的计算机双方必须共同遵从的一组约定。TCP/IP 就是这样的约定，它规定了计算机之间互相通信的方法。TCP/IP 是为了使接入互联网的异种网络、不同设备之间能够进行正常的数据通信而预先制定的一簇大家共同遵守的格式和约定。该协议是美国国防部高级研究计划署为建立 ARPANET 开发的，在这个协议集中，两个最知名的协议就是传输控制协议（Transfer Control Protocol，TCP）和网际协议（Internet Protocol，IP），故而整个协议集被称为 TCP/IP。之所以说 TCP/IP 是一个协议簇，是因为 TCP/IP 协议包括了 TCP、IP、UDP、ICMP、RIP、TELNET、FTP、SMTP 及 ARP 等许多协议，对互联网中主机的寻址方式、主机的命名机制、信息的传输规则以及各种各样的服务功能均做了详细约定，这些约定一起称为TCP/IP协议。

由于互联网在全球范围内迅速发展，因此互联网所使用的TCP/IP协议在计算机网络领域占有十分重要的地位。

### 2. TCP/IP协议结构

和开放系统互联参考模型一样，TCP/IP协议是一个分层结构。协议的分层使得各层的任务和目的十分明确，这样有利于软件编写和通信控制。TCP/IP协议分为4层，由下至上分别是网络接口层、网际层、传输层和应用层，如图1-22所示。

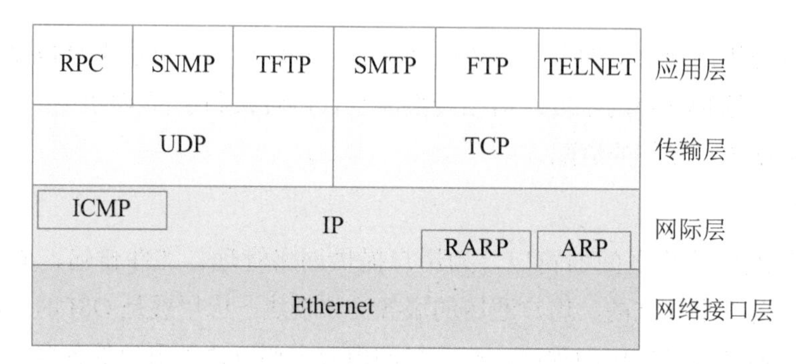


图1-22 TCP/IP协议分层结构

最上层是应用层，就是和用户打交道的部分，用户在应用层上进行操作，如收发电子邮件、文件传输等。也就是说，用户必须通过应用层才能表达出他的意愿，从而达到目的。其中，简单网络管理协议（SNMP）就是一个典型的应用层协议。

传输层的主要功能是对应用层传递过来的用户信息进行分段处理，然后在各段信息中加入一些附加说明，如说明各段的顺序等，保证对方收到可靠的信息。该层有两个协议，一个是传输控制协议（TCP），另一个是用户数据报协议（User Datagram Protocol，UDP），SNMP就是基于UDP协议的一个应用协议。

网际层将传输层形成的一段一段的信息打成IP数据包，在报头中填入地址信息，然后选择好发送的路径。本层的网际协议（IP）和传输层的TCP是TCP/IP体系中两个最重要的协议。与IP协议配套使用的还有地址解析协议（Address Resolution Protocol，ARP）、逆向地址解析协议（Reverse Address Resolution Protocol，RARP）、Internet控制报文协议（Internet Control Message Protocol，ICMP）。图1-22表示出了这3个协议和网际协议IP的关系。在这一层中，ARP和RARP在最下面，因为IP经常要使用这两个协议。ICMP在这一层的上部，因为它要使用IP协议。这3个协议将在后文陆续介绍。由于网际协议IP可以使互连的许多计算机网络进行通信，因此TCP/IP体系中的网络层常常称为网际层（Internet Layer）。

网络接口层是最底层，也称链路层，其功能是接收和发送 IP 数据包，负责与网络中的传输媒介打交道。

TCP/IP 本质上采用的是分组交换技术，其基本意思是把信息分隔成一个个不超过一定大小的信息包传送出去。分组交换技术的优点是一方面可以避免单个用户长时间占用网络线路，另一方面是在传输出错时不必全部重新传送，只需要将出错的包重新传输就可以了。

TCP/IP 规范了网络上的所有通信，尤其是一个主机与另一个主机之间的数据往来格式以及传送方式。TCP 和 IP 就像两个信封，要传递的信息被划分成若干段，每一段塞入一个 TCP 信封，并在该信封上记录分段号信息，再将 TCP 信封塞入 IP 大信封，发送上网。在接收端，每个 TCP 软件包收集信封，抽出数据，按发送前的顺序还原，并加以校验，若发现差错，TCP 将会要求重发。因此，TCP/IP 在互联网中几乎可以无差错地传送数据。

### 3. TCP/IP 与 OSI-RM 的关系

TCP/IP 协议与开放系统互连参考模型之间的对应关系如图 1-23 所示，TCP/IP 协议的应用层对应了 OSI 模型的上三层，网络接口层对应了 OSI 模型的下两层。

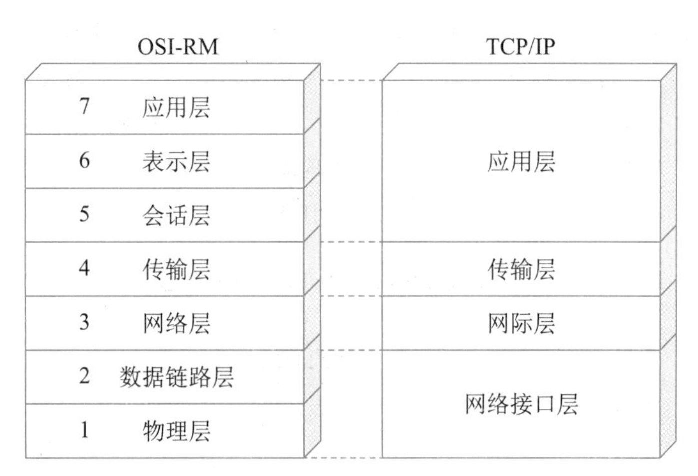


图 1-23　TCP/IP 协议与开放系统互连参考模型之间的对应关系

值得注意的是，在一些问题的处理上，TCP/IP 与 OSI 很不同，如下所述。

（1）TCP/IP 一开始就考虑到多种异构网（Heterogeneous Network）的互连问题，并将网际协议 IP 作为 TCP/IP 的重要组成部分。但 ISO 和 CCITT 最初只考虑到使用一种标准的公用数据网将各种不同的系统互连在一起。后来，ISO 认识到了网际协议 IP 的重要性，然而已经来不及了，只好在网络层中划分出一个子层来完成类似 TCP/IP 中 IP 的作用。

（2）TCP/IP 一开始就对面向连接服务和无连接服务并重，而 OSI 在开始时只强调面向连接服务，一直到很晚 OSI 才引入无连接服务的相关标准。无连接服务的数据包对于互联网中的数据传送以及分组话音通信（即在分组交换网里传送话音信息）都是十分方便的。

（3）TCP/IP 有较好的网络管理功能，而 OSI 后续版本才定义了网络管理的术语和概念。

### 4. IP 数据包的格式

IP 数据包的格式能够说明 IP 协议都具有什么功能。在 TCP/IP 的标准中，各种数据格式常常以 32 位（即 4 字节）为单位来描述。图 1-24 显示了 IP 数据包的格式。

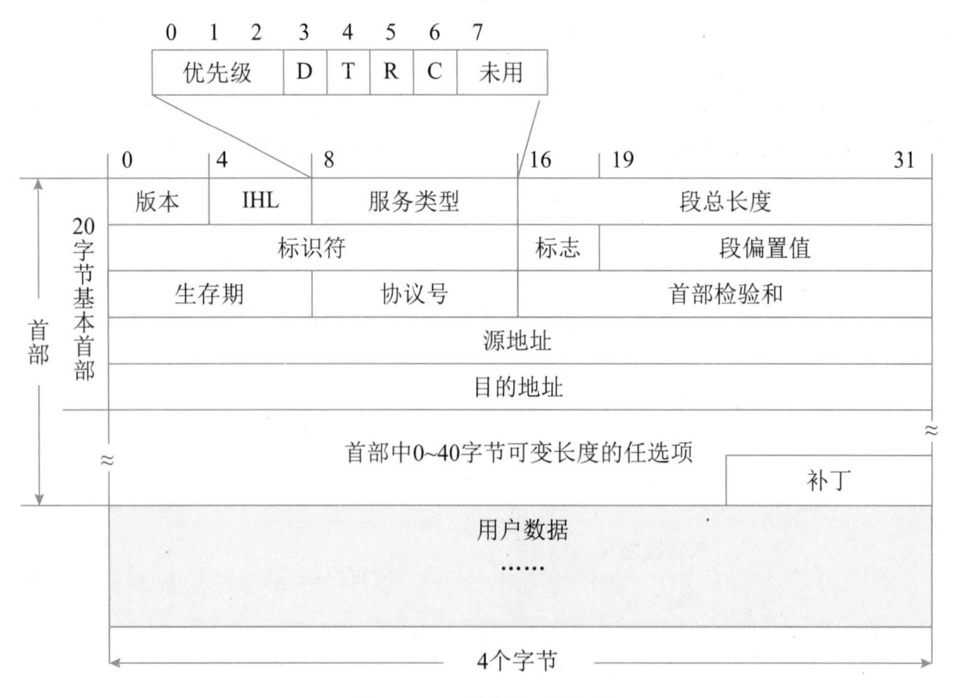


图 1-24　IP 数据包的格式

从图 1-24 可以看出，一个 IP 数据包由首部和数据两部分组成。首部由固定 20 个字节的基本首部和 0 ～ 40 字节可变长度的任选项组成。下面介绍首部各字段的意义。

1）版本

版本占4位，指IP协议的版本。通信双方使用的IP协议的版本必须一致。目前使用的IP协议版本为v4（IP version 4），以前的3个版本目前已不使用。

2）IHL

IHL为首部长度，占4位，可表示的最大数值是15个单位（一个单位为4字节），因此IP的首部长度的最大值是60字节。当IP分组的首部长度不是4字节的整数倍时，必须利用最后一个补丁字段加以填充。这样，数据部分永远从4字节的整数倍时开始，实现起来会比较方便。首部长度限制为60字节的缺点是有时（如采用源站选路时）不够用，但这样做的用意是尽量减少额外的开销。

3）服务类型

服务类型占8位，用来获得更好的服务，其意义如图1-24的上面部分所示。

（1）服务类型字段的前3位表示有8种优先级，默认值000。

（2）第4位是D位，表示要求有更低的时延。

（3）第5位是T位，表示要求有更高的吞吐量。

（4）第6位是R位，表示要求有更高的可靠性，即在数据包传送的过程中，被节点交换机丢弃的概率要更小些。

（5）第7位是C位，是新增加的，表示要求选择费用更低廉的路由。

（6）最后一位目前尚未使用。

4）段总长度

段总长度指首部和数据之和的长度，单位为字节。段总长度字段为16位，因此数据包的最大长度为65 535字节，这在当前是够用的。当很长的数据包要分片进行传送时，“总长度”不是指未分片前的数据包长度，而是指分片后每片的首部长度与数据长度的总和。

5）标识符

标识符（identification）字段是为了使分片后的各数据包片最后准确地重装成为原来的数据包而设置的。请注意，这里的“标识”并没有顺序号的意思，因为IP是无连接服务的，数据包不存在按序接收的问题。

6）标志

标志（flag）字段占3位，目前只有前两个比特有意义。

标志字段中的最低位记为MF（More Fragment），MF=1即表示后面还有分片的数据包；MF=0 表示这已是若干数据包中的最后一个。

标志字段中间的一位记为 DF（Don't Fragment），只有当 DF=0 时才允许分片。

7）段偏置值

该值指出较长的分组在分片后，某个分片在原分组中的相对位置。也就是说，相对于用户数据字段的起点，该片从何处开始。片偏移以 8 个字节为偏移单位。

8）生存期

生存期（Time To Live，TTL），其单位为 s。生存期的建议值是 32s，但也可设定为 3 ～ 4s，甚至为 255 s。

9）协议号

协议号字段占 8 位，作用是指出此数据包携带的传输层数据是使用何种协议，以便目的主机的 IP 层知道应将此数据包上交给哪个进程。常用的一些协议和相应的协议字段值（写在协议后面的括弧中）是 UDP（17）、TCP（6）、ICMP（1）、GGP（3）、EGP（8）、IGP（9）、OSPF（89）以及 OSI 的第 4 类运输协议 TP4（29）。

10）首部检验和

此字段只检验数据包的首部，不包括数据部分。不检验数据部分是因为数据包每经过一个节点，节点处理机就要重新计算一下首部检验和（一些字段，如寿命、标志、片偏移等都可能发生变化），如将数据部分一起检验，计算的工作量就太大了。

为了简化运算，检验和不采用 CRC 检验码。IP 检验的计算方法是将 IP 数据包首部看成 16 位字的序列，先将检验的字段置零，将所有 16 位字相加，将和的二进制反码写入检验和字段；收到数据包后，将首部的 16 位字的序列再相加一次，若首部未发生任何变化，则和必为全 1。否则即认为出差错，并将此数据包丢弃。

11）地址

源站 IP 地址字段和目的站 IP 地址字段都各占 4 字节。

### 1.4.3 IP地址

互联网采用了一种通用的地址格式，为互联网中的每一个网络和几乎每一台主机都分配了一个地址，这就使用户实实在在地感觉到它是一个整体。

#### 1. 什么是 IP 地址

接入互联网的计算机与接入电话网的电话相似，每台计算机或路由器都有一个由授权机构分配的号码，称为 IP 地址。如果某单位电话号码为 852***66，所在的地区号为 010，我国的电话区号为 086，那么这个单位电话号码的完整表述应该是 086-010-852***66。这个电话号码在全世界范围内都是唯一的。这是一种很典型的分层结构的电话号码定义方法。

同样，IP 地址也是采用分层结构。IP 地址由网络号与主机号两部分组成。其中，网络号用来标识一个逻辑网络，主机号用来标识网络中的一台主机。网络号相同的主机可以直接互相访问，网络号不同的主机需通过路由器才可以互相访问。一台主机至少有一个 IP 地址，而且这个 IP 地址是全网唯一的，如果一台主机有两个或多个 IP 地址，则该主机属于两个或多个逻辑网络，一般用作路由器。

在表示 IP 地址时，将 32 位二进制码分为 4 个字节，每个字节转换成相应的十进制，字节之间用“.”来分隔。IP 地址的这种表示法叫作“点分十进制表示法”，显然这比全是 1 和 0 的二进制码容易记忆。例如 IP 地址 10001010 00001011 00000011 00011111 可以记为 138.11.3.31，显然这样记忆方便得多。

### 2. IP 地址的分类

TCP/IP 协议规定，根据网络规模的大小，将 IP 地址分为 5 类（A，B，C，D，E），如图 1-25 所示。

#### 1）A 类地址

A 类地址第一个字节用作网络号，且最高位为 0，这样只有 7 位可以表示网络号，能够表示的网络号有 $2^7$=128 个，因为全 0 和全 1 在地址中有特殊用途，所以去掉全 0 和全 1 地址，这样就只能表示 126 个网络号，范围是 1.0.0.1~126.255.255.254。后 3 个字节用作主机号，有 24 位可表示主机号，能够表示的主机号有 $2^{24}$–2 个，约为 1600 万台主机。A 类 IP 地址常用于大型的网络。

#### 2）B 类地址

B 类地址前两个字节用作网络号，后两个字节用作主机号，且最高位为 10，最大网络数为 $2^{14}$–2=16 382，范围是 128.0.0.1 ～ 191.255.255.254。可以容纳的主机数为 $2^{16}$–2，约等于 6 万多台主机。B 类 IP 地址通常用于中等规模的网络。

#### 3）C 类地址

C 类地址前 3 个字节用做网络号，最后一个字节用作主机号，且最高位为 110，最大网络数为 $2^{21}$–2，约等于 200 多万，范围是 192.0.0.1 ～ 223.255.255.254，可以容纳的主机数为 $2^8$–2，等于 254 台主机。C 类 IP 地址通常用于小型的网络。

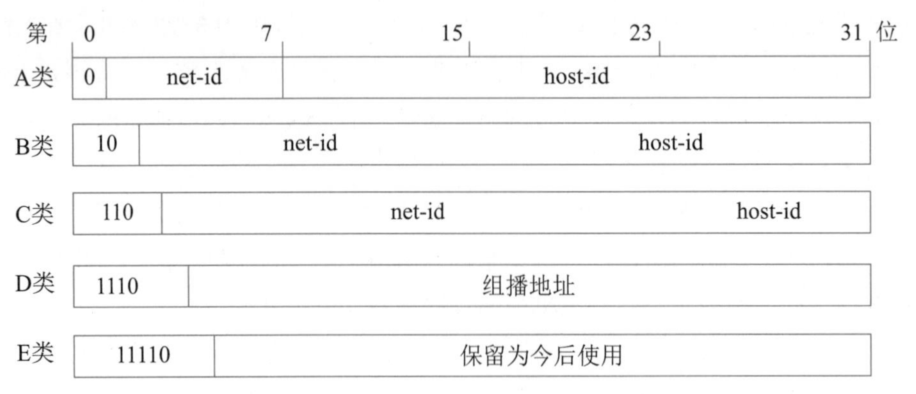


图 1-25 IP 地址的分类

4）D 类地址

D 类地址最高位为 1110，是多播地址，主要是留给 Internet 体系结构委员会（Internet Architecture Board，IAB）使用的。

5）E 类地址

E 类地址最高位为 11110，保留在今后使用。

D 类、E 类地址因其已经指明了最高位且有特殊用途，就不再赘述其范围。

目前大量使用的 IP 地址仅是 A 类至 C 类 3 种。不同类别的 IP 地址在使用上并没有等级之分，不能说 A 类 IP 地址比 B 类或 C 类高级，也不能说访问 A 类 IP 地址比 B 类或 C 类优先级高，只能说 A 类 IP 地址所在的网络是一个大型网络。

### 3. 子网掩码

IP 地址的设计也有不够合理的地方。例如，IP 地址中的 A 至 C 类地址可供分配的网络号超过 211 万个，而这些网络上可供使用的主机号的总数则超过 37.2 亿个。初看起来，似乎 IP 地址足够全世界来使用。其实不然。第一，设计者没有预计到微型计算机会普及得如此之快，各种局域网和网上的主机数急剧增长。第二，IP 地址在使用时有很大的浪费。例如，某个单位申请到了一个 B 类地址。但该单位只有一万台主机。于是，在一个 B 类地址中的其余 55 000 多个主机号就白白浪费了，因为其他单位的主机无法使用这些号码。为此，设计者在 IP 地址中又增加了一个“子网字段”。

我们知道，一个单位申请到的 IP 地址是这个 IP 地址的网络号 net-id，而后面的主机号 host-id 则由本单位进行分配，本单位的所有主机都使用同一个网络号。当一个单位的主机很多而且分布在很广的地理范围时，往往需要用一些网桥（而不是路由器，因为路由器连接的主机具有不同的网络号）将这些主机互连起来。网桥的缺点较多，例如容易引起广播风暴，同时当网络出现故障时也不太容易隔离和管理。为了使本单位的主机便于管理，可以将本单位所属主机划分为若干个子网（subnet），用 IP 地址主机号字段中的前若干个比特作为“子网号字段”，后面剩下的仍为主机号字段。这样做就可以在本单位的各子网之间用路由器来互连，因而便于管理。

需要注意的是，子网的划分是属于本单位内部的事，在本单位以外看不见这样的划分。从外部看，这个单位仍只有一个网络号。只有当外面的分组进入本单位范围后，本单位的路由器才根据子网号进行路由选择，最后找到目的主机。若本单位按照主机所在的地理位置来划分子网，那么在管理方面就会方便得多。

图 1-26 以 B 类 IP 地址为例，说明了在划分子网时用到的子网掩码（Subnet Mask）的含义。图 1-26（b）表示将本地控制部分再增加一个子网号字段，子网号字段究竟选多长，由本单位根据情况确定。TCP/IP 体系规定用一个 32 比特的子网掩码来表示子网号字段的长度。子网掩码由一连串的“1”和一连串的“0”组成，“1”对应于网络号和子网号字段，而“0”对应于主机号字段，如图 1-26（c）所示。该子网掩码用点分十进制表示就是 255.255.240.0。

若不进行子网划分，则其子网掩码即为默认值，此时子网掩码中“1”的长度就是网络号的长度。因此，对于 A 类、B 类和 C 类 IP 地址，其对应的子网掩码默认值分别为 255.0.0.0、255.255.0.0 和 255.255.255.0。

采用子网掩码相当于采用三级寻址。每一个路由器在收到一个分组时，首先检查该分组的 IP 地址中的网络号。若网络号不是本网络，则从路由表找出下一站地址将其转发出去。若网络号是本网络，则再检查 IP 地址中的子网号，若子网不是本子网，则同样地转发此分组；若子网是本子网，则根据主机号即可查出应从何端口将分组交给该主机。

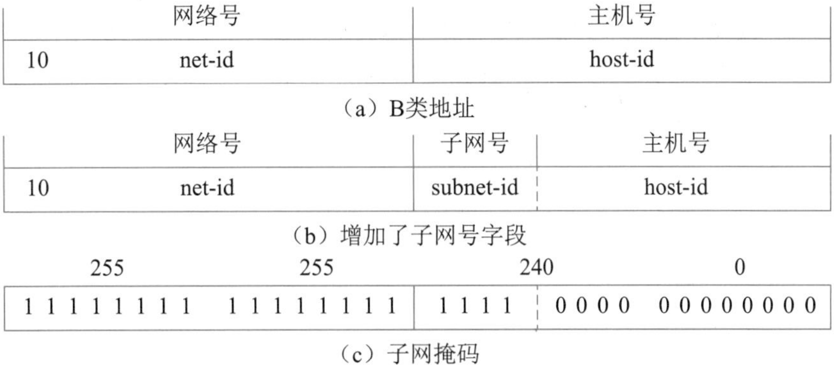

| 网络号 | 主机号 |
| --- | --- |
| 10　　net-id | host-id |

（a）B类地址

| 网络号 | 子网号 | 主机号 |
| --- | --- | --- |
| 10　　net-id | subnet-id | host-id |

（b）增加了子网号字段

| 255　　255 | 240 | 0 |
| --- | --- | --- |
| 1 1 1 1 1 1 1 1　1 1 1 1 1 1 1 1 | 1 1 1 1 | 0 0 0 0　0 0 0 0 0 0 0 0 |

（c）子网掩码

图 1-26　子网掩码的含义

判断两个 IP 地址是否是一个子网的具体方法是将两个 IP 地址分别和子网掩码做二进制“与”运算，如果得到的结果相同，则属于同一个子网；如果结果不同，则不属于同一个子网。

例如 129.47.16.254、129.47.17.01、129.47.32.254、129.47.33.01，这 4 个 B 类 IP 地址在默认子网掩码的情况下是属于同一个子网的，但如果子网掩码是 255.255.240.0，则 129.47.16.254 和 129.47.17.01 是属于同一个子网的，而 129.47.32.254、129.47.33.01 则属于另一个子网，如图 1-27 所示。

| | 网络号 | | 子网号 | 主机号 | |
|---|---|---|---|---|---|
| 子网掩码 | 1 1 1 1 1 1 1 1 | 1 1 1 1 1 1 1 1 | 1 1 1 1 | 0 0 0 0 | 0 0 0 0 0 0 0 0 |
| 129.47.16.254 | 1 0 0 0 0 0 0 1 | 0 0 1 0 1 1 1 1 | 0 0 0 1 | 0 0 0 0 | 1 1 1 1 1 1 1 0 |
| 129.47.17.01 | 1 0 0 0 0 0 0 1 | 0 0 1 0 1 1 1 1 | 0 0 0 1 | 0 0 0 1 | 0 0 0 0 0 0 0 1 |
| 129.47.32.254 | 1 0 0 0 0 0 0 1 | 0 0 1 0 1 1 1 1 | 0 0 1 0 | 0 0 0 0 | 1 1 1 1 1 1 1 0 |
| 129.47.33.01 | 1 0 0 0 0 0 0 1 | 0 0 1 0 1 1 1 1 | 0 0 1 0 | 0 0 0 1 | 0 0 0 0 0 0 0 1 |

图 1-27 IP 地址与子网掩码

### 4. 可变长子网掩码

虽然可变长子网掩码（Variable Length Subnetwork Mask，VLSM）是对网络编址的有益补充，但是还存在着一些缺陷。例如，一个组织有几个包括 25 台左右计算机的子网，又有一些只包含几台计算机的较小的子网，在这种情况下，如果将一个 C 类地址分成 6 个子网，每个子网可以包含 30 台计算机，大的子网基本上利用了全部地址，但是小的子网却浪费了许多地址。

为了解决这个问题，避免任何可能的地址浪费，就出现了 VLSM 编址方案，即在 IP 地址后面加上“/ 比特数”来表示子网掩码中“1”的个数。例如 202.117.125.0/27，其含义是前 27 位表示网络号和子网号，即子网掩码为 27 位长，主机地址为 5 位长。图 1-28 表示了一个子网划分的方案，这样的编址方法可以充分利用地址资源，特别在网络地址紧缺的情况下尤其重要。

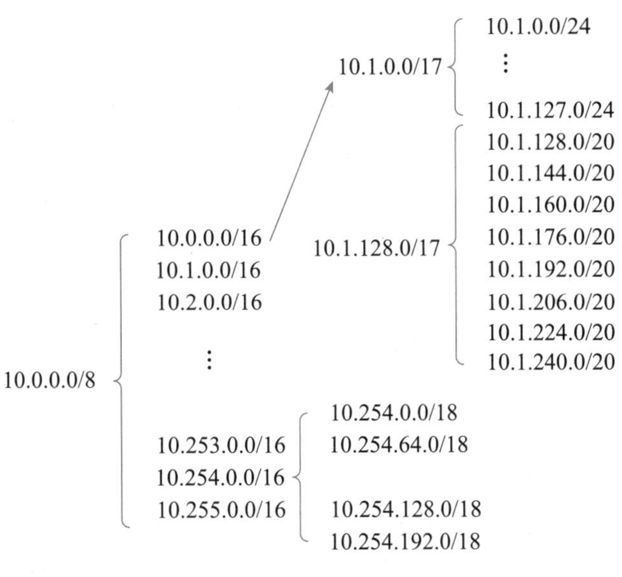


图 1-28　可变长子网掩码

### 5. CIDR 技术

CIDR 技术解决了路由缩放问题。所谓路由缩放问题有两层含义，其一是对于大多数中等规模的组织没有适合的地址空间，这样的组织一般拥有几千台主机，C 类网络太小，只有 254 个地址，B 类网络太大，有超过 65 000 个地址，A 类网络就更不用说了，况且 A 类和 B 类地址快要分配完了；其二是路由表增长太快，如果所有 C 类网络号都在路由表中占一行，这样的路由表太大了，其查找速度将无法达到满意的程度。CIDR 技术就是解决这两个问题的，它可以把若干个 C 类网络分配给一个用户，并且在路由表中只占一行，这是一种将大块的地址空间合并为少量路由信息的策略。

为了说明 CIDR 的原理，假定网络服务提供商 RA 有一个由 2048 个 C 类网络组成的地址块，网络号从 192.24.0.0 到 192.31.255.0，这种地址块被称为超网（Supernet），这个地址块的路由信息可以用网络号 192.24.0.0 和地址掩码 255.248.0.0 来表示，简写为 192.24.0.0/13；再假定 RA 连接如下 6 个用户。

- 用户 C1 最多需要 2048 个地址，即 8 个 C 类网络。
- 用户 C2 最多需要 4096 个地址，即 16 个 C 类网络。
- 用户 C3 最多需要 1024 个地址，即 4 个 C 类网络。
- 用户 C4 最多需要 1024 个地址，即 4 个 C 类网络。
- 用户 C5 最多需要 512 个地址，即 2 个 C 类网络。

- 用户 C6 最多需要 512 个地址，即 2 个 C 类网络。

假定 RA 对 6 个用户的地址分配如下。

- C1：分配 192.24.0 到 192.24.7。这个地址块可以用超网路由 192.24.0.0 和掩码 255.255.248.0 表示，简写为 192.24.0.0/21。
- C2：分配 192.24.16 到 192.24.31。这个地址块可以用超网路由 192.24.16.0 和掩码 255.255.240.0 表示，简写为 192.24.16.0/20。
- C3：分配 192.24.8 到 192.24.11。这个地址块可以用超网路由 192.24.8.0 和掩码 255.255.252.0 表示，简写为 192.24.8.0/22。
- C4：分配 192.24.12 到 192.24.15。这个地址块可以用超网路由 192.24.12.0 和掩码 255.255.252.0 表示，简写为 192.24.12.0/22。
- C5：分配 192.24.32 到 192.24.33。这个地址块可以用超网路由 192.24.32.0 和掩码 255.255.254.0 表示，简写为 192.24.32.0/23。
- C6：分配 192.24.34 到 192.24.35。这个地址块可以用超网路由 192.24.34.0 和掩码 255.255.254.0 表示，简写为 192.24.34.0/23。

还假定 C4 和 C5 是多宿主网络（multi-homed network），除过 RA 之外还与网络服务供应商 RB 连接。RB 也拥有 2048 个 C 类网络号，从 192.32.0.0 到 192.39.255.0，这个超网可以用网络号 192.32.0.0 和地址掩码 255.248.0.0 来表示，简写为 192.32.0.0/13。另外还有一个 C7 用户，原来连接 RB，现在连接 RA，所以 C7 的 C 类网络号是由 RB 赋予的。C7 分配 192.32.0 到 192.32.15，这个地址块可以用超网路由 192.32.0 和掩码 255.255.240.0 表示，简写为 192.32.0.0/20。

对于多宿主网络，假定 C4 的主路由是 RA，而次路由是 RB；C5 的主路由是 RB，而次路由是 RA。另外也假定 RA 和 RB 通过主干网 BB 连接在一起，这个连接如图 1-29 所示。

路由发布遵循“最大匹配”的原则，要包含所有可以到达的主机地址。据此 RA 向 BB 发布的路由信息包括它拥有的网络地址块 192.24.0.0/13 和 C7 的地址块 192.24.12.0/22。由于 C4 是多宿主网络，并且主路由通过 RA，所以 C4 的路由要专门发布。C5 也是多宿主网络，但是主路由是 RB，所以 RA 不发布它的路由信息。总之，RA 向 BB 发布的路由信息如下。

192.24.12.0/255.255.252.0 primary　　（C4 的地址块）
192.32.0.0/255.255.240.0 primary　　（C7 的地址块）
192.24.0.0/255.248.0.0 primary　　（RA 的地址块）

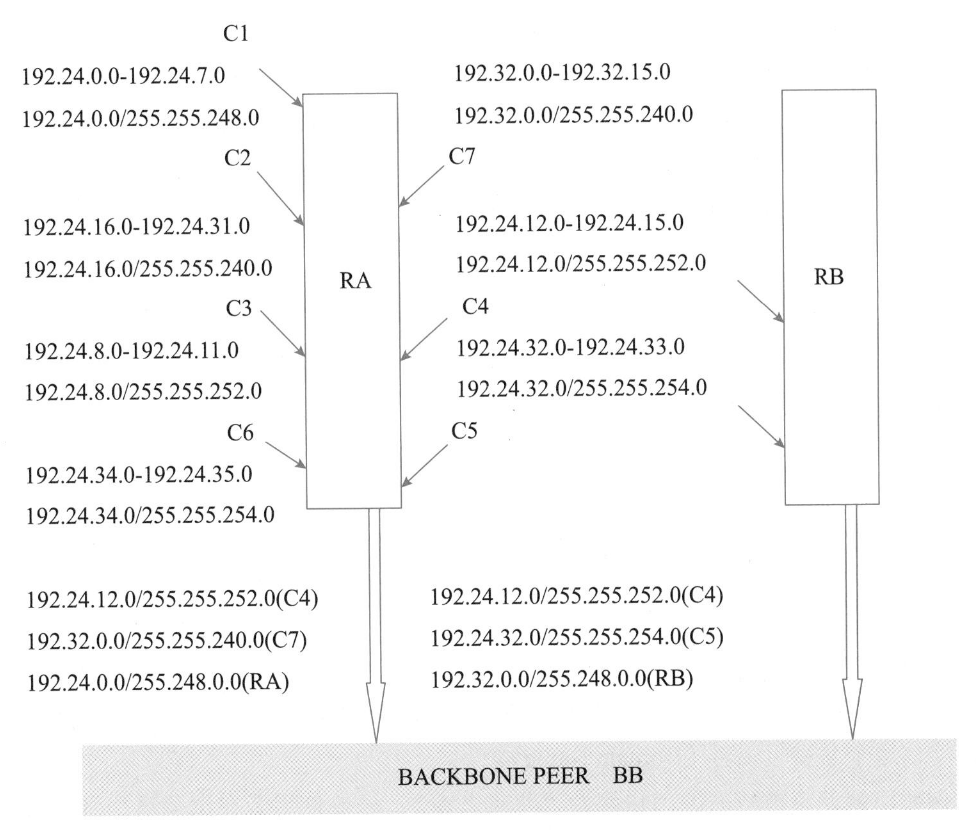


图 1-29　CIDR 技术举例

RB 发布的信息包括 C4 和 C5 以及它自己的地址块，RB 向 BB 发布的路由信息如下。

192.24.12.0/255.255.252.0 secondary　（C4 的地址块）
192.24.32.0/255.255.254.0 primary　（C5 的地址块）
192.32.0.0/255.248.0.0 primary　（RB 的地址块）

### 6. 特殊的 IP 地址

#### 1）本地回环地址

本地回环地址也叫本地环路地址。网络号为 127 的 A 类地址用于网络软件测试以及本地进程间的通信，这叫作回送地址（loopback address）。无论什么程序，一旦使用回送地址发送 IP 数据包，IP 软件立即将报文返回，不进行任何实际的网络传输，这个特性也可以用来为网络软件查错。

2）私网地址

在IP地址空间中保留了几个用于私有网络的地址。私有网络地址通常应用于公司、组织和个人网络，它们没有置于因特网。IPv4的地址用于私有网络的地址范围如下。

（1）A类：10.0.0.0 ～ 10.255.255.255。

（2）B类：172.16.0.0 ～ 172.31.255.255。

（3）C类：192.168.0.0 ～ 192.168.255.255。

3）自动专用IP地址（Automatic Private IP Address，APIPA）

APIPA是因特网赋号管理局（Internet Assigned Numbers Authority，IANA）保留的一个地址块，在找不到DHCP服务器的情况下，计算机会在169.254.0.0 ～ 169.254.255.255中间自动选择IP地址。

### 1.4.4 域名地址

#### 1. 域名的概念

通过前面的学习可以知道，在网络上辨别一台计算机的方式是利用IP地址。但是一组IP地址数字很不容易记忆，因此可以为网上的服务器取一个有意义且又容易记忆的名字，这个名字叫域名（Domain Name）。

例如，就北京市政府的门户网站“北京之窗”，一般使用者在浏览这个网站时，都会输入www.beijing.gov.cn，而很少有人会记住这台服务器的IP地址是多少，www.beijing.gov.cn就是“北京之窗”的域名，而210.73.64.10才是它的IP地址。就如同人们在称呼朋友时，一定是叫他的名字，几乎没有人叫对方的身份证号码。

但由于在互联网上真正区分机器的还是IP地址，所以当使用者输入域名后，浏览器必须要先去一台有域名和IP地址相互对应的数据库的主机中去查询这台计算机的IP地址，而这台被查询的主机称为域名服务器（Domain Name Server，DNS）。例如，当输入www.beijing.gov.cn时，浏览器会将www.beijing.gov.cn这个名字传送到离它最近的DNS服务器去做分析，如果寻找到，则会传回这台主机的IP地址；但如果没查到，系统就会提示“DNS NOT FOUND（没找到DNS服务器）”，所以一旦DNS服务器不工作了，就像是路标完全被毁坏，将没有人知道该把资料送到哪里。

#### 2. 域名的结构

一台主机的主机名由它所属各级域的域名和分配给该主机的名字共同构成。书写的时候，应按照由小到大的顺序，顶级域名放在最右面，分配给主机的名字放在最左面，各级名字之间用“.”隔开。

在域名系统中，常见的顶级域名是以组织模式划分的。例如 www.ibm.com 这个域名，因为它的顶级域名为 com，可以推知它是一家公司的网站地址。除了组织模式顶级域名之外，其他顶级域名对应于地理模式。例如，www.tsinghua.edu.cn 这个域名，因为它的顶级域名为 cn，可以推知它是中国的网站地址。表 1-2 列举了常见的顶级域名及其含义。

**表 1-2　常见的顶级域名**

| 组织模式顶级域名 | 含　义 | 地理模式顶级域名 | 含　义 |
|---|---|---|---|
| com | 商业组织 | cn | 中国 |
| edu | 教育机构 | hk | 中国香港 |
| gov | 政府部门 | mo | 中国澳门 |
| mil | 军事部门 | tw | 中国台湾 |
| net | 主要网络支持中心 | us | 美国 |
| org | 上述以外的组织 | uk | 英国 |
| int | 国际组织 | jp | 日本 |

顶级域的管理权被分派给指定的管理机构，各管理机构对其管理的域继续进行划分，即划分成二级域，并将二级域名的管理权授予其下属的管理机构，如此层层细分，就形成了层次状的域名结构，图 1-30 显示了互联网的域名结构。

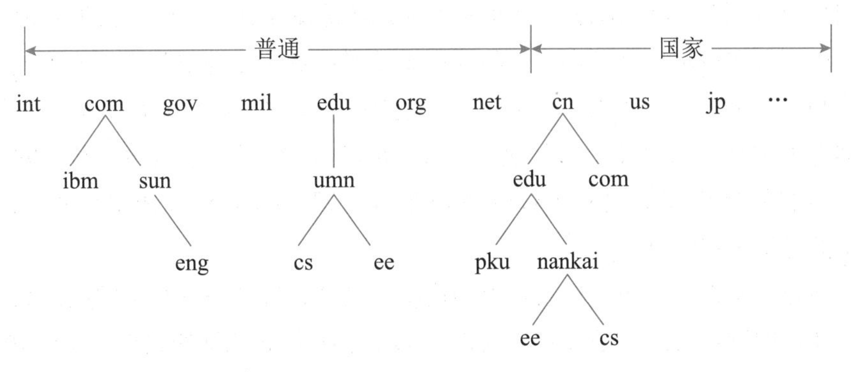


图 1-30　互联网的域名结构

互联网的域名由互联网网络协会负责网络地址分配的委员会进行登记和管理。全世界现有 3 个大的网络信息中心，INTER-NIC 负责美国及其他地区；RIPE-NIC 负责欧洲地区；APNIC 负责亚太地区。中国互联网络信息中心（China Internet Network Information Center，CNNIC）负责管理我国的顶级域名 cn，负责为我国的网络服务商（ISP）和网络用户提供 IP 地址、自治系统 AS 号码和中文域名的分配管理服务。

### 3. 域名地址的寻址过程

域名地址得以广泛使用是因为它便于记忆，在互联网中真正寻找“被叫”时还要用到 IP 地址，因此域名服务器的工作就是专门负责域名和 IP 地址之间的转换翻译。域名地址结构本身是分级的，所以域名服务器也是分级的。

这里举例说明互联网中的寻址过程，一个国外用户要寻找一台叫作 host.edu.cn 的中国主机，其寻址过程如图 1-31 所示。

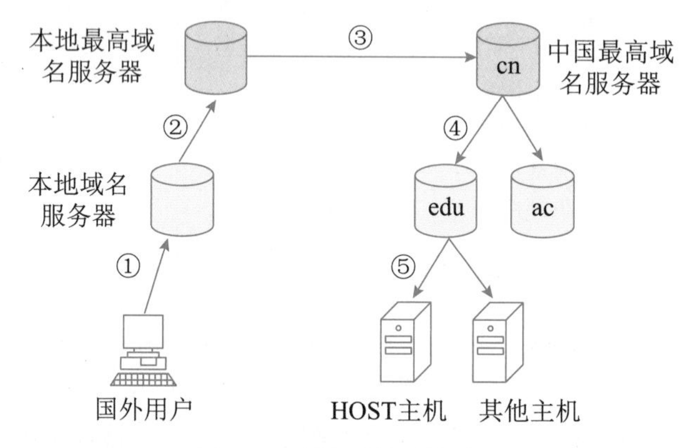


图 1-31 域名地址寻址过程

此用户“呼叫”host.edu.cn，本地域名服务器受理并分析号码；由于本地域名服务器中没有中国域名资料，必须向上一级即向本地最高域名服务器问询；本地最高域名服务器检索自己的数据库，查到 cn 为中国，则指向中国的最高域名服务器；中国最高域名服务器分析号码，看到第二级域名为 edu，就指向 edu 域名服务器；经 edu 域名服务器分析，找到本域内 host 主机所对应的 IP 地址，即可指向名为 HOST 的主机，这样，一个完整的寻址过程结束。

需要注意的是，要真正实现线路上的连接，必须通过通信网络，因此，域名服务器分析域名地址的过程实际就是找到与域名地址相对应的 IP 地址的过程，找到 IP 地址后，路由器再通过选定的端口在电路上构成连接。由此可以看出，域名服务器实际上是一个数据库，它存储着一定范围内主机和网络的域名及相应 IP 地址的对应关系。

### 1.4.5　IPv6简介

#### 1. IPv6 的来源

IPv4（IP version 4）标准是 20 世纪 70 年代末期制定完成的。20 世纪 90 年代初期，WWW 的应用导致互联网爆炸性发展，随着互联网应用类型日趋复杂，终端形式（特别是移动终端）的多样化，全球独立 IP 地址的提供已经开始面临沉重的压力。根据互联网工程任务组（Internet Engineering Task Force，IETF）的估计，基于 IPv4 的地址资源会在 2005 年出现枯竭。IPv4 将不能满足互联网长期发展的需要，必须立即开始下一代 IP 网络协议的研究。由此，IETF 于 1992 年成立了 IPNG（IP Next Generation）工作组，1994 年夏，IPNG 工作组提出了下一代 IP 网络协议（IP version 6，IPv6）的推荐版本；1995 年夏，IPNG 工作组完成了 IPv6 的协议文本；1995—1999 年完成了 IETF 要求的协议审定和测试；1999 年成立了 IPv6 论坛，开始正式分配 IPv6 地址，IPv6 的协议文本成为标准草案。

IPv6 具有长达 128 位的地址空间，可以彻底解决 IPv4 地址不足的问题。由于 IPv4 地址是 32 位二进制，所能表示的 IP 地址个数为 $2^{32}$=4 294 967 296 ≈ 40 亿个，因而在互联网上最多约有 40 亿个 IP 地址。32 位的 IPv4 升级至 128 位的 IPv6，互联网中的 IP 地址从理论上讲会有 $2^{128}=3.4\times10^{38}$ 个，如果整个地球表面（包括陆地和水面）都覆盖着计算机，那么 IPv6 允许每平方米有 $7\times10^{23}$ 个 IP 地址，如果地址分配的速率是每秒分配 100 万个，则需要 $10^{19}$ 年的时间才能将所有地址分配完毕，可见在想象得到的将来，IPv6 的地址空间是不可能用完的。除此之外，IPv6 还采用了分级地址模式、高效 IP 包首部、服务质量、主机地址自动配置、认证和加密等许多技术。

#### 2. IPv6 数据包的格式

IPv6 数据包有一个 40 字节的基本首部（base header），其后可允许有 0 个或多个扩展首部（extension header），再后面是数据。图 1-32 所示的是 IPv6 基本首部的格式。每个 IPv6 数据包都是从基本首部开始的。IPv6 基本首部的很多字段可以和 IPv4 首部中的字段直接对应。

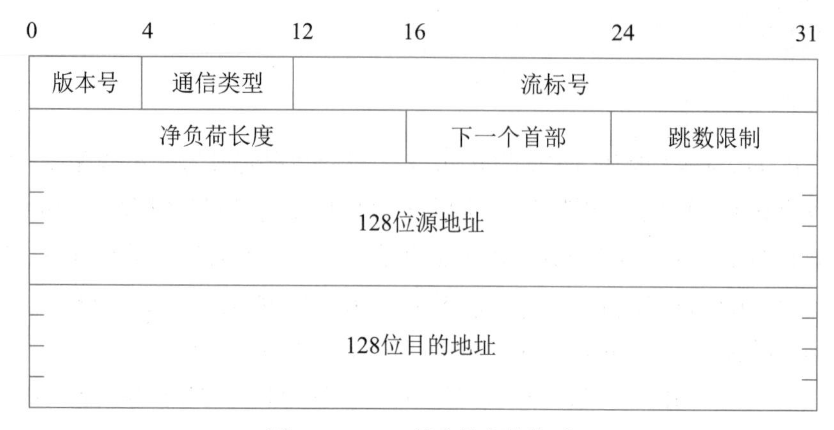


图 1-32　IPv6 基本首部的格式

1）版本

版本（version）字段占 4 位，它说明了 IP 协议的版本。对 IPv6 而言，该字段值是 0110，也就是十进制数的 6。

2）通信类型

该字段占 8 位，其中优先级（priority）字段占 4 位。首先，IPv6 把流分成两大类，即可进行拥塞控制的和不可进行拥塞控制的。每一类又分为 8 个优先级，优先级的值越大，表明该分组越重要。对于可进行拥塞控制的业务，其优先级为 0 ～ 7，当发生拥塞时，这类数据包的传输速率可以放慢。对于不可进行拥塞控制的业务，其优先级为 8 ～ 15，这些都是实时性业务，如音频或视频业务的传输。这种业务的数据包发送速率是恒定的，即使丢掉了一些，也不进行重发。

3）流标号

流标号（flow label）字段占 20 位。所谓流，就是互联网上从一个特定源站到一个特定目的站（单播或多播）的一系列数据包。所有属于同一个流的数据包都具有同样的流标号。源站在建立流时是在 $2^{24}-1$ 个流标号中随机选择一个流标号。流标号 0 保留用于指出没有采用的流标号。源站随机地选择流标号并不会在计算机之间产生冲突，因为路由器在将一个特定的流与一个数据包相关联时使用的是数据包的源地址和流标号的组合。

从一个源站发出的具有相同非零流标号的所有数据包都必须具有相同的源地址和目的地址，以及相同的逐跳选项首部（若此首部存在）和路由选择首部（若此首部存在）。这样做的好处是当路由器处理数据包时，只要查一下流标号即可，而不必查看数据包首部中的其他内容。任何一个流标号都不具有特定的意义，源站应将它希望各路由器对其数据包进行的特殊处理写明在数据包的扩展首部中。

4）净负荷长度

净负荷长度（payload length）字段占 16 位，此字段指明除首部自身的长度外，IPv6 数据包所载的字节数。可见一个 IPv6 数据包可容纳 64kB 长的数据。由于 IPv6 的首部长度是固定的，因此没有必要像 IPv4 那样指明数据包的总长度（首部与数据部分之和）。

5）下一个首部

下一个首部（next header）字段占 8 位，标识紧接着 IPv6 首部的扩展首部的类型。这个字段指明在基本首部后面紧接着的一个首部的类型。

6）跳数限制

跳数限制（hop limit）字段占 8 位，用来防止数据包在网络中无限期地存在。源站在每个数据包发出时即设定某个跳数限制，每一个路由器在转发数据包时，要先将跳数限制字段中的值减 1，当跳数限制的值为 0 时，就要将此数据包丢弃。这相当于 IPv4 首部中的生存期字段，但比 IPv4 中的计算时间间隔要简单些。

7）源站 IP 地址

该字段占 128 位，是此数据包的发送站的 IP 地址。

8）目的站 IP 地址

该字段占 128 位，是此数据包的接收站的 IP 地址。

### 3. IPv6 的地址表示

一般来讲，一个 IPv6 数据包的目的地址可以是以下 3 种基本类型之一。

- 单播（unicast）：传统的点对点通信。
- 多播（multicast）：一点对多点的通信，数据包交付到一组计算机中的每一个。IPv6 没有采用广播的术语，而是将广播看作多播的一个特例。
- 任播（anycast）：是 IPv6 增加的一种类型，目的站是一组计算机，但数据包在交付时只交付给其中的一个，通常是距离最近的一个。

为了使地址的表示简单些，IPv6 使用冒号十六进制记法（colon hexadecimal notation，colon hex），它把每个 16bit 用相应的十六进制表示，各组之间用冒号分隔。例如如下示例。

686E：8C64：FFFF：FFFF：0：1180：96A：FFFF

冒号十六进制记法允许零压缩（zero compression），即一连串连续的 0 可以用一对冒号所取代，例如如下示例。

FF05：0：0：0：0：0：0：B3 可以定成 FF05：：B3

为了保证零压缩有一个清晰的解释，建议中规定，在任一地址中，只能使用一次零压缩。

另外，冒号十六进制记法可结合有点分十进制记法的后缀。这种结合在 IPv4 向 IPv6 的转换阶段特别有用。例如如下串即是一个合法的冒号十六进制记法。

0：0：0：0：0：0：128.10.1.1

请注意，在这种记法中，虽然为冒号所分隔的每个值是一个 16 位的量，但每个点分十进制部分的值则指明一个字节的值。再使用零压缩即可得出如下更简单的表述。

：：128.10.1.1

## 1.5 互联网入门

### 1.5.1 互联网简介

互联网（Internet）也叫因特网，是当今世界上最大的信息网。通过互联网，用户可以实现全球范围内的 WWW 信息查询、电子邮件、文件传输、网络娱乐以及语音与图像通信服务等功能。目前，互联网已经成为覆盖全球的信息基础设施之一。

互联网的前身是 1969 年美国国防部高级研究计划署（Advanced Research Projects Agency，ARPA）的军用实验网络，名字为 ARPANET，其设计目标是当网络中的一部分因战争原因遭到破坏时，其他主机仍能正常运行。20 世纪 80 年代初期，ARPA 和美国国防部通信局成功地研制了用于异构网络的 TCP/IP 协议并投入使用。1986 年在美国国家科学基金会（National Science Foundation，NSF）的支持下，分布在各地的一些超级计算机通过高速通信线路连接起来，经过十几年的发展形成了互联网的雏形。

互联网连接了分布在世界各地的计算机，并且按照统一的规则为每台计算机命名，制定了统一的网络协议 TCP/IP 来协调计算机之间的信息交换。任何人、任何团体都可以加入互联网。对用户开放、对服务提供者开放是互联网获得成功的重要原因。TCP/IP 协议就像是在互联网中使用的世界语，只要互联网上的用户都使用 TCP/IP 协议，大家就能方便地进行交谈。

中国是第 71 个加入互联网的国家级网络，1994 年 5 月，以“中科院 - 北大 - 清华”为核心的“中国国家计算机网络设施”（The National Computing and Network Facility of China，NCFC）（国内也称中关村网）与互联网联通。随后，我国陆续建造了基于 TCP/IP 技术的，并可以和互联网互联的 4 个全国范围的公用计算机网络，它们分别是中国公用计算机互联网 CHINANET、中国金桥信息网 CHINAGBN、中国教育科研计算机网 CERNET 以及中国科技网 CSTNET。随后又陆续建成了中国联通互联网、中国网通公用互联网、宽带中国、中国国际经济贸易互联网及中国移动互联网等。

### 1.5.2　WWW的概念

#### 1. 什么是 WWW

万维网（World Wide Web，WWW）又称为全球信息网或 Web，万维网只是互联网所能提供的服务之一，是靠着互联网运行的一项服务，分为 Web 客户端和 Web 服务器程序。WWW 可以让 Web 客户端（常用浏览器）访问浏览 Web 服务器上的页面，是一个由许多互相链接的超文本组成的系统，通过互联网访问。在这个系统中，每个有用的事物被称为一种“资源”，并且由一个全局“统一资源标示符”（URI）标识，这些资源通过超文本传输协议（Hypertext Transfer Protocol）传送给用户，而后者通过单击链接来获得资源。

万维网联盟（World Wide Web Consortium，W3C）于 1994 年 10 月在麻省理工学院（MIT）计算机科学实验室成立。W3C 是 Web 技术领域最具权威和影响力的国际中立性技术标准机构。到目前为止，W3C 已发布了 200 多项影响深远的 Web 技术标准及实施指南，如广为业界采用的超文本标记语言（标准通用标记语言下的一个应用）、可扩展标记语言（标准通用标记语言下的一个子集）等，有效促进了 Web 技术的互相兼容，对互联网技术的发展和应用起到了基础性和根本性的支撑作用。

Web 允许通过“超链接”从某一页跳到其他页，如图 1-33 所示。可以把 Web 看成一个巨大的图书馆，Web 节点就像一本书，而 Web 页好比书中特定的页，页可以包含文档、图像、动画、声音、3D 世界以及其他任何信息，而且能够存放在全球任何地方的计算机上。Web 融入了大量的信息，从商品报价到就业机会，从电子公告牌到新闻、电影预告、文学评论以及娱乐，等等。多个 Web 页合在一起便组成了一个 Web 节点，用户可以从一个特定的 Web 节点开始 Web 环游之旅。人们常常谈论的 Web“冲浪”就是访问这些节点，“冲浪”意味着沿超链接转到那些相关的 Web 页和专题，可以会见新朋友、参观新地方以及学习新的东西。用户一旦与Web连接，就可以使用相同的方式访问全球任何地方的信息，而不用支付额外的“长距离”连接费用或受其他条件的制约。Web改变了全球用户的通信方式，这种新的大众传媒比以往的任何一种通信媒体都要快捷，因而受到人们的普遍欢迎。

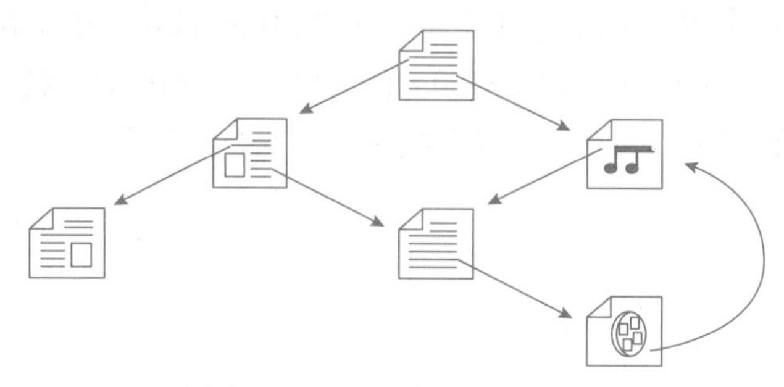

图1-33　WWW超链接示意图

2. 超文本

要学习WWW，还要了解超文本（Hypertext）与超媒体（Hypermedia）的基本概念，因为它们是WWW的信息组织形式，也是其实现的关键技术之一。

超文本是用超链接的方法，将各种不同空间的文字信息组织在一起的网状文本。超文本是一种用户界面范式，用以显示文本及与文本之间的相关内容。

超链接（hyperlink）按照标准叫法称为锚（anchor），使用<a>标签进行标记。锚的一种类型是在文档中创建一个热点，当用户激活或选中（通常是使用鼠标）这个热点时，会导致浏览器进行链接。浏览器会自动加载并显示同一文档或其他文档中的某个部分，或触发某些与因特网服务相关的操作，如发送电子邮件或下载特殊文件等。锚的另一种类型会在文档中创建一个标记，该标记可以被超链接引用。还有一些与超链接相关联的鼠标相关事件，这些事件与JavaScript结合起来使用可以达到具有视觉冲击力的动画效果。

通常，超文本由网页浏览器（Web browser）程序显示。网页浏览器从网页服务器中取回称为“文档”或“网页”的信息并显示。计算机用户可以通过单击网页上的超链接取回文件，也可以将数据传给服务器。通过超链接单击的行为又叫浏览网页，相关网页的集合称为网站。

3. 超媒体

“超媒体”是超级媒体的缩写，是一种采用非线性网状结构对块状多媒体信息（包括文本、图像、视频等）进行组织和管理的技术。超媒体在本质上和超文本是一样的，只不过超文本技术在诞生初期的管理对象是纯文本，所以叫作超文本。随着多媒体技术的兴起和发展，超文本技术的管理对象也从纯文本扩展到了多媒体，为强调管理对象的变化，就产生了超媒体这个词。

#### 4. 主页

主页（Home Page）也被称为首页，是用户打开浏览器时默认打开的网页，主要包括个人主页、网站网页、组织或活动主页、公司主页等。主页一般是用户通过搜索引擎访问一个网站时所看到的首个页面，用于吸引访问者的注意，通常也起到登录页的作用。在一般情况下，主页是用户用于访问网站其他模块的媒介，主页会提供网站的重要页面及相关链接，并且常常有一个搜索框供用户搜索相关信息，大多数首页的文件名通常是 index、default、main 或 portal 加上扩展名。

就内容而言，网站的版面编排与设计构思可以是纯文字或图片等静态信息，也可以是融合超媒体技术和数据库技术的动态网页。

#### 5. 统一资源定位符与信息定位

在互联网的历史上，统一资源定位符（URL）的发明是非常重要的。统一资源定位符的语法是一般的、可扩展的，它使用 ASCII 代码的一部分来表示互联网的地址。一般统一资源定位符的开始标志着一个计算机网络所使用的网络协议。统一资源定位符是统一资源标识符的进一步表述。统一资源标识符确定一个资源，而统一资源定位符不但确定一个资源，而且还表示出它在哪里。

基本 URL 包括模式（或称协议）、服务器名称（或 IP 地址）、路径和文件名。URL 分为绝对 URL 和相对 URL，绝对 URL 显示文件的完整路径，这意味着绝对 URL 本身所在的位置与被引用的实际文件的位置无关；相对 URL 以包含 URL 自身文件夹的位置为参考点，描述目标文件夹的位置。如果目标文件与当前页面（也就是包含 URL 的页面）在同一个目录，那么这个文件的相对 URL 仅仅是文件名和扩展名；如果目标文件在当前目录的子目录中，那么它的相对 URL 是子目录名，后面是斜杠，然后是目标文件的文件名和扩展名。一般来说，对于同一服务器上的文件，应该总是使用相对 URL，它们更容易输入，而且在将页面从本地系统转移到服务器上时更方便，只要每个文件的相对位置保持不变，链接就仍然有效。

#### 6. 浏览器

浏览器是指可以显示网页服务器或者文件系统的 HTML 文件（标准通用标记语言

的一个应用）内容，并让用户与这些文件进行交互的一种软件。浏览器是最经常用到的客户端程序，它用来显示在万维网或局域网内的文字、图像及其他信息。这些文字或图像可以是连接其他网址的超链接，用户可迅速、便捷地浏览各种信息。大部分网页为HTML格式。

一个网页中可以包括多个文档，每个文档都是分别从服务器获取的。大部分的浏览器本身支持除了HTML之外的广泛的格式，如JPEG、PNG、GIF等图像格式，并且能够扩展支持众多的插件（plug-ins）。另外，许多浏览器还支持其他的URL类型及其相应的协议，如FTP、Gopher、HTTPS（HTTP协议的加密版本）。HTTP内容类型和URL协议规范允许网页设计者在网页中嵌入图像、动画、视频、声音、流媒体等。

# 第 2 章　局域网技术

## 2.1　局域网基础

### 2.1.1　局域网参考模型

1980 年 2 月，电气电子工程师学会（Institute of Electrical and Electronics Engineers，IEEE）成立了 802 委员会。当时个人计算机联网刚刚兴起，该委员会针对这一情况制定了一系列局域网标准，称为 IEEE 802 标准。按 IEEE 802 标准，局域网体系结构由物理层、媒介访问控制子层（Media Access Control，MAC）和逻辑链路控制子层（Logical Link Control，LLC）组成，如图 2-1 所示。

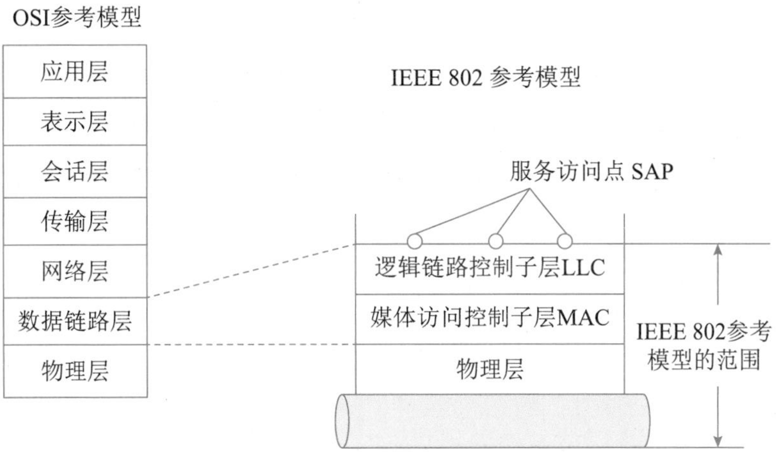

图 2-1　IEEE 802 参考模型

IEEE 802 参考模型的最低层对应于 OSI 模型中的物理层，包括如下功能。

（1）信号的编码 / 解码。

（2）前导码的生成 / 去除（前导码仅用于接收同步）。

（3）比特的发送 / 接收。

IEEE 802 参考模型的 MAC 和 LLC 合起来对应 OSI 模型中的数据链路层，MAC 子层完成的功能如下。

（1）在发送时将要发送的数据组装成帧，帧中包含地址和差错检测等字段。

（2）在接收时，将接收到的帧解包，进行地址识别和差错检测。

（3）管理和控制对于局域网传输媒介的访问。

LLC 子层完成的功能如下。

（1）为高层协议提供相应的接口，即一个或多个服务访问点（Service Access Point，SAP），通过 SAP 支持面向连接的服务和复用能力。

（2）端到端的差错控制和确认，保证无差错传输。

（3）端到端的流量控制。

需要指出的是，局域网中采用了两级寻址，用 MAC 地址标识局域网中的一个站，LLC 提供了服务访问点（SAP）地址，SAP 指定了运行于一台计算机或网络设备上的一个或多个应用进程地址。

目前，由 IEEE 802 委员会制定的标准已近 20 个，各标准之间的关系如图 2-2 所示。

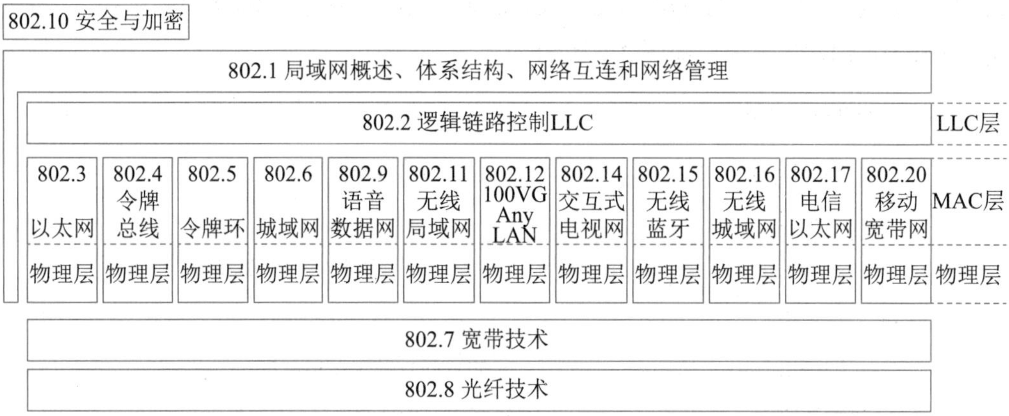

802.10 安全与加密

802.1 局域网概述、体系结构、网络互连和网络管理

| 802.2 逻辑链路控制LLC | | | | | | | | | | | | LLC层 |
|---|---|---|---|---|---|---|---|---|---|---|---|---|
| 802.3 以太网 | 802.4 令牌总线 | 802.5 令牌环 | 802.6 城域网 | 802.9 语音数据网 | 802.11 无线局域网 | 802.12 100VG Any LAN | 802.14 交互式电视网 | 802.15 无线蓝牙 | 802.16 无线城域网 | 802.17 电信以太网 | 802.20 移动宽带网 | MAC层 |
| 物理层 | 物理层 | 物理层 | 物理层 | 物理层 | 物理层 | 物理层 | 物理层 | 物理层 | 物理层 | 物理层 | 物理层 | 物理层 |

802.7 宽带技术

802.8 光纤技术

图 2-2 IEEE 802 参考模型各标准之间的关系

具体描述如下。

- 802.1：局域网概述、体系结构、网络互连和网络管理。
- 802.2：逻辑链路控制（LLC）。
- 802.3：带碰撞检测的载波侦听多路访问（CSMA/CD）方法和物理层规范（以太网）。
- 802.4：令牌传递总线访问方法和物理层规范（Token Bus）。
- 802.5：令牌环访问方法和物理层规范（Token Ring）。
- 802.6：城域网访问方法和物理层规范分布式队列双总线网（DQDB）。
- 802.7：宽带技术咨询和物理层课题与建议实施。

- 802.8：光纤技术咨询和物理层课题。
- 802.9：综合话音 / 数据服务的访问方法和物理层规范。
- 802.10：互操作 LAN 安全标准（SILS）。
- 802.11：无线局域网（wireless LAN）访问方法和物理层规范。
- 802.12：100VG Any LAN 网。
- 802.14：交互式电视网（包括 cable modem）。
- 802.15：简单、低耗能无线连接的标准（蓝牙技术）。
- 802.16：无线城域网（MAN）标准。
- 802.17：基于弹性分组环（Resilient Packet Ring，RPR）构建新型宽带电信以太网。
- 802.20：3.5GHz 频段上的移动宽带无线接入系统。

### 2.1.2 局域网拓扑结构

拓扑是一种研究与大小、距离无关的几何图形特性的方法。在计算机网络中，计算机作为节点，传输媒介作为连线，可构成相对位置不同的几何图形。网络拓扑结构是指用传输媒介连接的各种设备所形成的物理布局。参与 LAN 工作的各种设备用媒介互连在一起有多种方法，不同连接方法的网络性能不同。按照不同的物理布局，局域网拓扑结构通常分为三种，分别是总线拓扑结构、星形拓扑结构和环形拓扑结构。

#### 1. 总线拓扑结构

总线拓扑结构是使用同一媒介或电缆连接所有端用户的一种方式，也就是说，连接端用户的物理媒介由所有端用户共享，如图 2-3 所示。这种结构具有费用低、端用户入网简单灵活、某个端用户或站点失效不影响其他端用户或站点通信的优点，缺点是：

（1）同一时刻仅能有一个端用户发送数据，在此期间，其他端用户必须保持静默等待，否则将会发生冲突。

（2）随着 LAN 中端用户数量的增加，网络传输效率将会快速降低。因此，媒介访问的获取机制较复杂。

（3）该网络使用粗同轴电缆和细同轴电缆，以及相应的连接器进行组网，组网的便利程度相较于双绞线和水晶头困难，且其连接的稳定性受到设备的移动影响。

尽管有上述一些缺点，但由于易于扩充，端用户失效或增删不影响其他端用户，这种结构是早期 LAN 技术中使用最普遍的一种。然而随着各种网络应用对局域网传输速率的要求不断提高，网络设备价格的降低，这种结构在目前的局域网中已经逐渐消失。

使用这种结构必须解决的一个问题是确保端用户使用媒介发送数据时不会出现冲

突。在点到点链路或者一点到多点链路中，确保不发生冲突的机制是比较简单的。然而，在LAN环境下，由于所有端用户都是平等的，网络中没有控制端，就需要一种能够确保它们平等使用媒介而不发生冲突的机制。为此，一种在总线共享型网络使用的媒介访问方法，即带有碰撞检测的载波侦听多路访问（CSMA/CD）应运而生。

### 2. 星形拓扑结构

星形拓扑结构存在中心节点，每个节点通过点对点的方式与中心节点相连，任何两个节点之间的通信都要通过中心节点来转接。图2-4所示为目前使用最普遍的以太网星形拓扑结构，处于中心位置的网络设备称为交换机（Switch）。

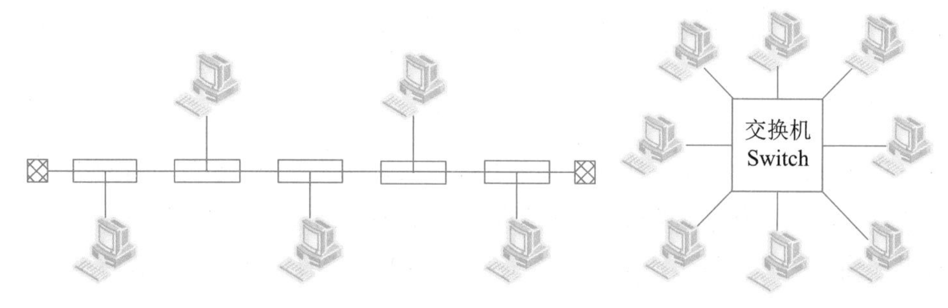


图2-3 总线拓扑结构　　图2-4 星形拓扑结构

这种结构便于集中控制，因为端用户之间的通信必须经过中心站。这一特点也带来了易于维护和安全等优点，端用户设备因为故障而停机时不会影响其他端用户间的通信。但这种结构非常不利的一点是中心系统必须具有极高的可靠性，因为中心系统一旦损坏，整个系统便会瘫痪。为此，中心系统通常采用双机热备份，以提高系统的可靠性。

### 3. 环形拓扑结构

环形拓扑结构在LAN中使用较多。这种结构中的传输媒介从一个端用户到另一个端用户，直到将所有端用户连成环，如图2-5所示。这种结构显然消除了端用户通信时对中心系统的依赖性。

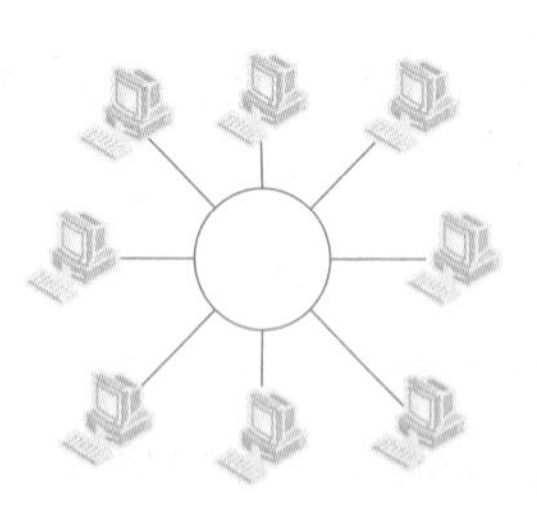

图2-5 环形拓扑结构

环形拓扑结构的特点是每个端用户都与两个相邻的端用户相连，因而存在着点到点链路，构成闭合的环，但环中的数据总是沿一个方向绕环逐站传递。在环形拓扑中，多个节点共享一条环形通路，为了确定环中的节点在什么时候可以插入传送数据帧，因此，与总线拓扑一样，环形拓扑的实现技术中也要解决媒介访问控制方法问题。环形拓扑一般采用某种分布式控制方法，环中的每个节点都要执行发送与接收控制逻辑信号。

## 2.1.3　局域网媒介访问控制方法

所有局域网均由共享该网络传输能力的多个设备组成。在网络中，服务器和计算机众多，每台设备随时都有发送数据的需求，这就涉及媒介的争用问题，所以需要有方法来控制设备对传输媒介的访问，以便两个特定的设备在需要时可以交换数据。传输媒介的访问控制方式与局域网的拓扑结构、工作过程有密切关系。目前，计算机局域网常用的访问控制方式有3种，分别是载波侦听多路访问/冲突检测（CSMA/CD）、令牌环访问控制法（Token Ring）和令牌总线访问控制法（Token Bus）。

### 1. CSMA/CD

CSMA/CD（Carrier Sense Multiple Access With Collision Detection）含有两方面的内容，即载波侦听（CSMA）和冲突检测（CD）。CSMA/CD访问控制方式主要用于总线拓扑结构，是IEEE 802.3局域网标准的主要内容。CSMA/CD的设计思想如下所述。

1）载波侦听多路访问

各个站点都有一个“侦听器”，用来测试总线上有无其他工作站正在发送信息（也称为载波识别），一个站如果要发送数据，首先要侦听（监听）总线，查看信道上是否有信号，如果信道已被占用，则此工作站等待一段时间后再争取发送权；如果侦听总线是空闲的，没有其他工作站发送的信息，就立即抢占总线进行信息发送。查看信号的有无即为载波侦听。CSMA技术中要解决的另一个问题是侦听信道已被占用时如何确定等待多长时间。通常有两种方法，一种是当某工作站检测到信道被占用后，继续侦听下去，等到发现信道空闲后，立即发送，这种方法称为持续的载波侦听多点访问；另一种是当某工作站检测到信道被占用后，就延迟一个随机时间后再检测，不断重复这个过程，直到发现信道空闲后，开始发送信息，这称为非持续的载波侦听多点访问。

2）冲突检测

当信道处于空闲时，某一个瞬间，如果总线上两个或两个以上的工作站同时想要发送数据，那么该瞬间它们都可能检测到信道是空闲的，同时都认为可以发送信息，从而一起发送，这就产生了冲突（碰撞）。另一种情况是某站点侦听到信道是空闲的，但这种空闲可能是较远站点已经发送了信息包，而由于在传输介质上信号传送的延时，信息包还未传送到此站点的缘故，如果此站点又发送信息，也将产生冲突。因此消除冲突是一个重要问题。

若在帧发送过程中检测到碰撞，则停止发送帧，即会形成不完整的帧（称“碎片”）在媒介上传输，并随即发送一个 Jam（强化碰撞）信号以保证让网络上的所有站都知道已出现了碰撞。发送 Jam 信号后等待一段随机时间，再重新尝试发送。

在返回去重新发送帧之前，碰撞次数 $n$ 加“1”递增（一开始 $n=0$），判断碰撞次数 $n$ 是否达到 16（十进制），若 $n=16$，则按“碰撞次数过多”差错处理；若 $n<16$，则计算一个随机量 $r$，$0<r<2k$，其中 $k=\min(n,10)$，即当 $n \geqslant 10$ 时 $k=10$，当 $n<10$ 时 $k=n$，获得延迟时间 $t=rT$。

其中 $T$ 为常数，是网络上固有的一个参数，称为“碰撞槽时间”。延迟时间 t 又称“退避时间”，它表示检测到碰撞后要重新发送帧时需要等待的时间，以避免重新发送帧时再次发生碰撞。这种规则又称为“截短二进制指数退避”（truncated binary exponential backoff）规则，即退避时间是碰撞槽时间的 $r$ 倍。

3）碰撞槽时间

碰撞槽时间（Slot time）即是在帧发送过程中可能发生碰撞的时间上限，即在这段时间中可能检测到碰撞，而一过这段时间后永远不会发生碰撞，当然也不会检测到碰撞。也就是说，当发送的帧在媒介上传播时，如果超过了 Slot time，就再也不会发生碰撞，直到发送成功，或者说，一过这段时间，发送站就争用媒介成功。

为了帮助读者理解 Slot time，并进一步了解该参数的重要性，这里先分析检测一次碰撞需要多长时间。如图 2-6 所示，假设公共总线媒介长度为 $S$，A 与 B 两个站点分别配置在媒介的两个端点上（即 A 与 B 站相距 $S$），帧在媒介上的传播速度为 0.7C（C 为光速），网络的传输率为 $R$（b/s），帧长为 $L$（bit）。图 2-6（a）表示 A 站正开始发送帧 fA，沿着媒介向 B 站传播；图 2-6（b）表示 fA 快到 B 站前一瞬间，B 站发送帧 fB；图 2-6（c）表示在 B 站处发生了碰撞，B 站立即检测到碰撞，同时碰撞信号沿媒介向 A 站回传；图 2-6（d）表示碰撞信号返回到 A 站，此时 A 站的 fA 尚未发送完毕，因此 A 站能检测到碰撞。从 fA 发送后直到 A 站检测到碰撞为止，这段时间间隔就是 A 站能够检测到碰撞的最长时间，即碰撞槽时间。这段时间一过，网络上就不可能发生碰撞，Slot time 的物理意义就是这样描述的，近似可以用以下公式近似表示。

$$\text{Slot time} \approx 2S/0.7\text{C}+2t_{\text{PHY}}$$

其中，C 为光速，0.7C 是信号在媒介上的传输速度，$t_{\text{PHY}}$ 为 A 站物理层的延时，因为发送帧和检测碰撞都在 MAC 层进行，因此必须要加上 2 倍的物理层延时时间。

假设 A 站为了在 Slot time 上检测到碰撞至少要发送的帧长为 $L_{min}$，因为 $L_{min}/R$=Slot time，所以 $L_{min}\approx$（$2S/0.7C+2t_{PHY}$）$\times R$。$L_{min}$ 称为最小帧长度，由于碰撞只可能发生在小于或等于 $L_{min}$ 时，因此 $L_{min}$ 也可理解为媒介上传播的最大帧碎片长度。

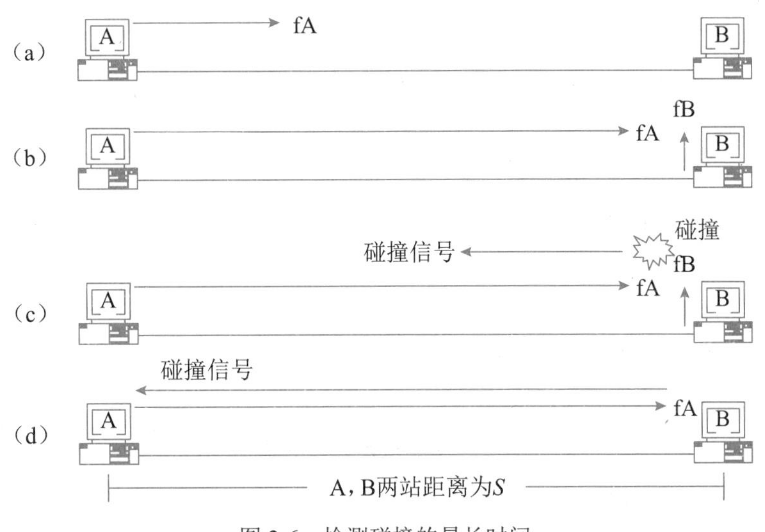


图 2-6　检测碰撞的最长时间

综上所述，Slot time 是 CSMA/CD 机理中一个极为重要的参数，这一参数描述了在发送帧的过程中处理碰撞的如下所述 4 个方面。

（1）它是检测一次碰撞所需的最长时间。如果超过了该时间，媒介上的帧将再也不会遭到碰撞而损坏。

（2）必须要求发送的帧长度有“最小长度”限制，即所谓“最小帧长度”。最小帧长度能保证在网络最大跨距范围内，任何站在发送帧后，若碰撞产生，都能检测到。因为任何站要检测到碰撞必须在帧发送完毕之前，否则碰撞产生后可能漏检，造成传输错误。

（3）它是在碰撞产生后，决定了在媒介上出现的最大帧碎片长度。

（4）作为碰撞后帧要重新发送所需的时间延迟计算的基准。

从公式 $L_{min}\approx$（$2S/0.7C+2t_{PHY}$）$\times R$ 可以知道，光速 C 和物理层延时 $t_{PHY}$ 是常数，对于一个具有 CSMA/CD 的公共总线（或树状）拓扑结构的局域网来说，公式中的其他 3 个参数 $L_{min}$、$S$ 及 $R$ 作为变量互为正、反比关系。例如，当传输率 $R$ 固定时，最小帧长度与网络跨距具有正变的关系，即跨距越大，$L_{min}$ 越长；当 $L_{min}$ 不变时，传输率越高，跨距 $S$ 越小。这些分析对以太网的性能和发展以及高速以太网的特点均有指导性意义。

4）接收规则

在以太网结构中，发送节点需要通过竞争获得总线的使用权，而其他节点都应处于接收状态。对一个帧的接收，按照下面的流程图进行。

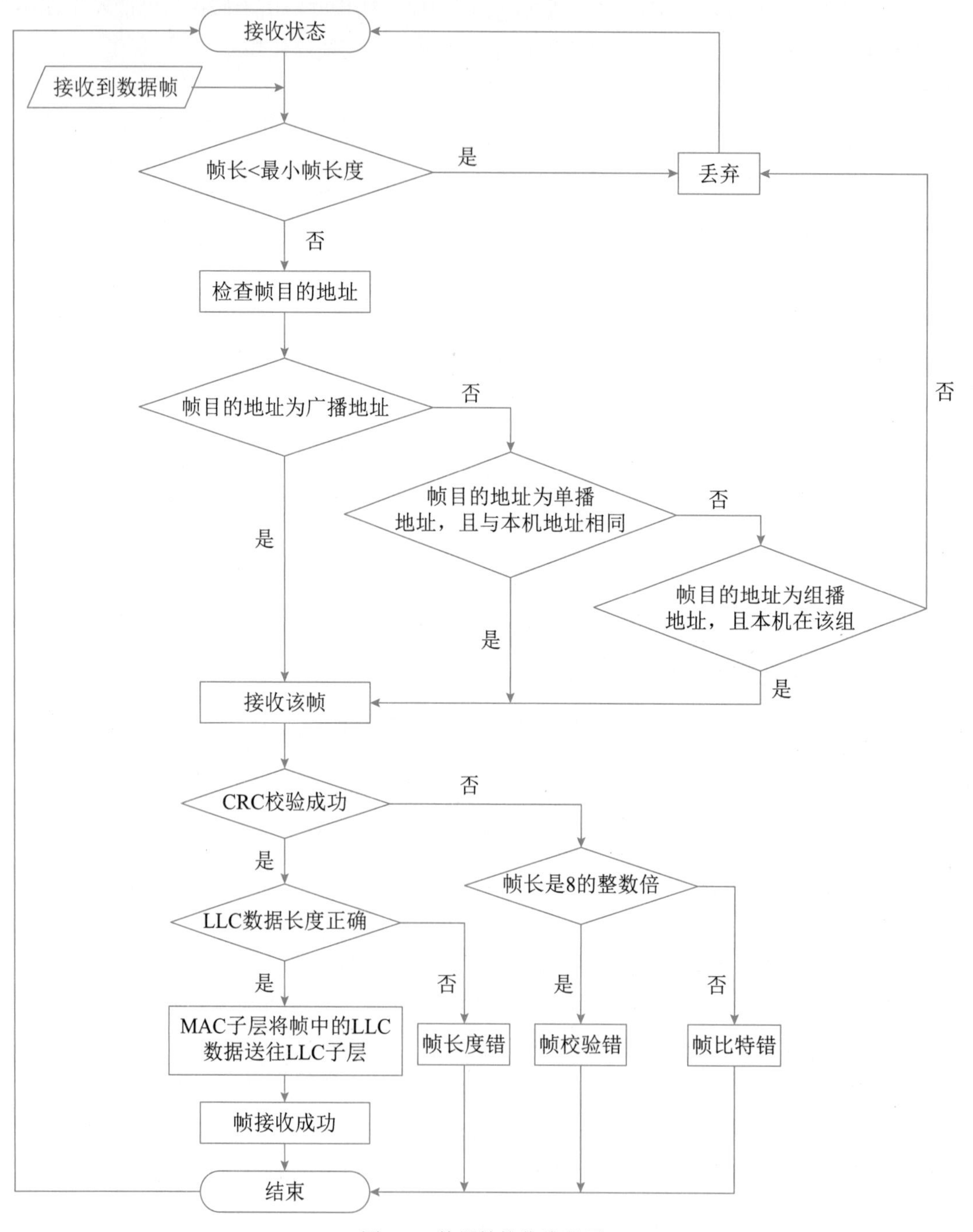


图 2-7 数据帧接收流程图

从以上流程图中可以看出，任何一个节点发送数据都要通过 CSMA/CD 方法去争取总线使用权，从它准备发送到成功发送的发送等待延时时间是不确定的。因此人们将以太网所使用的 CSMA/CD 方法定义为一种随机争用型介质访问控制方法。

CSMA/CD 方式的主要特点是原理比较简单、技术上较易实现、网络中各工作站处于同等地位、不需要集中控制，但这种方式不能提供优先级控制，各节点争用总线，不能满足远程控制所需要的确定延时和绝对可靠性的要求。另外，当负载增大时，发送信息的等待时间较长。

#### 2. Token Ring 与 Token Bus

Token Ring 是令牌通行环（Token Passing Ring）的简写。其主要技术指标是网络拓扑为环形布局、基带网、数据传送速率 4Mb/s、采用单个令牌（或双令牌）的令牌传递方法。环形拓扑结构网络的主要特点是只有一条环路、信息单向沿环流动、无路径选择问题。

令牌环技术的基础是使用了一个称为令牌的特定比特串，当环上的所有站都处于空闲时，令牌沿环单向传递。当令牌经过一个节点（站）时，当前站可以发送帧。这时该站改变令牌中的一个比特，从而抓住令牌，然后将令牌加在发送数据帧的帧首，变成发送数据帧。此时在环上不再有令牌，因此其他想发送帧的站必须等待。这个发送数据帧将在环上环行一周，然后由发送站将其清除。

Token Bus 是 Token Passing Bus（令牌通行总线）的简写。这种方式主要用于总线或树状拓扑结构网络中。1976 年，美国 Data Point 公司研制成功的 ARCnet（Attached Resource Computer）网络综合了令牌传递方式和总线网络的优点，在物理总线结构中实现了令牌传递控制方法，从而构成一个逻辑环路。

### 2.1.4　无线局域网简介

21 世纪是信息时代，网络已经应用到了个人、企业以及政府等社会的各个角落。无论用户在任何时间、任何地点，都需要可以轻松联网。要实现网络无所不在，靠传统的光纤、铜缆等有线介质是不够的，毕竟在许多场合不允许敷设线缆。无线网络以其便于建设和无须敷设线缆的特点，非常好地满足了这个需求。

#### 1. 无线数据网络种类

无线数据网络解决方案包括无线个人网（Wireless Personal Area Network，WPAN）、无线局域网（Wireless LAN，WLAN）、无线城域网（Wireless MAN，WMAN）和无线

广域网（Wireless WAN，WWAN）。

1）WPAN

WPAN 主要用于个人用户工作空间，典型覆盖距离为几米，可以与计算机同步传输文件，可以访问个人周围的可穿戴电子设备或其他电子设备，如智能手表、眼镜、音响、打印机等。WPAN 通常形象描述为“最后 10 米”的通信需求，目前主要技术为蓝牙（Bluetooth）。

蓝牙技术源于 1994 年 Ericsson 提出的无线连线与个人接入的想法。1997 年 Ericsson、IBM、Intel、Nokia 和 TOSHIBA 商议建立一种全球化的无线通信个人接入与无线连接新手段，定名为“蓝牙”。Bluetooth 是一位在 10 世纪统一了丹麦和挪威的丹麦国王的名字，发明者无疑希望蓝牙技术也能够像这位国王一样，把移动电话、笔记本电脑和手持设备紧密地结合在一起。1998 年 5 月“蓝牙特别兴趣组织”（Bluetooth Special Interest Group，BSIG）正式发起成立，简称蓝牙 SIG。同期，1998 年 3 月在 IEEE 802.11 项目组中，对 WPAN 感兴趣的人士成立了研究小组，命名为 IEEE 802.15 工作组，主要工作是在 WPAN 内对无线媒介接入控制（MAC）和物理层（PHY）进行规范。为了保持两个标准的互操作性，蓝牙 SIG 采纳了 WPAN 的标准，即 IEEE 802.15 标准。这样蓝牙 1.0 版本可以达到与 802.15 之间的 100% 互操作性。目前，蓝牙技术已经发布了蓝牙 5.2 版，其传输速率和传输距离均得到了很大的提升，见表 2-1。

**表 2-1 蓝牙技术各版本一览表**

| 版本 | 发布时间 | 最大传输速率 | 传输距离 /m |
|---|---|---|---|
| 蓝牙 1.0 | 1998 | 723.1kb/s | 10 |
| 蓝牙 1.1 | 2002 | 810kb/s | 10 |
| 蓝牙 1.2 | 2003 | 1Mb/s | 10 |
| 蓝牙 2.0+EDR | 2004 | 2.1Mb/s | 10 |
| 蓝牙 2.1+EDR | 2007 | 3Mb/s | 10 |
| 蓝牙 3.0+HS | 2009 | 24Mb/s | 10 |
| 蓝牙 4.0 | 2010 | 24Mb/s | 50 |
| 蓝牙 4.1 | 2013 | 24Mb/s | 50 |
| 蓝牙 4.2 | 2014 | 24Mb/s | 50 |
| 蓝牙 5.0 | 2016 | 48Mb/s | 300 |
| 蓝牙 5.1 | 2019 | 48Mb/s | 300 |
| 蓝牙 5.2 | 2020 | 48Mb/s | 300 |

2）WLAN

WLAN（Wireless Local Area Network，WLAN）是一种借助无线技术取代以往的有线布线方式构成局域网的新方法。WLAN 有广义和狭义两种含义。广义的 WLAN 是以各种无线电波如激光、红外线等无线信道来代替有线局域网中的部分或全部的有线传输介质所构成的网络；狭义的 WLAN 是基于 IEEE 802.11 系列标准，利用高频无线射频如 2.4GHz 或 5GHz、6GHz 频段的无线电磁波作为传输介质的无线局域网。WLAN 可提供传统有线局域网的所有功能，是计算机网络与无线通信技术相结合的产物。目前 Wi-Fi 6E 支持的最大传输速率为 9.6Gb/s。

在 WLAN 领域，其标准由 IEEE 组织负责制定，其无线局域网所使用的设备，由 Wi-Fi 联盟（Wi-Fi Alliance，WFA）负责推广和为设备生产商制定、测试、认证等标准，以达到共同使用基于标准的无线网络技术实现和促进开放式无线通信技术的发展目的。

Wi-Fi 技术的实现相对简单，其通信的可靠性、灵活性以及低成本等优势使其逐渐成为了无线局域网的主流技术标准，Wi-Fi 目前已经成了 WLAN 技术标准的代名词，上文中所提到的 Wi-Fi 6E 就是 WFA 为无线局域网标准提出的更为通俗的名称。

1997 年 6 月，IEEE 推出了 802.11 标准，开创了 WLAN 先河。经过近 30 年的发展，先后推出了 802.11b、802.11a、802.11g、802.11n、802.11ac、802.11ax 等多项标准。目前，WLAN 领域主要是 IEEE 802.11ac 和 802.11ax 系列成为市场主流产品。IEEE 802.11 是 1997 年 IEEE 最初制定的一个 WLAN 标准，主要用于解决办公室无线局域网和校园网中用户终端的无线接入，其业务范畴主要限于数据存取，速率最高只能达 2Mb/s，2021 年推出的 802.11ax 标准支持 9.6Gb/s 的传输速率。表 2-2 罗列了 WLAN 标准的各版本技术指标。

表 2-2 Wi-Fi 各版本技术指标一览表

| 版式 | 标准 | 发布时间 | 最大传输速率 | 带宽 /Hz | 安全 | 信道带宽 /Hz | 调制方式 | MIMO | 无交叠信道 | 兼容性 |
|---|---|---|---|---|---|---|---|---|---|---|
| Wi-Fi | 802.11 | 1997 | 1~2Mb/s | ISM2.4G | WPA | 20M | DSSS | - | - | - |
| Wi-Fi 1 | 802.11b | 1999 | 11Mb/s | ISM2.4G | WPA | 20M | DSSS | - | 3 | - |
| Wi-Fi 2 | 802.11a | 1999 | 54Mb/s | 5G | WPA | 20M | OFDM | - | 12 | 不兼容 b、g |
| Wi-Fi 3 | 802.11g | 2003 | 54Mb/s | 2.4G | WPA | 20M | DSSS, OFDM | - | 3 | 兼容 b |
| Wi-Fi 4 | 802.11n | 2009 | 600Mb/s | 2.4G 和 5G | WPA2 | 20/40M（信道绑定） | 64-QAM | 4*4MIMO | 13 | 向下兼容 a、b、g |

续表

| 版式 | 标准 | 发布时间 | 最大传输速率 | 带宽 /Hz | 安全 | 信道带宽 /Hz | 调制方式 | MIMO | 无交叠信道 | 兼容性 |
|---|---|---|---|---|---|---|---|---|---|---|
| Wi-Fi 5 | 802.11ac | 2013 | 6.928Gb/s | 5G | WPA2 | 20,40,80,80+80,160M | 256-QAM | 4*4MIMO | 13 | 向下兼容 a、n |
| Wi-Fi 6 | 802.11ax | 2019 | 9.6Gb/s | 2.4G 和 5G | WPA3 | 20,40,80,80+80,160M | 1024-QAM | 8*8UL/DL | 13 | 向下兼容 a、n、ac |
| Wi-Fi 6E | 802.11ax | 2021 | 9.6Gb/s | 2.4G、5G 和 6G | WPA3 | 20,40,80,80+80,160M | 1024-QAM | 8*8UL/DL | 13 | 向下兼容 a、n、ac |

3）WMAN

WMAN 是一种有效作用距离比 WLAN 更远的宽带无线接入网络，通常用于城市范围内的业务点和信息汇聚点之间的信息交流和网际接入，有效覆盖区域为 2 ～ 10km，最大可达 30km，数据传输速率最快可高达 70Mb/s。目前主要技术为 IEEE 802.16 系列。

IEEE 802.16 标准于 2001 年 12 月获得批准，其主题为“Air Interface For Fixed Broadband Wireless Access System”，即“宽带固定无线接入系统的空中接口”。IEEE 802.16 标准对无线接入设备的媒介接入控制层和物理层制定了技术规范，可支持 1 ～ 2GHz、10GHz 以及 12 ～ 66GHz 等多个无线频段。

2001 年 4 月，由业界领先的通信设备公司及器件公司共同成立了一个非营利组织——微波接入全球互操作性认证联盟 WiMax（Worldwide Interoperability for Microwave Acess）。与 Wi-Fi 联盟类似，WiMax 成立的目标是帮助推动和认证采用 IEEE 802.16 标准的器件和设备具有兼容性和互操作性，促进这些设备的市场推广。

4）WWAN

WWAN 主要解决超出一个城市范围的信息交流无线接入需求。IEEE 802.20 和 3G 蜂窝移动通信系统构成了 WWAN 的标准。

2002 年 11 月，IEEE 802 标准委员会成立了 IEEE 802.20 工作组，即移动宽带无线接入（Mobile Broadband Wireless Access，MBWA）工作组，其主要任务是制定适用于各种工作在 3.5GHz 频段上的移动宽带无线接入系统公共空中接口的物理层和媒介访问控制层的标准协议。这个标准初步规划是为以 250km/h 速度前进的移动用户提供高达 1Mb/s 的高带宽数据传输，这将为高速移动用户创造使用视频会议等对带宽和时间敏感的应用的条件。拟议中的 802.20 标准的覆盖范围同现在的移动电话系统一样，都是全球范围的，而传输速度却达到了 Wi-Fi 水平，与现在的移动通信网络相比具有明显的优势。

ITU 早在 1985 年就提出工作在 2GHz 频段的移动商用系统为第三代移动通信系统，国际上统称为 IMT-2000 系统（International Mobile Telecommunications-2000），简称 3G（3rd Generation）。ITU 所设定的 3G 标准的主要特征包括国际统一频段、统一标准；实现全球的无缝漫游；提供更高的频谱效率、更大的系统容量，是目前 2G 技术的 2 ～ 5 倍；提供移动多媒介业务。3G 的三大主流无线接口标准分别是 W-CDMA、CDMA2000 和 TD-SCDMA，其中，W-CDMA 标准主要起源于欧洲和日本；CDMA2000 系统主要是由以美国高通北美公司为主导提出的；时分同步码分多址接入标准 TD-SCDMA 由中国提出，并在此无线传输技术（RTT）的基础上与国际合作，完成了 TD-SCDMA 标准，成为 CDMA TDD 标准的一员，这是中国移动通信界的一次创举，也是中国对第三代移动通信发展的贡献。

中国主导制定的 4G 国际标准为 TD-LTE-Advanced 和 FDD-LTE-Advance。2013 年年底，工信部正式向三大运营商发放了 4G 牌照，中国移动、中国电信和中国联通均获得 TD-LTE 牌照，中国移动获得了 130MHz 的频谱资源，远高于中国电信和中国联通的 40MHz。对于 LTE 上、下行信道的划分可以使用时分多路（TDD）技术，也可以使用频分多路（FDD）技术，欧洲运营商大多倾向于 FDD-LTE。

移动通信已历经 4 代技术的更新和发展。每一次代际跃迁，每一次技术进步，都极大地促进了产业升级和经济社会发展。从 1G 到 2G，实现了模拟通信到数字通信的过渡，移动通信走进了千家万户；从 2G 到 3G、4G，实现了语音业务到数据业务的转变，传输速率提升百倍，促进了移动互联网应用的普及和繁荣。当前，移动网络已融入社会生活的方方面面，深刻改变了人们的沟通、交流乃至整个生活方式。4G 网络造就了繁荣的互联网经济，实现了人与人随时随地的通信，5G 作为一种新型移动通信网络，不仅要解决人与人通信，更要解决人与物、物与物通信问题，满足移动医疗、车联网、智能家居、工业控制、环境监测等物联网应用需求。最终，5G 将渗透到经济社会的各行业各领域，成为支撑经济社会数字化、网络化、智能化转型的关键新型基础设施。

第五代移动通信技术（5th Generation Mobile Communication Technology，简称 5G）是具有高速率、低时延和大连接特点的新一代宽带移动通信技术，5G 通信设施是实现人、机、物互联的网络基础设施。

国际电信联盟（ITU）定义了 5G 的三大类应用场景，即增强移动宽带（eMBB）、超高可靠低时延通信（uRLLC）和海量机器类通信（mMTC）。增强移动宽带（eMBB）主要面向移动互联网流量爆炸式增长，为移动互联网用户提供更加极致的应用体验；超高可靠低时延通信（uRLLC）主要面向工业控制、远程医疗、自动驾驶等对时延和可靠性具有极高要求的垂直行业应用需求；海量机器类通信（mMTC）主要面向智慧城市、智能家居、环境监测等以传感和数据采集为目标的应用需求。

为满足5G多样化的应用场景需求，5G的关键性能指标更加多元化。ITU定义了5G八大关键性能指标，其中高速率、低时延、大连接成为5G最突出的特征，用户体验速率达1Gb/s，时延低至1ms，用户连接能力达100万连接/平方公里。

2018年2月27日，华为在MWC 2018大展上发布了首款3GPP标准5G商用芯片巴龙5G01和5G商用终端，支持全球主流5G频段，包括Sub6GHz（低频）、mmWave（高频），理论上可实现最高2.3Gb/s的数据下载速率。同年6月13日，3GPP 5G NR标准SA（Standalone，独立组网）方案在3GPP第80次TSG RAN全会正式完成并发布，这标志着首个真正完整意义的国际5G标准正式出炉。

### 2. 无线局域网扩频技术

无线局域网采用电磁波作为载体传送数据信息。对电磁波的使用有两种常见模式，即窄带和扩频。窄带微波（Narrowband Microwave）技术适用于长距离点到点的应用，可以达到40km，最大带宽可达10Mb/s；但受环境干扰较大，不适合用来进行局域网数据传输。所以目前无线局域网的数据传输通常采用无线扩频技术（Spread Spectrum Technology，SST）。

常见的扩频技术包括跳频扩频（Frequency-Hopping Spread Spectrum，FHSS）和直接序列扩频（Direct Sequence Spread Spectrum，DSSS）两种，它们工作在2.4～2.4835GHz。这个频段称为ISM频段（Industrial Scientific Medical Band），主要开放给工业、科学、医学三方面使用。该频段是依据美国联邦通信委员会（FCC）定义出来的，在美国属于免执照（Free License），并没有使用授权的限制。

跳频技术将83.5MHz的频带划分成79个子频道，每个频道带宽为1MHz。信号传输时在79个子频道间跳变，因此传输方与接收方必须同步，获得相同的跳变格式，否则接收方无法恢复正确的信息。跳频过程中如果遇到某个频道存在干扰，将绕过该频道。由于受跳变的时间间隔和重传数据包的影响，跳频技术的典型带宽限制为2～3Mb/s。无线个人网采用的蓝牙技术就是跳频技术，该技术提供非对称数据传输，一个方向速率为720kb/s，另一个方向速率仅为57kb/s。蓝牙技术也可以传送3路双向64kb/s的话音。

直接序列扩频技术是无线局域网 802.11b 采用的技术，将 83.5MHz 的频带划分成 14 个子频道，每个频道带宽为 22MHz。直接序列扩频技术用一个冗余的位格式来表示一个数据位，这个冗余的位格式称为 chip，因此它可以抗拒窄带和宽带噪声的干扰，提供更高的传输速率。直接序列扩频技术（DSSS）提供的最高带宽为 11Mb/s，并且可以根据环境因素的限制自动降速至 5.5Mb/s、2Mb/s、1Mb/s。

正交振幅调制（Quadrature Amplitude Modulation，QAM）的幅度和相位同时变化，属于非恒包络二维调制。QAM 是正交载波调制技术与多电平振幅键控的结合。QAM 是用两路独立的基带信号对两个相互正交的同频载波进行抑制载波双边带调幅，利用这种已调信号的频谱在同一带宽内的正交性，实现两路并行的数字信息的传输。该调制方式通常有二进制 QAM（4QAM）、四进制 QAM（l6QAM）、八进制 QAM（64QAM）等，对应的空间信号矢量端点分布图称为星座图，分别有 4、16、64 个矢量端点。它采用幅度、相位联合调制的技术，同时利用了载波的幅度和相位来传递信息比特，因此在最小距离相同的条件下可实现更高的频带利用率，QAM 最高已达到 1024QAM（1024 个样点）。样点数目越多，其传输效率越高。802.11ax 技术采用了 1024QAM 调制技术。

### 3. 无线局域网拓扑结构

无线局域网组网分两种拓扑结构，即对等网络和结构化网络。

对等网络（Peer to Peer）用于一台计算机（无线工作站）和另一台或多台计算机（其他无线工作站）的直接通信，该网络无法接入有线网络，只能独立使用。对等网络中的一个节点必须能“看”到网络中的其他节点，否则就认为网络中断，因此对等网络只能用于少数用户的组网环境，比如 4 ～ 8 个用户，并且他们离得足够近。

结构化网络（Infrastructure）由无线访问点 AP（Access Point）、无线工作站 STA（Station）以及分布式系统（DSS）构成，覆盖的区域分基本服务区（Basic Service Set，BSS）和扩展服务区（Extended Service Set，ESS）。

无线访问点也称无线集线器，用于在无线工作站（STA）和有线网络之间接收、缓存和转发数据。无线访问点通常能够覆盖几十至几百用户，覆盖半径达上百米。基本服务区由一个无线访问点以及与其关联的无线工作站构成，在任何时候，任何无线工作站都与该无线访问点关联。一个无线访问点所覆盖的微蜂窝区域就是基本服务区。无线工作站与无线访问点关联采用 AP 的基本服务区标识符（BSSID），在 802.11 中，BSSID 是 AP 的 MAC 地址。扩展服务区是指由多个 AP 以及连接它们的分布式系统组成的结构化网络，所有 AP 必须共享同一个扩展服务区标识符（ESSID），也可以说扩展服务区 ESS 中包含多个 BSS。

无线局域网产品中的楼到楼网桥（Building to Building Bridge）为难以布线的场点提供了可靠、高性能的网络连接。使用无线楼到楼网桥可以得到高速度、长距离的连接，事实上，可以得到超过两路 T1 线路的流量。无线楼到楼网桥可以提供点到点、点到多点的连接方式，用户可以选择最符合需求的天线，如传输近距离的全向性天线或传输远距离的扇形指向性天线。

#### 4. 无线局域网的几个主要工作过程

1）扫频

STA 在加入服务区之前要查找哪个频道有数据信号，分主动和被动两种方式。主动扫频是指 STA 启动或关联成功后扫描所有频道；一次扫描中，STA 采用一组频道作为扫描范围，如果发现某个频道空闲，就广播带有 ESSID 的探测信号；AP 根据该信号做响应。被动扫频是指 AP 每 100ms 向外传送灯塔信号，包括用于 STA 同步的时间戳、支持速率以及其他信息，STA 接收到灯塔信号后启动关联过程。

2）关联

关联（Associate）过程用于建立无线访问点和无线工作站之间的映射关系，实际上是把无线网变成有线网的连线。分布式系统将该映射关系分发给扩展服务区中的所有 AP。一个无线工作站同时只能与一个 AP 关联。在关联过程中，无线工作站与 AP 之间要根据信号的强弱协商速率。

3）重关联

重关联（Reassociate）就是当无线工作站从一个扩展服务区中的一个基本服务区移动到另外一个基本服务区时，与新的 AP 关联的整个过程。重关联总是由移动无线工作站发起。

4）漫游

漫游（Roaming）指无线工作站在一组无线访问点之间移动，并提供对于用户透明的无缝连接，包括基本漫游和扩展漫游。基本漫游是指无线 STA 的移动仅局限在一个扩展服务区内部。扩展漫游是指无线 SAT 从一个扩展服务区中的一个 BSS 移动到另一个扩展服务区中的一个 BSS。802.11 并不保证这种漫游的上层连接，常见做法是采用 Mobile IP 或动态 DHCP。

#### 5. 无线局域网的访问控制方式

802.3 标准的以太网使用 CSMA/CD 访问控制方法。在这种介质访问机制下，准备传输数据的设备首先检查载波通道，如果在一定时间内没有侦听到载波，那么这个设备就可以发送数据。如果两个设备同时发送数据，冲突就会发生，并被所有冲突设备所检测到。这种冲突便延缓了这些设备的重传，使得它们在间隔某一随机时间后才发送数据。而 802.11b 标准的无线局域网使用的是带冲突避免的载波侦听多路访问方法（CSMA/CA），冲突检测（Collision Detection）变成了冲突避免（Collision Avoidance）。因为在无线传输中侦听载波及冲突检测都是不可靠的，侦听载波有困难。另外，通常无线电波经天线发送出去时，自己是无法监视到的，因此冲突检测实质上也做不到。在 802.11 中侦听载波由两种方式来实现：一个是实际去听是否有电波在传，然后加上优先权控制；另一个是虚拟的侦听载波，告知接下来有多长时间要传输数据，以防止冲突。

CSMA/CA 访问控制方式将时间域的划分与帧格式紧密联系起来，保证某一时刻只有一个站点发送数据，实现了网络系统的集中控制。因传输媒介不同，CSMA/CD 与 CSMA/CA 的检测方式也不同。CSMA/CD 通过电缆中电压的变化来检测，当数据发生碰撞时，电缆中的电压就会随之发生变化；而 CSMA/CA 采用能量检测（ED）、载波检测（CS）和能量载波混合检测 3 种方式检测信道是否空闲。

## 2.2　以太网

### 2.2.1　以太网简介

以太网（Ethernet）是 Xerox 公司在 1972 年开创的。1972 年秋，一位刚从麻省理工学院毕业的学生 Bob Metcalfe 来到 Xerox palo Alto 研究中心（PARC）计算机实验室工作，Metcalfe 的第一件工作是把 Xerox ALTO 计算机连到 ARPANET 上（ARPANET 是现在的 Internet 的前身）。在访问 ARPANET 的过程中，他偶然发现了 ALOHA 系统（这是一个源于夏威夷大学的地面无线电广播系统，其核心思想是共享数据传输信道）的一篇论文，Metcalfe 认识到，通过优化就可以把 ALOHA 系统的速率提高到 100%。1972 年底，Metcalfe 和 David Boggs 设计了一套网络，把不同的 ALTO 计算机连接起来。Metcalfe 把他的这一研究性工作命名为 ALTO ALOHA。1973 年 5 月 22 日，世界上第一个个人计算机局域网 ALTO ALOHA 投入了运行，这一天，Metcalfe 写了一段备忘录，称他已将该网络改名为以太网（Ethernet），其灵感来自于“电磁辐射是可以通过发光的以太来传播的”这一想法。最初的以太网以 2.94Mb/s 的速度运行，运行速度慢，原因是以太网的接口定时采用 ALTO 系统时钟，即每 340ns 才发送一个脉冲。当然，因为以太网的核心思想是使用共享的公共传输信道，在公共传输信道上进行载波监听，这已比初始的 ALOHA 网络有了巨大的改进，经过一段时间的研究与发展，1976 年，以太网已经发展到能够连接 100 个用户节点，并在 1000m 长的粗缆上运行。由于 Xerox 急于将以太网转化为产品，因此将以太网改名为 Xerox Wire。1976 年 6 月，Metcalfe 和 Boggs 发表了题为《以太网：局域网的分布型信息包交换》的著名论文，1977 年底，Metcalfe 和他的三位合作者获得了“具有冲突检测的多点数据通信系统”的专利，多点传输系统被称为 CSMA/CD（载波监听多路访问 / 冲突检测）。从此，以太网就正式诞生了。

1979 年，在 DEC、Intel 和 Xerox 共同将此网络标准化时，也将 Xerox Wire 网络又恢复成“以太网”这个原来的名字。1980 年 9 月，三方公布了第三稿《以太网：一种局域网的数据链路层和物理层规范 1.0 版》，这就是著名的以太网蓝皮书，也称 DIX（DEC、Intel、Xerox 的第一个字母）版以太网 1.0 规范，一开始规范规定在 20MHz 下运行，经过一段时间后降为 10MHz，并重新定义了 DIX 标准，并以 1982 年公布的以太网 2.0 版规范终结。1983 年，以太网技术（802.3）与令牌总线（802.4）和令牌环（802.5）共同成为局域网领域的三大标准。1995 年，IEEE 正式通过了 802.3u 快速以太网标准，以太网技术实现了第一次飞跃。1998 年，802.3z 千兆以太网标准正式发布，2002 年 7 月 18 日正式通过了万兆以太网标准 802.3ae。

从 20 世纪 80 年代开始，以太网就成为最普遍采用的网络技术，它一直“统治”着世界各地的局域网和企业骨干网，并且正在向城域网发起攻击。根据 IDC 的统计，以太网的端口数约为所有网络端口数的 85%，而且以太网这种强大的优势仍然有继续保持下去的势头。纵观以太网的强劲发展历程，可以发现以太网主要得益于以下几个特点。

（1）开放标准，获得众多厂商的支持。目前，几乎所有硬件制造商生产的设备以及几乎所有软件开发商开发的操作系统和应用协议都与以太网兼容。

（2）易于移植和升级，可最大限度保护用户投资。对于所有以太网技术，其帧的结构几乎是一样的，这就提供了一个非常好的升级途径。快速以太网技术提供了从 10Mb/s 向 100Mb/s 以太网的平滑升级。千兆和万兆以太网的出现，增加带宽的同时也扩展了可升级性。只要将低速以太网设备用交换机连接到千兆和万兆以太网设备上，就可实现一个线速向另一个线速的适配。这样的升级方式就使得千兆和万兆能无缝地与现在的以太网集成。

（3）价格便宜，管理成本低。无论在局域网、接入网还是即将进入的城域网、广域网，以太网技术在价格上与其他技术相比都具有优势。若全面采用以太网解决方案，价格将更具有吸引力。另外，以太网存在时间长，标准化程度高，一般网络管理人员都比较熟悉，因此它的运行维护管理成本也比较低。

（4）结构简单，组网方便。以太网技术的实现原理统一采用了 CSMA/CD 介质访问控制方法，不同版本以太网的帧结构和网络拓扑结构也是一致的，对布线系统的要求较低，网络连接设备的配置比较简单。

## 2.2.2　以太网综述

### 1. 10M 以太网

根据传输媒介的不同，10Mb/s 带宽的以太网大致有 4 个标准，各个标准的 MAC 子层媒介访问控制方法和帧结构以及物理层的编码译码方法（曼彻斯特编码）均是相同的，不同的是传输媒介和物理层的收发器及媒介连接方式。依照技术出现的时间顺序，这 4 个标准依次如下。

1）10Base-5

1983 年，IEEE 802.3 工作组发布 10Base-5“粗缆”以太网标准，这是最早的以太网标准。10Base-5 以太网传输媒介采用直径 10mm 的 50Ω 粗同轴电缆，拓扑结构为总线拓扑，电缆段上工作站之间的距离为 2.5m 的整数倍，每个电缆段内最多只能有 100 台终端，但每个电缆段不能超过 500m。网络设计遵循“5-4-3”法则，根据该法则，整个网络的最大跨距为 2500m。

“5”即是网络中任意两个端到端的节点之间最多只能有 5 个电缆段。

“4”即是网络中任意两个端到端的节点之间最多只能有 4 个中继器。

“3”即是网络中任意两个端到端的节点之间最多只能有 3 个共享网段。

10Base-5 代表的具体意思是：工作速率为 10Mb/s，采用基带信号，每一个网段最长为 500m。

2）10Base-2

1986 年，IEEE 802.3 工作组发布 10Base-2“细缆”以太网标准。10Base-2 以太网传输媒介采用直径 5mm 的 50Ω 细同轴电缆，拓扑结构为总线拓扑，电缆段上工作站之间的距离为 0.5m 的整数倍，每个电缆段内最多只能有 30 台终端，但每个电缆段不能超过 185m。10Base-2 以太网设计遵循“5-4-3”法则，整个网络的最大跨距为 925m。

10Base-2 代表的具体意思是：工作速率为 10Mb/s，采用基带信号，每一个网段最长约为 200m。

3）10Base-T

1991 年，IEEE 802.3 工作组发布 10Base-T“非屏蔽双绞线”以太网标准。10Base-T 以太网传输媒介采用 100Ω UTP 双绞线，拓扑结构为星形，所有站点均连接到一个中心集线器（Hub）上，但每个电缆段不能超过 100m。10Base-T 以太网设计遵循“5-4-3”法则，整个网络的最大跨距为 500m。

10Base-T 代表的具体意思是：工作速率为 10Mb/s，采用基带信号，T 表示传输媒介为双绞线（Twisted pair）。

4）10Base-F

1993 年，IEEE 802.3 工作组发布 10Base-F“光纤”以太网标准。10Base-F 以太网传输媒介采用多模光纤，拓扑结构为星形，所有站点均连接到一个支持光纤接口的中心集线器上，每个电缆段不能超过 2000m。10Base-F 以太网设计也遵循“5-4-3”法则，但由于受 CSMA/CD 碰撞域的影响，整个网络的最大跨距为 4000m。

10Base-F 代表的具体意思是：工作速率为 10Mb/s，采用基带信号，F 表示传输媒介光纤（Fiber）。

### 2. 100M 以太网

1995 年，IEEE 通过了 802.3u 标准，将以太网的带宽扩大为 100Mb/s。从技术角度上讲，802.3u 并不是一种新的标准，只是对现存 802.3 标准的升级，习惯上称为快速以太网。其基本思想很简单，即保留所有旧的分组格式、接口以及程序规则，只是将位时从 100ns 减少到 10ns，并且所有快速以太网系统均使用集线器。快速以太网除了继续支持在共享媒介上的半双工通信外，1997 年，IEEE 通过了 802.3x 标准后，还支持在两个通道上进行双工通信。双工通信进一步改善了以太网的传输性能。另外，100Mb/s 带宽的以太网的网络设备的价格并不比 10Mb/s 带宽的以太网的设备贵多少。100Base-T 以太网在之后几年的应用得到了非常快速的发展。

1）100Base-T4

100Base-T4 传输载体使用 3 类 UTP，它采用的信号速度为 25MHz，需要 4 对双绞线，不使用曼彻斯特编码，而是三元信号，每个周期发送 4bit，这样就获得了所要求的 100Mb/s，还有一个 33.3Mb/s 的保留信道。该方案即所谓的 8B6T（8bit 被映射为 6 个三进制位）。

2）100Base-TX

100Base-TX 传输载体使用 5 类 100Ω UTP，其设计比较简单，每个站点只需使用两对双绞线，一对连向集线器，另一对从集线器引出。它采用了一种运行在125MHz下的称为4B/5B的编码方案，该编码方案将每4bit的数据编成5bit，挑选时每组数据中不允许出现多于3个“0”，然后再将4B/5B码进一步编成NRZI码进行传输。这样要获得100Mb/s的数据传输速率，只需要125MHz的信号频率。

3）100Base-FX

100Base-FX既可以选用多模光纤，也可以选用单模光纤。在全双工情况下，多模光纤传输距离可达2km，单模光纤传输距离可达40km。

### 3. 千兆以太网

工作站之间用100Mb/s带宽的以太网连接后，对于主干网络的传输速度就会提出更高的要求，1996年7月，IEEE 802.3工作组成立了802.3z千兆以太网任务组，研究和制定了千兆以太网的标准，这个标准满足以下要求：允许在1000Mb/s速度下进行全双工和半双工通信；使用802.3以太网的帧格式；使用CSMA/CD访问控制方法来处理冲突问题；编址方式和10Base-T、100Base-T兼容。这些要求表明千兆以太网和以前的以太网完全兼容。1997年3月，又成立了另一个工作组802.3ab来集中解决用5类线构造千兆以太网的标准问题，而802.3z任务组则集中制定使用光纤和对称屏蔽铜缆的千兆以太网标准。802.3z标准于1998年6月由IEEE标准化委员会批准，802.3ab标准计划也于1999年通过批准。

1）1000Base-LX

1000Base-LX是一种使用长波激光作为信号源的网络介质技术，在收发器上配置波长为1270～1355nm（一般为1300nm）的激光传输器，既可以驱动多模光纤，也可以驱动单模光纤。1000Base-LX所使用的光纤规格包括62.5μm多模光纤、50μm多模光纤、9μm单模光纤。其中，使用多模光纤时，在全双工模式下，最长传输距离可以达到550m；使用单模光纤时，全双工模式下的最长有效距离为5km。系统采用8B/10B编码方案，连接光纤所使用的SC型光纤连接器与快速以太网100Base-FX所使用的连接器的型号相同。

2）1000Base-SX

1000Base-SX是一种使用短波激光作为信号源的网络介质技术，收发器上所配置的波长为770～860nm（一般为800nm）的激光传输器不支持单模光纤，只能驱动多模光纤，具体包括62.5μm多模光纤、50μm多模光纤。使用62.5μm多模光纤，全双工模式下的最长传输距离为275m；使用50μm多模光纤，全双工模式下最长有效距离为550m。

系统采用8B/10B编码方案，1000Base-SX所使用的光纤连接器与1000Base-LX一样，也是SC型连接器。

3）1000Base-CX

1000Base-CX是使用铜缆作为网络介质的两种千兆以太网技术之一，另外一种就是将要在后面介绍的1000Base-T。1000Base-CX使用的一种特殊规格的高质量平衡双绞线对的屏蔽铜缆，最长有效距离为25m，使用9芯D型连接器连接电缆，系统采用8B/10B编码方案。1000Base-CX适用于交换机之间的短距离连接，尤其适合于千兆主干交换机和主服务器之间的短距离连接。以上连接往往可以在机房配线架上以跨线方式实现，不需要再使用长距离的铜缆或光纤。

4）1000Base-T

1000Base-T是一种使用5类UTP作为网络传输媒介的千兆以太网技术，最长有效距离与100Base-TX一样，可以达到100m。用户可以采用这种技术在原有的快速以太网系统中实现100～1000Mb/s的平滑升级。与前文所介绍的其他3种网络介质不同，1000Base-T不支持8B/10B编码方案，需要采用专门的更加先进的编码/译码机制。

### 4. 万兆以太网

2002年6月，IEEE 802.3ae 10G以太网标准发布，以太网的发展势头又得到了一次增强。确定万兆以太网标准的目的是将802.3协议扩展到10Gb/s的工作速度，并扩展以太网的应用空间，使之包括WAN链接。万兆以太网与SONET：OC-192帧结构的融合，可以与OC-192电路和SONET/SDH设备一起运行，保护了传统基础设施投资，使供应商在不同地区通过城域网提供端到端以太网。

（1）物理层：802.3ae大体分为两种类型，一种是与传统以太网连接，速率为10Gb/s的“LAN PHY”；另一种是连接SDH/SONET，速率为9.58464Gb/s的“WAN PHY”。每种PHY分别可使用10GBase-S（850nm短波）、10GBase-L（1310nm长波）、10GBase-E（1550nm长波）3种规格，最大传输距离分别为300m、10km、40km，其中LAN PHY还包括一种可以使用DWDM波分复用技术的“10GBase-LX4”规格。WAN PHY与SONET OC-192帧结构融合，可与OC-192电路、SONET/SDH设备一起运行，保护传统基础投资，使运营商能够在不同地区通过城域网提供端到端以太网。

（2）传输介质层：802.3ae目前支持9μm单模、50μm多模和62.5μm多模3种光纤，而对电接口的支持规范10GBase-CX4在802.3ak标准中发布。

（3）数据链路层：802.3ae继承了802.3以太网的帧格式和最大/最小帧长度，支持多层星形连接、点到点连接及其组合，充分兼容已有应用，不影响上层应用，进而降低了升级风险。与传统的以太网不同，802.3ae 仅仅支持全双工方式，而不支持单工和半双工方式，不采用 CSMA/CD 机制。802.3ae 不支持自协商，可简化故障定位，并提供广域网物理层接口。

人们不仅在万兆以太网的技术和性能方面看到了其实质性的提高，也正因如此，以太网正在从局域网逐步延伸至城域网和广域网，在更广阔的范围内发挥其作用。

## 2.2.3　以太网技术基础

### 1. IEEE 802.3 帧的结构

媒介访问控制子层（MAC）的功能是以太网的核心技术，它决定了以太网的主要网络性能。MAC 子层通常又分成帧的封装 / 解封和媒介访问控制两个功能模块。在了解该子层的功能时，首先要了解以太网的帧结构，其帧结构如图 2-8 所示。

| 7 | 1 | 6 | 6 | 2 | 46~1500 | 4 |
|---|---|---|---|---|---|---|
| 前导码 | 帧首定界符（SFD） | 目的地址（DA） | 源地址（SA） | 长度（L） | 逻辑链路层协议数据单元（LLC-PDU） | 帧检验序列（FCS） |

图 2-8　IEEE 802.3 帧的结构

（1）前导码：包含了 7 个字节的二进制“1”“0”间隔的代码，即 1010…10 共 56 位。当帧在媒介上传输时，接收方就能建立起位同步，因为在使用曼彻斯特编码的情况下，这种“1”“0”间隔的传输波形为一周期性方波。

（2）帧首定界符（SFD）：它是长度为 1 个字节的 10101011 二进制序列，此码一过，表示一帧实际开始，以使接收器对实际帧的第一位定位。也就是说，实际帧由余下的 DA+SA+L+ LLC-PDU+FCS 组成。

（3）目的地址（DA）：它说明了帧企图发往的目的站地址，共 6 个字节，可以是单址（代表单个站）、多址（代表一组站）或全地址（代表局域网上的所有站）。当目的地址出现多址时，即表示该帧被一组站同时接收，称为组播（multicast）。当目的地址出现全地址时，即表示该帧被局域网上的所有站同时接收，称为广播（broadcast）。通常以 DA 的最高位来判断地址的类型，若最高位为“0”，则表示单址；为“1”表示多址或全地址。全地址时，DA 字段为全“1”代码。

（4）源地址（SA）：它说明发送该帧的站的地址，与 DA 一样占 6 个字节。

（5）长度（L）：共占两个字节，表示 LLC-PDU 的字节数。

（6）数据链路层协议数据单元（LLC-PDU）：它的范围处在 46 ～ 1500 字节之间。注意，46 字节最小 LLC-PDU 长度是一个限制，目的是要求局域网上的所有站都能检测到该帧，即保证网络正常工作。如果 LLC-PDU 小于 46 个字节，则发送站的 MAC 子层会自动填充“0”代码补齐。

（7）帧检验序列（FCS）：它处在帧尾，共占 4 字节，是 32 位冗余检验码（CRC），检验除前导码、SFD 和 FCS 以外的所有帧的内容，即从 DA 开始至 DATA 完毕的 CRC 检验结果都反映在 FCS 中。当发送站发出帧时，一边发送，一边逐位进行 CRC 检验。最后形成一个 32 位 CRC 检验和填在帧尾 FCS 位置中一起在媒介上传输。接收站接收帧后，从 DA 开始同样边接收边逐位进行 CRC 检验。最后接收站形成的检验和若与帧的检验和相同，则表示媒介上传输的帧未被破坏。反之，接收站认为帧被破坏，会通过一定的机制要求发送站重发该帧。

一个帧的长度为 DA+SA+L+LLC-PDU+FCS=6+6+2+（46 ～ 1500）+4=64 ～ 1518，即当 LLC-PDU 为 46 字节时，帧最小，帧长为 64 字节；当 LLC-PDU 为 1500 字节时，帧最大，帧长为 1518 字节。

### 2. 以太网的跨距

系统的跨距表示系统中任意两个站点间的最大距离范围，媒介访问控制方式 CSMA/CD 约束了整个共享型快速以太网系统的跨距。

前文介绍了 CSMA/CD 的重要的参数碰撞槽时间（Slot time），可以认为：

$$\text{Slot time} \approx 2S/0.7\text{C}+2t_{\text{PHY}}$$

如果考虑一段媒介上配置了中继器，且中继器的数量为 $N$，设一个中继器的延时为 $t_r$，则

$$\text{Slot time} \approx 2S/0.7\text{C}+2t_{\text{PHY}}+2Nt_r$$

由于 Slot time=$L_{\min}/R$，$L_{\min}$ 称为最小帧长度，$R$ 为传输速率，则系统跨距 $S$ 的表达式为：

$$\text{S} \approx 0.35\text{C}（L_{\min}/R-2t_{\text{PHY}}-2Nt_r）$$

通过前面的学习可知，$L_{\min}$=64B=512b，C=3×10$^8$m/s，所以在 10Mb/s 以太网环境中，$R$=10×10$^6$b/s；在 100Mb/s 以太网环境中，$R$=100×10$^6$b/s。

如果忽略 $2t_{\text{PHY}}$ 和 $2Nt_r$，10Mb/s 以太网环境中最大跨距为 5376m，100Mb/s 以太网环境中最大跨距为 537.6m。如果在实际应用中忽略中继器，只算上 $2t_{\text{PHY}}$，则 10Mb/s 以

太网环境中最大跨距为 5000m 左右，100Mb/s 以太网环境中最大跨距约为 412m。然而，在实际应用中，物理层所耗去的时间和中继器所耗去的时间都是不能忽略的，这也就是有 5-4-3 法则的原因。尤其是在 *R* 变大时，跨距呈几何级数递减，当 *R* 为 1000Mb/s 时，依据这个法则，根据物理层所耗去的时间的大小，甚至会出现跨距为负的情况，则网络变得不可用。为此，1Gb/s 以太网上采用了帧的扩展技术，目的是在半双工模式下扩展碰撞域，达到增长跨距的目的。

帧扩展技术是在不改变 802.3 标准所规定的最小帧长度的情况下提出的一种解决办法，把最小帧长一直扩展到 512 字节（即 4096 位）。若形成的帧小于 512 字节，则在发送时要在帧的后面添上扩展位，达到 512 字节再发送到媒介上去。扩展位是一种非“0”“1”数值的符号，若形成的帧已大于或等于 512 字节，则发送时不必添加扩展位。这种解决办法使得在媒介上传输的帧长度最短不会小于 512 字节，在半双工模式下大大扩展了碰撞域，媒介的跨距可延伸至 330m。在全双工模式下，由于不受 CSMA/CD 约束，无碰撞域概念，因此在媒介上的帧没必要扩展到 512 字节。

100Base-TX/FX 系统的跨距如图 2-9 所示。由于跨距实际上反映了一个碰撞域，因此图 2-9 中用两个 DTE 之间的距离来表示，DTE 可以是一个网桥、交换器或路由器，也可以认为是系统中的两个站点。中继器用 R 表示，一般是一个共享型集线器，它的功能是延伸媒介和连接另一个媒介段。

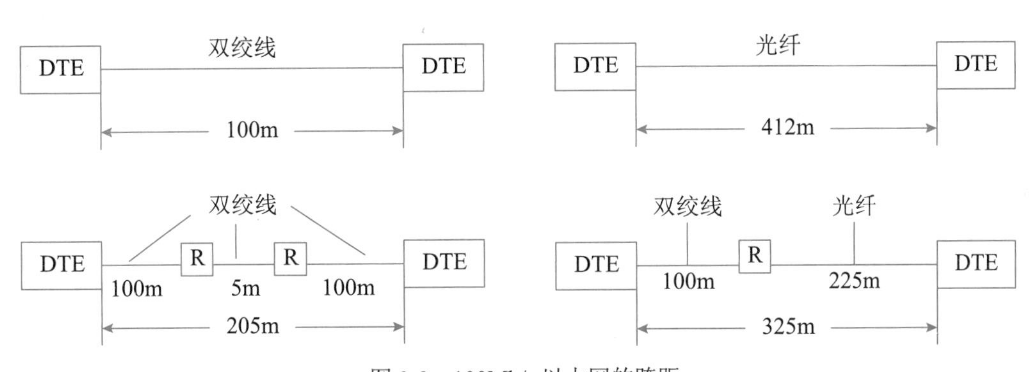


图 2-9　100Mb/s 以太网的跨距

在双绞线媒介情况下，由于最长媒介段距离为 100m，加一个中继器，就延伸一个最长媒介段距离，达到 200m。如果想再延伸距离，加两个中继器后，也只能达到 205m，205m 即为 100Base-TX 的跨距。

在光纤媒介情况下，不使用中继器，跨距可达到 412m，即是一个碰撞域范围，但光纤的最长媒介段 2km 要远远大于 412m。另外，加一个中继器后，并不能延伸距离，由于中继器的延迟时间，跨距反而变小了，在加两个中继器时，跨距几乎和双绞线加两个中继器的跨距相同。因此，在实际应用中通常采用混合方式，即中继器一侧采用光纤，另一侧采用双绞线。双绞线可直接连接用户终端，跨距可达 100m，光纤可直接连接路由器或主干全双工以太网交换机，跨距可达 225m。

### 3. 交换型以太网

在交换型以太网出现以前，以太网系统均为共享型以太网系统。在整个系统中，由于受到 CSMA/CD 媒介访问控制方式的制约，所以整个系统处在一个碰撞域范围中，系统中每个站都可能在往媒介上发送帧，那么每个站要占用媒介的概率就是 10/*n*Mb/s，*n* 为站数。以太网受到 CSMA/CD 制约后，所有站均在争用媒介而共同分隔带宽，称为共享型以太网。

在 20 世纪 80 年代后期，即 10Base-T 出现后不久，就出现了以太网交换型集线器。到了 20 世纪 90 年代，快速以太网的交换技术和产品更是发展迅速，应用广泛。交换型以太网系统中的交换型集线器也称为以太网交换器，以其为核心连接站点或者网段。如图 2-10 所示，交换器的各端口之间在交换器上同时可以形成多个数据通道，图中在交换器上同时存在 4 个数据通道，它们可以存在于站与站、站与网段或者网段与网段之间。网段即是多个站点构成的一个共享媒介的集合，一般是一个共享型集线器连接若干个站点构成一个网段。

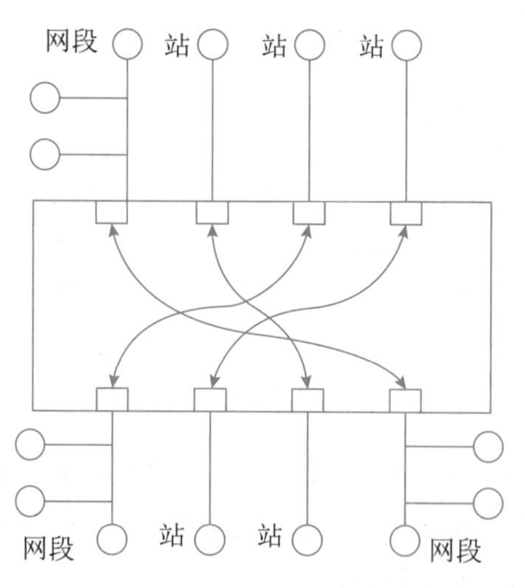


图 2-10　以太网交换器示意图

既然是在交换器上同时存在多个端口间的通道，也就意味着系统同时存在多个碰撞域，每一个碰撞域的一对端口都独占带宽（一个享有发送带宽，另一个享有接收带宽），那么就整个系统的带宽来说，就不再是只有 10Mb/s（10Base-T 环境）或 100Mb/s（100Base-T 环境），而是与交换器所具有的端口数有关。可以认为，若每个端口为 10Mb/s，则整个系统带宽可达 10 • $n$Mb/s，其中 $n$ 为端口数，若 $n$=10，则系统带宽可达 100Mb/s。因此，拓宽了整个系统带宽是交换型以太网系统最明显的特点。

综上所述，交换型以太网系统与共享型以太网相比有如下优点。

（1）每个端口上可以连接站点，也可以连接一个网段。不论站点或网段均独占该端口的带宽（10Mb/s 或 100Mb/s）。

（2）系统的最大带宽可以达到端口带宽的 $n$ 倍，其中 $n$ 为端口数。$n$ 越大，系统的带宽越高。

（3）交换器连接了多个网段，每一个网段都是独立、被隔离的。但如果需要，独立网段之间通过其端口也可以建立暂时的数据通道。

（4）被交换器隔离的独立网段上数据流信息不会随意广播到其他端口上去，因此具有一定的数据安全性。

#### 4. 全双工以太网

交换器设备工作时，不同的逻辑数据通道之间已不再受到 CSMA/CD 的约束，但每条逻辑数据通道的两个端口之间却仍然受到 CSMA/CD 的约束，即一条逻辑数据通道就是一个碰撞域。

当交换器以太网技术和应用发展到一定阶段后，不仅要求整个系统的带宽要达到一定高度，而且还要求整个系统的跨距也要有一定的保证，特别在 100Mb/s 及 1Gb/s 以太网环境中，使用光纤作为媒介的情况下，若再使用受到 CSMA/CD 约束的一般半双工技术和产品，网络覆盖范围的矛盾会尤为突出。为了解决上述问题，全双工以太网技术和产品问世了，且在 1997 年由 IEEE 802.3x 标准来说明该技术的规范。

全双工以太网技术是用来说明以太网设备端口的传输技术，与传统半双工以太网技术的区别在于每个端口和交换机背板之间都存在两条逻辑通路。这样，每一个端口就可以同时接收和发送帧，不再受到 CSMA/CD 的约束，在端口发送帧时不再会发生帧的碰撞，也无碰撞域的存在。这样一来，端口之间媒介的长度仅仅受到数字信号在媒介上的传输衰变的影响，而不像传统以太网半双工传输时还要受到碰撞域的约束。

图 2-11 所示为两个端口之间全双工传输，端口上设有端口控制功能模块和收发器功能模块，端口上是全双工还是半双工操作一般可以自适应，也可以用人工设置。当全

双工操作时，帧的发送和接收可以同时进行，这样与传统半双工操作方式比较，传输链路的带宽提高了一倍，即端口支持 10Mb/s 或者 100Mb/s 传输率，而其带宽却分别是 20Mb/s 和 200Mb/s。在全双工传输帧时，端口上既无侦听的机制，链路上又不会多路访问，也不再需要碰撞检测，传统半双工方式下的媒介访问控制 CSMA/CD 的约束已不存在。

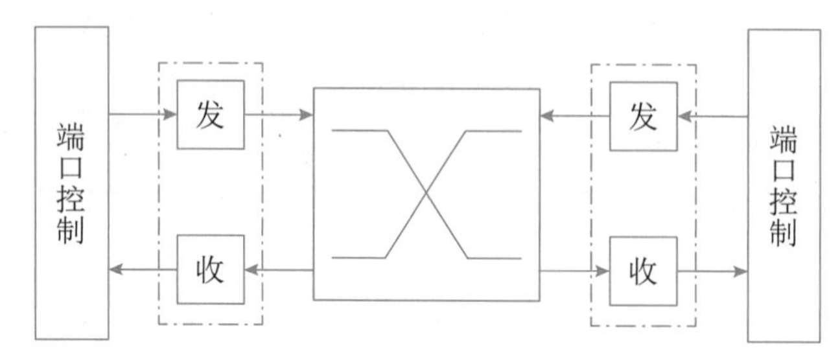


图 2-11　全双工以太网交换器示意图

在 10Mb/s 端口传输率情况下，只有 10Base-T 及 10Base-FL 支持全双工操作，而在 100Mb/s 快速以太网情况下，除了 100Base-T4 外，100Base-TX 和 100Base-FX 均支持全双工操作。千兆以太网 1000Base-X 也支持全双工操作。即只有链路上提供独立的发送和接收媒介才能支持全双工操作。表 2-3 说明了支持全双工操作的各类以太网网段的最长距离，并与传统半双工操作受碰撞域限定的网段最长距离进行比较。

**表 2-3　各类以太网网段的最长距离**

| 以太网类型 | 传输媒介 | 全双工网段最长距离 /m | 半双工网段最长距离 /m |
|---|---|---|---|
| 10Base-T | UTP | 100 | 100 |
| 10Base-FL | MMF | 2000 | 2000 |
| 100Base-T | UTP、STP | 100 | 100 |
| 100Base-FX | MMF | 2000 | 412 |
| 1000Base-LX | MMF | 550 | 330 |
| | SMF | 5000 | 330 |
| 1000Base-SX | MMF62.5μm | 300 | — |
| | MMF50μm | 550 | 330 |
| 1000Base-CX | STP | 25 | 25 |
| 1000Base-T | UTP | 100 | 100 |

从表 2-3 可知，使用双绞线媒介，100m 的距离对于半双工操作来说并非碰撞域的跨距，仍是数字信号驱动的最长距离，因此不论是 10Mb/s、100Mb/s 还是 1000Mb/s 环境，全双工操作并未占有优势。对于媒介采用光纤来说，10Base-FL 在两种情况下光纤最长

距离均为 2km，这是因为在 10Mb/s 传输速率情况下，由碰撞域决定的半双工网段最长距离要大于 2km，2km 的光纤仍是由数字信号在光纤上传输的最长距离。在 100Base-FX 的以太网中，全双工网段距离可达 2km，而传统的半双工操作情况下，由于受到 CSMA/CD 的约束，碰撞域的跨距决定了网段最长距离为 412m。在 1000Base-LX 的以太网中，采用单模光纤全双工网段距离可达 5km，而传统的半双工操作情况下，由于受到 CSMA/CD 的约束，碰撞域的跨距决定了网段最长距离为 330m。在 1000Base-SX 的以太网中，因不能使用单模光纤，多模光纤扩展网络有效距离的效果并不明显。

对于网络中的客户机而言，由于其访问服务器时，发送和接收的负载往往是很不均衡的，因此，用全双工操作方式连接客户站，可延伸距离，有明显的得益。对于服务器，由于会受到许多客户站的同时访问，所以发送和接收的负载一般较接近均衡，所以使用全双工操作方式增加带宽是明显的得益，但由于系统服务器往往与系统主交换器放置在一起，因此延伸距离上显得无必要。对于交换器之间的连接来说，使用全双工操作方式，在延伸连接距离和拓展带宽上均能得益。

### 2.2.4　以太网交换机的部署

在应用级的局域网中，很少存在只使用单台交换机的局域网，一方面因为单台交换机的端口数量有限；另一方面，单台交换机的地理位置使得联网计算机终端的距离受限。通常，在一个局域网中，使用几台交换互相连接在一起，从而达到扩展端口和扩展距离的目的。那么交换机与交换机是如何连接在一起的呢？目前广泛使用的模式有两种，一种是级联（cascade）模式，另一种是堆叠（stack）模式。

#### 1. 级联模式

级联模式是最常规、最直接的一种扩展方式。级联模式通过双绞线或光纤实现，一般在交换机的前面板上有专门的级联口，如果没有，也可以用交叉接法来级联。级联是通过端口进行的，级联后两台交换机是上下级的关系。

级联模式起源于早期的共享型集线器（Hub），共享型集线器的物理拓扑结构是星形，而逻辑拓扑结构还是总线拓扑，集线器仅仅相当于一条浓缩了的总线，在集线器的某一个端口级联另一台集线器，只是相当于把浓缩的总线又加长了一些，仍然是一条总线，所有端口都要在一个碰撞域里受到 CSMA/CD 的约束。但这样相当于把传输媒介加长了，在加长的传输媒介上又增加了一些端口。但付出的代价是，在这个碰撞域里又多了一些端口共享整个带宽，从而导致网络性能低下。当然这种级联方式必须遵循 5-4-3

法则，也就是级联不能超过 4 层。级联模式的典型结构如图 2-12 所示。

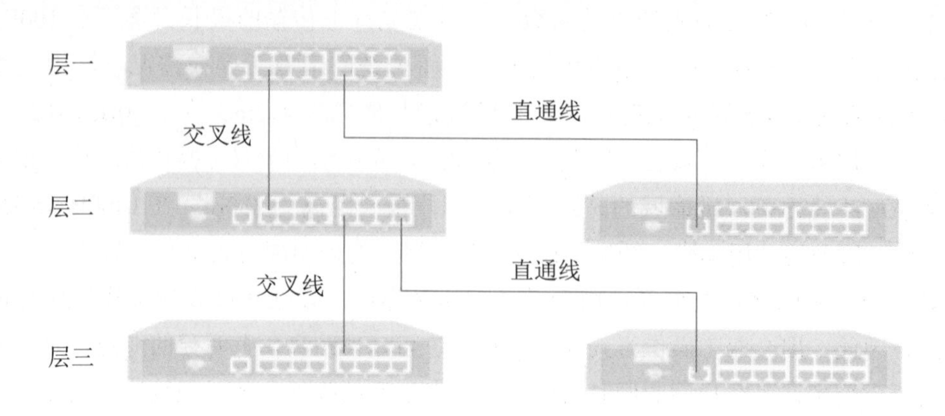


图 2-12　级联模式的以太网交换机

需要特别指出的是，对于那些没有专用级联端口的集线器之间的级联，双绞线接头中线对的分布与连接网卡和集线器时有所不同，必须要用交叉线。而许多集线器为了方便用户，提供了一个专门用来串接到另一台集线器的端口，在对此类集线器进行级联时，双绞线均应为直通线接法。不管采用交叉线还是直通线进行级联，都没有改变级联的本质。

用户如何判断自己的集线器是否需要交叉线连接呢？主要方法有以下几种。

（1）查看说明书。如果该集线器在级联时需要交叉线连接，一般会在设备说明书中进行说明。

（2）查看连接端口。如果该集线器在级联时不需要交叉线，大多数情况下都会提供一至两个专用的互连端口，并有相应标注，如“Uplink”“MDI”“Out to Hub”，表示使用直通线连接。

（3）实测。这是最管用的一种方法，可以先制作两条用于测试的双绞线，其中一条是直通线，另一条是交叉线，之后用其中的一条连接两个集线器，这时注意观察连接端口对应的指示灯，如果指示灯亮，表示连接正常，否则换另一条双绞线进行测试。

随着快速以太网技术和交换技术的出现，级联模式又逐渐变成组建大型局域网最理想的扩展方式，成为以太网扩展端口应用中的主流技术。在交换机上进行级联，级联交换机的端口共享的仅仅是被级联交换机中级联端口的带宽，而不是整个网络的带宽。更何况目前的交换机级联通常都是高速交换机端口级联低速交换机，即 1000Mb/s 端口级联 100Mb/s 的交换机，100Mb/s 端口则级联 10Mb/s 的交换机，或者是交换机级联共享型的集线器。由此一来，极大程度地克服了传统集线器级联共享带宽而导致网络性能降低的弊端。虽然交换机的级联在一定程度上仍然受 CSMA/CD 的约束，但其优势却是不可替代的，通常表现在以下几个方面。

（1）级联模式可使用通用的以太网端口进行层次间互联，其中包括 100Mb/s 端口、1000Mb/s 端口以及新兴的 10Gb/s 端口。

（2）级联模式是组建结构化网络的必然选择，级联使用普通的、长度限制并不严格的电缆（光纤），各个级联单元的位置相对较随意，非常有利于综合布线。

（3）级联模式通常是解决不同品牌交换机之间以及交换机与集线器之间连接的有效手段。

### 2. 堆叠模式

堆叠模式通常是为了扩充带宽用的，通常用专门的堆叠卡插在交换机的后面，用专门的堆叠电缆连接几台交换机，堆叠后这几台交换机相当于一台交换机。堆叠是采用交换机背板的叠加，使多个工作组交换机形成一个工作组堆，从而提供高密度的交换机端口，堆叠中的交换机就像一个交换机一样，配制一个 IP 地址即可。

级联是通过交换机的某个端口与其他交换机相连的，而堆叠是通过集线器的背板连接起来的，它是一种建立在芯片级上的连接，如 2 个 24 口交换机堆叠起来的效果就像是一个 48 口的交换机。

堆叠模式的优点如下：

（1）在增加网络端口的同时，还增加了逻辑数据通道，扩充了网络带宽，不同堆叠单元的端口之间可以直接交换，进行快速转发，从而极大地提高了网络性能。

（2）不受 5-4-3 原则的约束，堆叠单元可以超过 4 个。

（3）提供简化的本地管理，将一组交换机作为一个对象来管理。

堆叠模式的缺点如下：

（1）堆叠是一种非标准化技术，各个厂商之间不支持混合堆叠，同一组堆叠交换机必须是同一品牌。

（2）堆叠模式不支持即插即用，在物理连接完毕之后，还要对交换机进行相应的设置，才能正常运行。

（3）不存在拓扑管理，一般不能进行分布式布置。

常见的堆叠有菊花链堆叠和矩阵堆叠两种。

所谓菊花链，就是从上到下串起来，形成单一的一个菊花链堆叠总线。菊花链模式是简化的级联模式，主要的优点是提供集中管理的扩展端口，对于多交换机之间的转发效率并没有提升，主要是因为菊花链模式是采用高速端口和软件来实现的。菊花链模式使用堆叠电缆将几台交换机以环路的方式组建成一个堆叠组，然后加一根从上到下起冗余备份作用的堆叠电缆。图 2-13 所示是 2003 年 6 月北电网络推出的 BayStack 5510 菊花链堆叠交换机，一个堆叠中有 8 个交换机，整个堆叠的带宽高达 640Gb/s，每台交换机与上下相邻单元间都具有 40Gb/s 的全双工带宽。

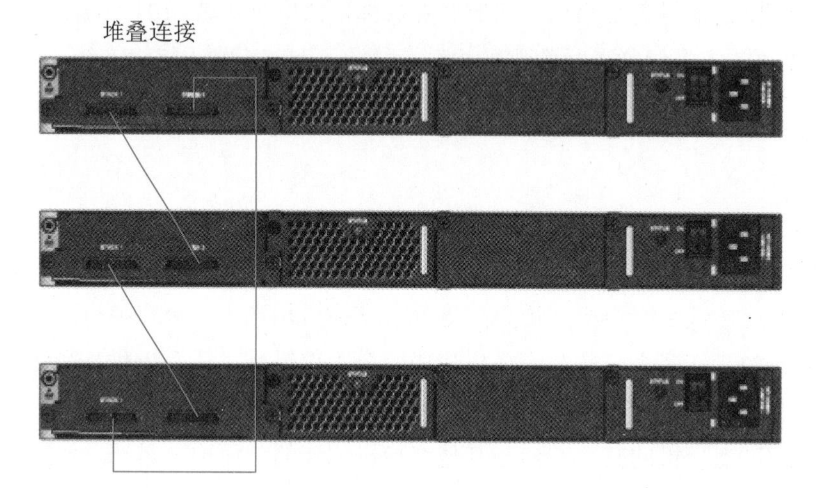


图 2-13　菊花链堆叠交换机

矩阵堆叠需要提供一个独立的或者集成的高速交换中心（堆叠中心），所有堆叠的交换机通过专用的高速堆叠端口上行到统一的堆叠中心，堆叠中心一般是一个基于专用 ASIC 的硬件交换单元，ASIC 交换容量限制了堆叠的层数。使用高可靠、高性能的 Matrix 芯片是星形堆叠的关键。由于涉及专用总线技术，电缆长度一般不能超过 2m，所以，矩阵堆叠模式下，所有交换机需要局限在一个机架之内。图 2-14 所示是 3COM 公司的 3300 系统交换机连成矩阵堆叠的示意图。

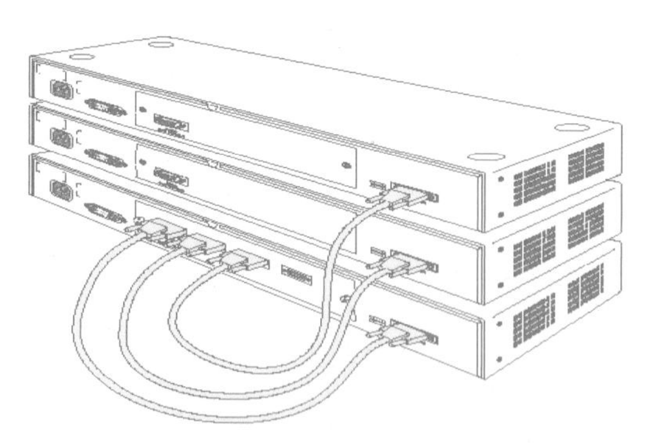

图 2-14　矩阵堆叠交换机

# 2.3 综合布线

## 2.3.1 综合布线系统概述

### 1. 什么是综合布线系统

综合布线系统（Premises Distribution System，PDS）又称结构化综合布线系统（Structured Cabling Systems，SCS）。综合布线系统是为通信与计算机网络而设计的，它可以满足各种通信与计算机信息传输的要求，是为具有综合业务需求的计算机数据网开发的。它可以使用相同的线缆、配线端子板、相同的插头及模块插孔，解决传统布线存在的兼容性问题。综合布线系统是建筑智能化大厦工程的重要组成部分，是智能化大厦传送信息的神经中枢。

### 2. 综合布线系统的特点

综合布线系统是信息技术和信息产业大规模高速发展的产物，是布线系统的一项重大革新，它和传统布线系统比较，具有明显的优越性，具体表现在以下 6 个方面。

（1）兼容性。其设备可以用于多种系统。沿用传统的布线方式，会使各个系统的布线互不相容，管线拥挤不堪，规格不同，配线插接头型号各异，所构成的网络内的管线与插接件彼此不同而不能互相兼容，一旦要改变终端机或话音设备位置，势必重新敷设新的管线和插接件。而综合布线系统不存在上述问题，它将语音、数据信号的配线统一设计规划，采用统一的传输线、信息插接件等，把不同信号综合到一套标准布线系统中。同时，该系统相比于传统布线大为简化，不存在重复投资问题，可以节约大量资金。

（2）开放性。对于传统布线，一旦选定了某种设备，也就选定了布线方式和传输介质，如要更换另一种设备，原有布线需全部更换，这样不仅极为麻烦，还会增加大量资金投入。综合布线系统采用开放式体系结构，符合国际标准，对现有著名厂商的硬件设备均是开放的，对通信协议也同样是开放的。

（3）灵活性。传统布线中的各系统是封闭的，体系结构是固定的，若增减设备将十分困难。而综合布线系统中的所有传递信息线路均为通用的，即每条线路均可传送话音、传真和数据，所用系统内的设备（计算机、终端、网络集散器、Hub 或 MAU、电话、传真）的开通及变动无须改变布线，只要在设备间或管理间做相应的跳线操作即可。

（4）可靠性。传统布线中的各系统互不兼容，因此在一个建筑物内存在多种布线方式，形成各系统交叉干扰，这样各个系统可靠性降低，势必影响整个建筑系统的可靠性。综合布线系统布线采用高品质的材料和组合压接方式构成一套高标准的信息网络，所有线缆与器件均通过国际上的各种标准，保证了综合布线系统的电气性能。综合布线系统全部使用物理星形拓扑结构，任何一条线路有故障都不会影响其他线路，从而提高了可靠性，各系统采用同一传输介质，互为备用，又提高了备用冗余。

（5）经济性。综合布线系统设计信息点时要求在按规划容量的基础上留有适当的发展容量，因此，就整体布线系统而言，按规划设计所做的经济分析表明，综合布线系统会比传统的性能价格比更优，后期运行维护及管理费也会下降。

（6）先进性。随着信息时代的快速发展，数据传递和话音传送并驾齐驱，多媒介技术的迅速崛起，如仍采用传统布线，在技术上太落后。综合布线系统采用双绞线与光纤混合布置方式是比较科学和经济的方法。

### 3. 综合布线标准

综合布线的标准很多，但在实际工程项目中，并不需要涉及所有标准和规范，而应根据布线项目的性质和涉及的相关技术工程情况适当引用标准规范。通常来说，布线方案设计应遵循布线系统性能和系统设计标准，布线施工工程应遵循布线测试、安装、管理标准及防火、机房及防雷接地标准。

例如，一个典型的办公网络的布线系统，集成方案中通常采用如下标准：

- 《综合布线系统工程设计规范》GB 50311—2016。
- 《综合布线系统工程验收规范》GB/T 50312—2016。
- 《信息通信综合布线系统 第1部分：总规范》YD/T 926.1—2023。
- 《信息通信综合布线系统 第2部分：光纤光缆布线及连接件通用技术要求》YD/T 926.2—2023。
- 北美标准ANSI/TIA/EIA 568D《商用建筑通信布线标准》。
- 国际标准ISO/IEC 11801《信息技术——用户通用布线系统》（第3版）。

### 4. 综合布线系统的构成

综合布线系统由6个子系统组成，即建筑群子系统、设备间子系统、垂直子系统、管理子系统、水平子系统和工作区子系统。大型布线系统需要用铜介质和光纤介质部件将6个子系统集成在一起。综合布线系统的6个子系统的构成如图2-15所示。

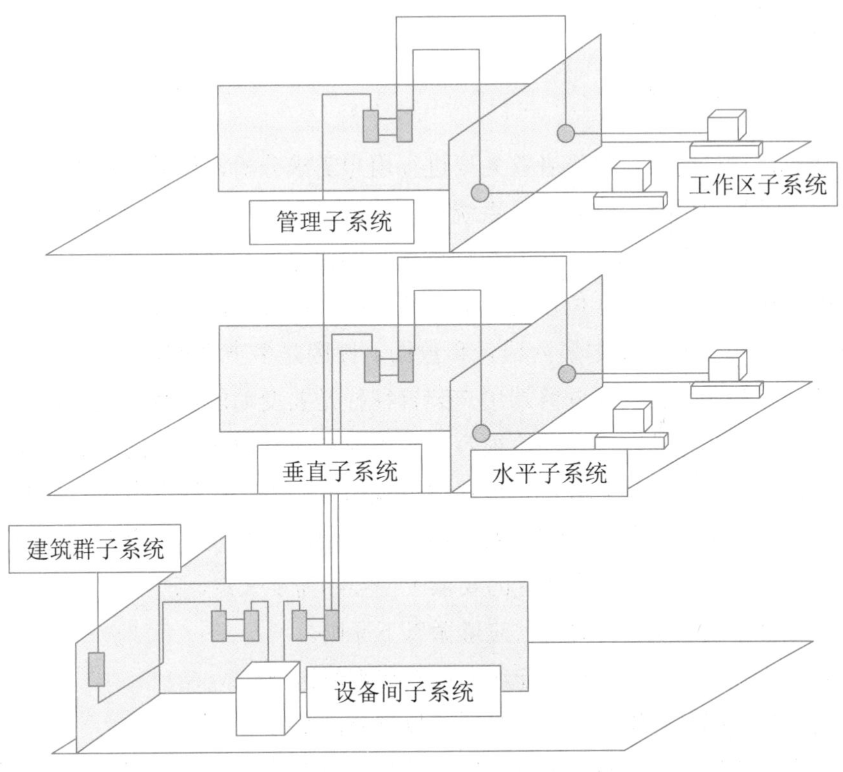


图 2-15　综合布线系统的构成

- 水平子系统（Horizontal Subsystem）：由信息插座、配线电缆或光纤、配线设备和跳线等组成，也称为配线子系统。
- 垂直子系统（Backbone Subsystem）：由配线设备、干线电缆或光纤、跳线等组成，也称为干线子系统。
- 工作区子系统（Work Area Subsystem）：由终端设备连接信息插座的连线与连接部件（设备）组成。
- 管理子系统（Administration Subsystem）：是针对设备间、交接间、工作区的配线设备、缆线、信息插座等设施进行管理的系统。
- 设备间子系统（Equipment Room Subsystem）：是安装各种设备的场所，对综合布线而言，还包括安装的配线设备。
- 建筑群子系统（Campus Subsystem）：由配线设备、建筑物之间的干线电缆或光纤、跳线等组成。

## 2.3.2 综合布线系统设计

### 1. 系统设计原则

与其他系统设计一样，设计者首先要进行用户需求分析，然后根据需求分析进行方案设计。但需要指出的是，综合布线系统理论上可以容纳话音，包括电话、传真、音响（广播）；数据包括计算机信号、公共数据信息；图像包括各种电视信号、监视信号；控制包括温度、压力、流量、水位以及烟雾等各类控制信号。但在实际工程中，至少在目前技术条件和工程实际需要中多为话音和数据，原因是多方面的，其中值得注意的是，话音的末端装置和计算机网络的终端用户装置往往是要变动的，有的是经常变动的，因此采用综合布线系统及其跳选功能，很容易在不改动原有敷线条件的情况下满足用户的需求。此外，本来可用同轴电缆可靠地传输电视信号，若改用综合布线，则要增设昂贵的转换器。对消防报警信号，用普通双绞线已达到要求，若改用综合布线，经过配线架再次终接，也无此必要。因此集成化的要求应视实际需要来定。

在进行综合布线系统设计时通常应遵循以下原则。

（1）采用模块化设计，易于在配线上扩充和重新组合。

（2）采用星形拓扑结构，使系统扩充和故障分析变得十分简易。

（3）应满足通信自动化与办公自动化的需要，即满足话音与数据网络的广泛要求。

（4）确保任何插座互连主网络，尽量提供多个冗余互连信息点插座。

（5）适应各种符合标准的品牌设备互连入网，满足当前和将来网络的要求。

（6）电缆的敷设与管理应符合综合布线系统设计要求。

### 2. 工作区子系统设计

根据综合布线设计规范的工程经验，并结合用户的实际建筑情况，除去走廊、过道等区域，考虑建筑面积的70%为实际办公面积，办公区每8～10m$^2$设置一个双孔信息出口，可配一部电话、一台计算机。信息插座通常可有如下所述3种安装形式。

（1）信息插座安装于地面上。要求安装于地面的金属底盒应当是密封的，防水、防尘，并可带有升降的功能。此方法设计安装造价较高，并且由于事先无法预知工作人员的办公位置，也不知分隔板的确切位置，因此灵活性不是很好。

（2）信息插座安装于分隔板上。此方法适于分隔板位置确定的情况下，安装造价较为便宜。

（3）信息插座安装于墙上。此方法在分隔板位置未确定情况下，可沿大开间四周的墙面每隔一定距离均匀地安装 RJ-45 埋入式插座。此方法和前两种方式相比，无论在系统造价、移动分隔板的方便性、整洁度方面，还是在安装和维护方面都是很好的。

标准信息插座型号为 RJ-45，采用 8 芯接线，全部按标准制造，符合 ISDN 标准。通常数据和话音均采用 MDVO（多媒介信息）模块式超五类信息插座。在 RJ-45 插座内不仅可以插入数据通信通用的 RJ-45 接头，也可以插入电话机专用的 RJ-12 插头。

### 3. 水平子系统设计

水平子系统将垂直子系统线路延伸到了用户工作区，由工作区的信息插座、信息插座至楼层配线设备（FD）的配线电缆或光纤、楼层配线设备和跳线等组成。该系统从各个子配架子系统出发连向各个工作区的信息插座。水平子系统要求走廊的吊顶上应安装有金属线槽，进入房间时，从线槽引出金属管以埋入方式由墙壁而下到各个信息点。通常水平子系统采用双绞线，在需要时也可采用光纤。根据整个综合布线系统的要求，应在交换间或设备间的配线设备上进行连接。如果采用双绞线，长度不应超过 90m。在保证链路性能的情况下，水平光纤距离可适当加长。信息插座采用 8 位模块式通用插座或光纤插座。配线设备交叉连接的跳线应选用综合布线专用的软跳线，在电话应用时也可选用双芯跳线。

双绞线作为水平子系统的主要组成部分，通常采用管线敷设，一般应达到使用 20 年左右的要求，这也对双绞线的性能和质量提出了更高的要求。所以，应根据具体网络工程合理选择双绞线。比较好的办法是从实际应用出发，考虑未来发展的余地和投资费用，确保安装质量。从实际出发是指要考虑目前用户对网络应用的要求有多高，100Mb/s 以太网是否够用。因为网络的布线系统是一次性长期投资，考虑未来发展是指要考虑网络的应用是否在一段时期内会有对千兆以太网或未来更高速的网络的需求。

就目前而言，进行一个新工程的永久性的综合布线，通常需要在超五类和六类之间选择。超五类系统可以支持千兆以太网的运行，而且不同厂商的超五类系统之间可以互用。六类价格较之超五类更昂贵，但其传输频率却由 100MHz 扩大到 250MHz，显示了线缆频带宽度的增强。目前，六类双绞线已经在少数工程中超前采用。需要注意的是，六类系统是专用的，元件的指标仍在研究之中。各个厂商的元器件都有独特的设计和性能指标，互通的可能性很小。

### 4. 垂直子系统设计

垂直子系统主要用于连接各层配线室，并连接主配线室。垂直子系统要求建筑物竖井中应立有金属线槽，且每隔两米焊一根粗钢筋，以安装和固定垂直子系统的电缆。竖井中的线槽应和各层配线室之间有金属线槽连通。

垂直子系统实现计算机设备、程控交换机（PBX）、控制中心与各管理子系统间的连接，常用介质是大对数双绞线电缆、光纤。其中大对数三类双绞线电缆通常被用作电话及广播信号等低速率的主干传输线缆。五类及以上的双绞线电缆，其特性与水平子系统所用的同类线材的物理特性相同，被用作计算机、视频图像等高速数据应用的主干传输线缆。

在选择主干线缆时应考虑主干线的长度限制，如五类及以上双绞线电缆在应用于100Mb/s的高速网络系统时，电缆长度不宜超过90m。对于距离较长、保密性要求高或对于距离强电磁干扰源较近的场景，需要利用光纤的抗干扰性好的优点，宜选用单模或者多模光缆。在综合布线垂直子系统中，语音上常采用的是100Ω大对数电缆，数据上采用的是62.5/125μm多模光纤或8.3/125μm单模光纤。

#### 5. 管理子系统设计

管理子系统由交连、互连配线架组成，为连接其他子系统提供连接手段。交连和互连允许将通信线路定位或重定位到建筑物的不同部分，以便能更容易地管理通信线路，并且在移动终端设备时能方便地进行插拔。

分配线间是各管理子系统的安装场所，分配线间可位于大楼的某一层或以多层共用一个配线间的方式分布，用于将连接至工作区的水平线缆与自设备间引出的垂直线缆相连接。

对于信息点不是很多，使用功能又近似的楼层，为便于管理，可共用一个子配线间；对于信息点较多的楼层，应在该层设立配线室。配线室的位置可选在弱电竖井附近的房间内，用于安装配线架和安装计算机网络通信设备。

通常管理子系统使用墙装式光纤接续装置（光纤配线架），置于各层的配线间内。其上嵌1块6ST耦合器面板，ST接头由陶瓷材料制成，最大信号衰减量小于0.2dB。光纤接续装置将自设备间引出的光纤引入，通过光纤跳线与网络设备相连，由网络设备上的UTP端口经UTP跳线与配线架（置于19英寸机柜中）相连。

#### 6. 设备间子系统设计

设备间子系统（主配线间）由设备间中的电缆、连接器和相关支撑硬件组成，它把公共系统设备的各种不同设备互连起来。该子系统将中继线交叉连接处和布线交叉处与公共系统设备（如PBX）连接起来。

通常主配线架设置在程控机房内，用于垂直干缆和PABX的连接，建议采用

QCBIX 系列配线架，可充分满足话音通信的要求。通常计算机网络主配线架设在网管中心，使用光纤配线架，端接来自各分配线间的光纤，并通过光纤跳线和计算机网络中心交换机相连。光纤配线架采用 24/48 口配线箱，适用于光纤数量多、密度大的场合，可直接安装在标准的 19 英寸机柜内，用于主干光纤和网络设备的连接，十分易于管理。

按照标准的设计要求，设备间，尤其是要集中放置设备的设备间，应尽量满足如下要求。

（1）将服务电梯安排在设备间附近，以便装运笨重的设备。

（2）室温应保持在 18 ～ 27℃，相对湿度保持在 30% ～ 55%。

（3）保持室内无尘或少尘，通风良好，亮度至少达 30lx。

（4）安装合适的消防系统（如采用湿型消防系统，不要把喷头直接对准电气设备）。使用防火门，使用至少能耐火 1 小时的防火墙和阻燃漆。

（5）提供合适的门锁，至少要留有一扇窗户做安全出口。

（6）尽量远离存放危险物品的场所和电磁干扰源（如发射机和电动机）。

（7）设备间的地板负重能力至少应为 500kg/m$^2$。

（8）标准的天花板高度为 240cm，门的大小至少为 210cm×150cm，向外开。

（9）在设备间尽量将设备机柜放在靠近竖井的位置，在柜子上方应装有通风口用于设备通风。

（10）在配线间内应至少留有两个专用的 220V/10A 单相三极电源插座。如果需要在配线间内放置网络设备，则还应根据放置设备的供电需求配有另外的 220V/10A 专用线路，此线路不应与其他大型设备并联，并且最好先连接到 UPS，以确保对设备的供电及电源的质量。

#### 7. 建筑群子系统设计

建筑群子系统由连接各建筑物之间的综合布线缆线、建筑群配线设备（CD）和跳线等组成。建筑物之间的缆线宜采用地下管道或电缆沟的敷设方式。建筑物群干线电缆、光纤、公用网和专用网电缆、光纤（包括天线馈线）进入建筑物时，都应设置引入设备，并在适当位置终端转换为室内电缆、光纤。引入设备还包括必要的保护装置。引入设备宜单独设置房间，如条件合适也可与 BD 或 CD 合设。建筑群和建筑物的干线电缆、主干光纤布线的交接不应多于两次。从楼层配线架（FD）到建筑群配线架（CD）之间只应通过一个建筑物配线架（BD）。

### 8. 管线设计

在综合布线系统中，管线设计通常有两种方案，一种是用于墙上型信息出口的，采用走吊顶的装配式槽形电缆桥架的方案，这种方式适用于大型建筑物，为水平子系统提供机械保护和支持；另一种是用于地面型信息出口的地面线槽走线方式，这种方式适用于大开间的办公间，有大量地面型信息出口的情况。

1）装配式槽形电缆桥架

装配式槽形电缆桥架是一种闭合式的金属托架，安装在吊顶内，从弱电井引向各个设有信息点的房间，再由预埋在墙内的不同规格的铁管将线路引到墙上的暗装铁盒内。

线槽的材料为冷轧合金板，表面可进行相应处理，如镀锌、喷塑、烤漆等。线槽可以根据情况选用不同的规格。根据项目的需要，选择的是两种规格的线槽，分别是容积为 100(B)×50(H)$mm^2$、长度为 2m、重量为 3.67kg/m 的槽体配以上盖板宽为 100mm、长为 2m、重量为 2.20kg/m 的线槽，和容积为 50(B)×50(H)$mm^2$、长度为 2m、重量为 1.91kg/m 的槽体配以上盖板宽为 50mm、长度为 2m、重量为 0.87kg/m 的线槽。为保证线缆的转弯半径，线槽须配以相应规格的分支辅件，以提供线路路由的弯转自如。

同时为确保线路的安全，应使槽体有良好的接地端。金属线槽、金属软管、电缆桥架及各分配线箱均需整体连接，然后接地。如果不能确定信息出口的准确位置，拉线时可先将线缆盘在吊顶内的出线口，待具体位置确定后，再引到各信息出口。

2）地面线槽走线

地面线槽走线方式通常先在地面垫层中预埋金属线槽，主线槽从弱电井引出，沿走廊引向各方向，到达设有信息点的各房间时，再用支线槽引向房间内的各信息点出线口。强电线路可以与弱电线路平行配置，但需分隔于不同的线槽中。这样可以向每一个用户提供一个包括数据、语音、不间断电源、照明电源出口的集成面板，真正做到在一个清洁的环境下实现办公室自动化。

由于地面垫层中可能会有消防等其他系统的线路，所以必须与建筑设计单位和建筑施工单位一起，综合各系统的实际情况，完成地面线槽路由部分的设计。另外，地面线槽也需整体连接，然后接地。

按照标准的线槽设计方法，应根据水平线的外径来确定线槽的横截面积，即：

线槽的横截面积 = 水平线截面积之和 ×3

### 9. 电气防护、接地及防火设计

综合布线系统应根据环境条件选用相应的缆线和配线设备，或采取防护措施，并应符合下列规定。

（1）当综合布线区域内存在干扰或用户对电磁兼容性有较高要求时，宜采用屏蔽缆线和屏蔽配线设备进行布线，也可采用光纤系统。采用屏蔽布线系统时，所有屏蔽层应保持连续性。

（2）综合布线系统采用屏蔽措施时，必须有良好的接地系统。保护地线的接地电阻值，单独设置接地体时，不应大于 4Ω；采用接地体时，不应大于 1Ω。采用屏蔽布线系统时，屏蔽层的配线设备（FD 或 BD）端必须良好接地，用户（终端设备）端视具体情况接地，两端的接地应连接至同一接地体。若接地系统中存在两个不同的接地体，其接地电位差不应大于 1Vr.m.s。每一楼层的配线柜都应采用适当截面的铜导线单独布线至接地体，也可采用竖井内集中用铜排或粗铜线引到接地体，导线或铜导体的截面应符合标准。接地导线应接成树状结构的接地网，避免构成直流环路。

（3）当电缆从建筑物外面进入建筑物内部时，电缆的金属护套或光纤的金属件均应有良好的接地，同时要采用过压、过流保护措施，并符合相关规定。

（4）根据建筑物的防火等级和对材料的耐火要求，综合布线应采取相应的措施。在易燃的区域和大楼竖井内布放电缆或光纤，应采用阻燃的电缆和光纤；在大型公共场所宜采用阻燃、低燃、低毒的电缆或光纤；相邻的设备间或交换间应采用阻燃型配线设备。

（5）当综合布线路由上存在干扰源，且不能满足最小净距要求时，宜采用金属管线进行屏蔽。综合布线电缆与附近可能产生高频电磁干扰的电动机、电力变压器等电气设备之间应保持必要的间距。综合布线电缆与电力电缆的间距应符合表 2-4 的规定。墙上敷设的综合布线电缆、光纤及管线与其他管线的间距应符合表 2-5 的规定。

**表 2-4　综合布线电缆与电力电缆的间距**

| 类　别 | 与综合布线接近状况 | 最小净距 /mm |
|---|---|---|
| 380V 电力电缆 <2kV·A | 与缆线平行敷设 | 130 |
| | 有一方在接地的金属线槽或钢管中 | 70 |
| | 双方都在接地的金属线槽或钢管中 | 10 |
| 380V 电力电缆 2~5kV·A | 与缆线平行敷设 | 300 |
| | 有一方在接地的金属线槽或钢管中 | 150 |
| | 双方都在接地的金属线槽或钢管中 | 80 |
| 380V 电力电缆 >5kV·A | 与缆线平行敷设 | 600 |
| | 有一方在接地的金属线槽或钢管中 | 300 |
| | 双方都在接地的金属线槽钢管中 | 150 |

表 2-5 墙上敷设的综合布线电缆、光纤及管线与其他管线的间距

| 其他管线 | 最小平行净距 /mm | 最小交叉净距 /mm |
|---|---|---|
| | 电缆、光纤或管线 | 电缆、光纤或管线 |
| 避雷引下线 | 1000 | 300 |
| 保护地线 | 50 | 20 |
| 给水管 | 150 | 20 |
| 压缩空气管 | 150 | 20 |
| 热力管（不包封） | 500 | 500 |
| 热力管（包封） | 300 | 300 |
| 煤气管 | 300 | 20 |

### 2.3.3 综合布线系统的性能指标及测试

综合布线作为网络中最基本、最重要的组成部分，它是连接每一台服务器和工作站的纽带，作为传输高速数据的介质，综合布线系统对线缆的要求较严格，一旦线缆产生故障，严重时可导致整个网络系统瘫痪。一个布线系统的传输性能是由多种因素决定的，包括线缆特性、连接硬件、跳线、整体回路连接数目以及设计和安装质量。即使线缆和连接硬件都符合国际标准，由于在布线系统的设计和安装过程中加入了许多人为因素，所以必须对整个布线系统进行全面测试，以证明布线系统的安装是合格的。

#### 1. 双绞线系统的测试元素及标准

通常，双绞线系统的测试指标主要集中在链路传输的最大衰减值和近端串音衰减等参数上。链路传输的最大衰减值是由于集肤效应、绝缘损耗、阻抗不匹配、连接电阻等因素，造成信号沿链路传输损失的能量。电磁波从一个传输回路（主串回路）串入另一个传输回路（被串回路）的现象称为串音，能量从主串回路串入回路时的衰减程度称为串音衰减。在 UTP 布线系统中，近端串音为主要的影响因素。

下面给出双绞线系统的几个主要测试元素及标准。需要指出的是，表中数值为通道回路总长度为 100m 以内、基本回路总长度为 94m 以内、测试温度为 20℃下的标准值。

1）链路传输的最大衰减限值

综合布线系统链路传输的最大衰减限值，包括配线电缆和两端的连接硬件、跳线在内，应符合表 2-6 的规定。

表 2-6　链路传输的最大衰减限值

| 频　率 /MHz | 最大衰减值 /dB | | | |
|---|---|---|---|---|
| | A 级 | B 级 | C 级 | D 级 |
| 0.1 | 16 | 5.5 | — | — |
| 1 | — | 5.8 | 3.7 | 2.5 |
| 4 | — | — | 6.6 | 4.8 |
| 10 | — | — | 10.7 | 7.5 |
| 16 | — | — | 14 | 9.4 |
| 20 | — | — | — | 10.5 |
| 31.25 | — | — | — | 13.1 |
| 62.5 | — | — | — | 18.4 |
| 100 | — | — | — | 23.2 |

2）近端串音（NEST）衰减限值

综合布线系统任意两线之间的近端串音衰减限值，包括配线电缆和两端的连接硬件、跳线、设备和工作区连接电缆在内（但不包括设备连接器），应符合表 2-7 的规定。

表 2-7　线对间最小近端串音衰减限值

| 频　率 /MHz | 最大衰减值 /dB | | | |
|---|---|---|---|---|
| | A 级 | B 级 | C 级 | D 级 |
| 0.1 | 27 | 40 | — | — |
| 1 | — | 25 | 39 | 54 |
| 4 | — | — | 29 | 45 |
| 10 | — | — | 23 | 39 |
| 16 | — | — | 19 | 36 |
| 20 | — | — | — | 35 |
| 31.25 | — | — | — | 32 |
| 62.5 | — | — | — | 27 |
| 100 | — | — | — | 24 |

3）回波损耗限值

综合布线系统中任一电缆接口处的回波损耗限值应符合表 2-8 的规定。

表 2-8　电缆接口处最小回波损耗限值

| 频　率 /MHz | 最小回波损耗值 | |
|---|---|---|
| | C 级 | D 级 |
| $10 \leqslant f<16$ | 15 | 15 |
| $16 \leqslant f<20$ | | 15 |
| $20 \leqslant f<100$ | | 10 |

### 2. 光纤布线系统的测试元素及标准

在光纤系统的实施过程中涉及光纤敷设、光纤的弯曲半径、光纤的熔接与跳线，加之设计方法及物理布线结构的不同，会导致两个网络设备间的光纤路径上光信号的传输衰减有很大不同。虽然光纤的种类较多，但光纤及其传输系统的基本测试方法大体相同，所使用的测试仪器也基本相同。对磨接后的光纤或光纤传输系统，必须进行光纤特性测试，使之符合光纤传输通道测试标准。基本的测试内容如下。

1）波长窗口参数

综合布线系统光纤波长窗口的各项参数应符合表 2-9 的规定。

**表 2-9　光纤波长窗口参数**

| 光纤模式 | 波长下限 /nm | 波长上限 /nm | 基准试验波长 /nm | 谱线最大宽度 /nm |
|---|---|---|---|---|
| 多模 | 790 | 910 | 850 | 50 |
| 多模 | 1285 | 1330 | 1300 | 150 |
| 单模 | 1288 | 1339 | 1310 | 10 |
| 单模 | 1525 | 1575 | 1550 | 10 |

2）光纤布线链路的最大衰减限值

综合布线系统的光纤布线链路的衰减限值应符合表 2-10 的规定。

**表 2-10　光纤布线链路的最大衰减限值**

| 应用类别 | 链路长度 /m | 多模衰减值 /dB | | 单模衰减值 /dB | |
|---|---|---|---|---|---|
| | | 标称波长 850/nm | 标称波长 1300/nm | 标称波长 1310/nm | 标称波长 1550/nm |
| 水平子系统 | 100 | 2.5 | 2.2 | 2.2 | 2.2 |
| 垂直子系统 | 500 | 3.9 | 2.6 | 2.7 | 2.7 |
| 建筑群子系统 | 1500 | 7.4 | 3.6 | 3.6 | 3.6 |

3）光回波损耗限值

综合布线系统光纤布线链路任一接口的光回波损耗限值应符合表 2-11 的规定。

**表 2-11　最小光回波损耗限值**

| 光纤模式 | 标称波长 /nm | 最小的光回波损耗限值 /dB |
|---|---|---|
| 多模 | 850 | 20 |
| 多模 | 1300 | 20 |
| 单模 | 1310 | 26 |
| 单模 | 1550 | 26 |

### 3. 测试环境

为了保证布线系统测试数据准确可靠，对测试环境有着严格的规定。

1）测试条件

综合布线最小模式带宽测试现场应无产生严重电火花的电焊、电钻和产生强磁干扰的设备作业，被测综合布线系统必须是无源网络、无源通信设备。

2）测试温度

综合布线测试现场温度在 20 ～ 30℃，湿度宜在 30% ～ 80%，由于衰减指标的测试受测试环境温度影响较大，当测试环境温度超出上述范围时，需要按照有关规定对测试标准和测试数据进行修正。

3）测试仪表

按时域原理设计的测试仪均可用于综合布线现场测试，但测试仪的测量扫描步长要满足近端串扰指标测量精度的基本保证，能够在 0 ～ 250MHz 频率范围内提供各测试参数的标称值和阈值曲线，具有自动、连续、单项选择测试的功能。每测试一条链路，时间不应大于 25s，且每条链路应具有一定的故障定位诊断能力。

### 4. 测试流程

在开始测试之前，应该认真了解布线系统的特点、用途以及信息点的分布情况，确定测试标准。选定测试仪后按以下程序进行测试。

（1）测试仪测试前自检，确认仪表是正常的。

（2）选择测试了解方式。

（3）选择设置线缆类型及测试标准。

（4）NVP（额定传输速率）值核准，核准 NVP 值使用的线缆长度不短于 15m。

（5）设置测试环境湿度。

（6）根据要求选择“自动测试”或“单项测试”。

（7）测试后存储数据并打印。

（8）发生问题修复后复测。

（9）测试中出现“失败”查找故障。

## 2.4 交换机基本配置

### 2.4.1 交换机

不同厂家生产的不同型号的交换机，其具体的配置命令和方法是有差别的。不过配置的原理基本都是相同的，下面主要以华为 S 系列交换机为例介绍交换机配置的基本技术和技能。

#### 1. 电缆连接及终端配置

如图 2-16 所示，接好 PC 和交换机各自的电源线，在未开机的条件下，把 PC 的串口 1（COM1）通过控制台电缆与交换机的 Console 端口相连，即可完成设备的连接工作。

交换机 Console 端口的默认参数如下。

- 端口速率：9600b/s。
- 数据位：8。
- 奇偶校验：无。
- 停止位：1。
- 流控：无。

在配置 PC 的仿真终端时只需将端口属性的配置和上述参数相匹配，就可以成功地访问到交换机。如图 2-17 所示为以 Windows 环境下的终端仿真软件 Hyper Terminal 为例配置 COM 端口属性窗口。

图 2-16 仿真终端与交换机的连接

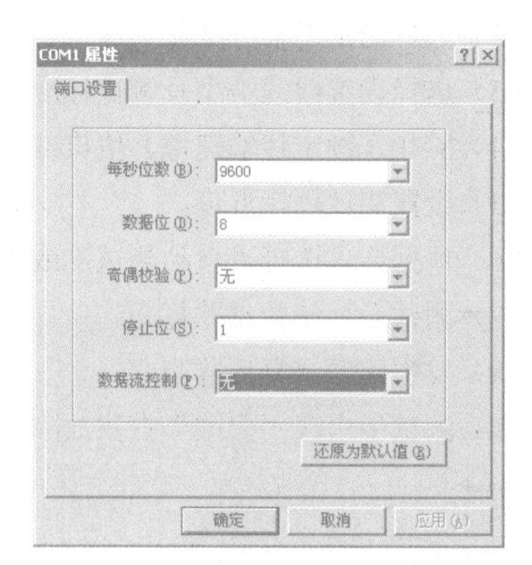


图 2-17 仿真终端端口参数配置

在连接好线路，配置好终端仿真软件后，就可以打开交换机，此时终端窗口就会显示交换机的启动信息，显示交换机的硬件结构和软件加载过程，直到出现如下信息，提示用户设置登录密码。

```
Please configure the login password (8-16)
Enter Password:
Confirm Password:
```

完成 Console 登录密码设置后，用户便可以配置和使用交换机。

### 2. Web 配置

在默认出厂状态下，将 PC 的 IP 地址配成 192.168.1.2 或者同网段的其他地址，用网线将 PC 与交换机的任意以太网端口连接。在 PC 的浏览器地址栏输入 https://192.168.1.253，登录交换机的网管界面，输入默认用户名 admin 和密码 admin@huawei.com，首次登录需要修改密码。随后如图 2-18 所示显示交换机的 Web 网管配置界面。

图 2-18　Web 网管配置界面

### 3. 交换机的命令视图

在进行交换机的配置之前，需要了解交换机的基本配置模式。常见的交换机命令视图有用户视图、系统视图、以太网端口视图、VLAN 视图、VLAN 接口视图、用户界面视图等，几种视图的配置是递进关系。

（1）用户视图。在交换机正常启动后，用户使用终端仿真软件或Telnet登录交换机，可自动进入用户配置模式。在用户视图下，可以查看交换机的简单运行状态和统计信息，其命令状态如下。

```
<Switch>
```

（2）系统视图。系统视图主要用于配置交换机的系统参数，在用户视图下，输入以下命令进入系统视图。

```
<Switch>system-view
[Switch]
```

（3）以太网端口视图。以太网端口视图用于配置以太网网端口参数，在系统视图下，输入以下命令进入以太网端口视图。

```
[Switch] interface GigabitEthernet0/0/1
[Switch-GigabitEthernet0/0/1]
```

（4）VLAN视图。VLAN视图用于配置VLAN参数，在系统视图下，输入以下命令进入VLAN视图。

```
[Switch]VLAN 1
[Switch-VLAN1]
```

（5）VLAN接口视图。VLAN接口视图用于配置VLAN和VLAN汇聚对应的IP接口参数，在系统视图下，输入以下命令进入接口视图。

```
[Switch] interface VLANif 1
[Switch-VLANif1]
```

（6）用户界面视图。用户界面视图用于配置登录用户参数，在系统视图下，输入以下命令进入用户界面视图。

```
[Switch]user- interface vty 0 4
[Switch-ui-vty0-4]
```

#### 4. 交换机的基本配置

在默认配置下，所有接口处于可用状态，并且都属于VLAN 1，这种情况下交换机就可以正常工作了。但为了方便管理和使用，首先应对交换机做基本的配置。

（1）配置交换机的设备名称、管理 VLAN 和 Telnet。

```
<HUAWEI>                                    //用户视图提示符
<HUAWEI>system-view                         //进入系统视图
[HUAWEI] sysname Switch1                    //修改设备名称为Switch 1
[Switch1] VLAN 5                            //创建交换机管理VLAN 5
[Switch1-VLAN5] management-VLAN
[Switch1-VLAN5] quit
[Switch1] interface VLANif 5                //创建交换机管理VLAN的VLANIF接口
[Switch1-VLANif5] ip address 10.10.1.1 24   //配置VLANIF接口IP地址
[Switch1-VLANif5] quit
[Switch1] telnet server enable              //Telnet默认是关闭的，需要打开
[Switch1] user-interface vty 0 4            //开启VTY线路模式
[Switch1-ui-vty0-4] protocol inbound telnet //配置Telnet协议
[Switch1-ui-vty0-4] authentication-mode aaa //配置认证方式
[Switch1-ui-vty0-4] quit
[Switch1] aaa
[Switch1-aaa] local-user admin password irreversible-cipher Hello@123
//配置用户名和密码，用户名不区分大小写，密码区分大小写
[Switch1-aaa] local-user admin privilege level 15  //将管理员的账号权限设
置为15（最高）
[Switch1-aaa]quit
[Switch1]quit
< Switch1>save                              //在用户视图下保存配置
```

（2）Telnet 登录到交换机。

```
C:\Documents and Settings\Administrator> telnet 10.10.1.1  //输入交换机
管理IP，并按回车键
Login authentication
Username:admin                              //输入用户名和密码
Password:
Info: The max number of VTY users is 5, and the number
 of current VTY users on line is 1.
     The current login time is 2016-07-03 13:33:18+00:00.
< Switch1>                                  //用户视图命令行提示符
```

（3）配置交换机的接口。交换机默认的接口属性支持一般网络环境下的正常工作，通常不需要配置。端口属性配置的对象主要有接口隔离、速率、双工等信息。

# 配置接口 GE1/0/1 和 GE1/0/2 的端口隔离功能，实现两个接口之间的二层数据隔离，三层数据互通。

```
< Switch1> system-view
[Switch1] port-isolate mode l2
[Switch1] interface gigabitethernet 1/0/1
[Switch1-GigabitEthernet1/0/1] port-isolate enable group 1
[Switch1-GigabitEthernet1/0/1] quit
[Switch1] interface gigabitethernet 1/0/2
[Switch1-GigabitEthernet1/0/2] port-isolate enable group 1
[Switch1-GigabitEthernet1/0/2] quit
```

# 配置以太网接口 GE0/0/1 在自协商模式下协商速率为 100Mb/s。

```
< Switch1> system-view
[Switch1] interface gigabitethernet 0/0/1
[Switch1-GigabitEthernet0/0/1] negotiation auto
[Switch1-GigabitEthernet0/0/1] auto speed 100
```

# 配置以太网接口 GE0/0/1 在自协商模式下双工模式为全双工模式。

```
< Switch1> system-view
[Switch1] interface gigabitethernet 0/0/1
[Switch1-GigabitEthernet0/0/1] negotiation auto
```

（4）查看和配置 MAC 地址表。交换机通过学习网络中设备的 MAC 地址，并将学习得到的 MAC 地址存放在缓存中。

MAC 表由多条 MAC 地址表项组成。MAC 地址表项是由 MAC、VLAN 和端口组成，交换机在收到数据帧时，会解析出数据帧的源 MAC 地址和 VLANID 并与接收数据帧的端口组合成一条数据表项。MAC 地址表项的查看可以了解交换机运行的状态信息，排查故障。

# 执行命令 display mac-address，查看所有的 MAC 地址表项。

```
< Switch1> display mac-address
-----------------------------------------------------------------------
MAC Address        VLAN/VSI              Learned-From       Type
-----------------------------------------------------------------------
00e0-0900-7890     10/-                       -             blackhole
00e0-0230-1234     20/-                  GE1/0/1            static
0001-0002-0003     30/-                  Eth-Trunk1         dynamic
-----------------------------------------------------------------------
Total items displayed = 3
```

```
# 执行命令 display interface VLANif 5，显示 VLANIF 接口的 MAC 地址。
< Switch1> display interface VLANif 5
VLANif5 current state : DOWN
Line protocol current state : DOWN
Description:
Route Port,The Maximum Transmit Unit is 1500
Internet Address is 192.168.1.1/24
IP Sending Frames' Format is PKTFMT_ETHNT_2, Hardware address is 00e0-
0987-7891
Current system time: 2016-07-03 13:33:09+08:00
    Input bandwidth utilization  : --
    Output bandwidth utilization : --
# 在 MAC 地址表中增加静态 MAC 地址表项，目的 MAC 地址为 0001-0002-0003，VLAN 5 的报文，
从接口 gigabitethernet0/0/5 转发出去。
[Switch1] mac-address static 0001-0002-0003 gigabitethernet 0/0/5 VLAN 5
```

### 2.4.2 配置和管理VLAN

VLAN 技术是交换技术的重要组成部分，也是交换机配置的基础。它用于把物理上直接相连的网络从逻辑上划分为多个子网。每一个 VLAN 对应着一个广播域，处于不同 VLAN 上的主机不能进行通信，不同 VLAN 之间的通信需第三层交换技术才可以解决。对虚拟局域网的配置和管理主要涉及链路和接口类型、GARP（Generic Attribute Registration Protocol）协议和 VLAN 的配置。

为了适应不同网络环境的组网需要，链路类型分为接入链路（Access Link）和干道链路（Trunk Link）两种。接入链路只能承载 1 个 VLAN 的数据帧，用于连接交换机和用户终端；干道链路能承载多个不同 VLAN 的数据帧，用于交换机间的互连或连接交换机与路由器。根据接口连接对象以及对收发数据帧处理的不同，以太网接口分为 Access 接口、Trunk 接口、Hybrid 接口和 QinQ 接口 4 种接口类型，分别用于连接终端用户、交换机与路由器以及 Internet 与企业内网的互联等。

交换机的初始状态是工作在透明模式的，有一个默认的 VLAN 1，所有端口都属于 VLAN 1。

#### 1. 划分 VLAN 的方法

虚拟局域网是交换机的重要功能，通常划分 VLAN 的方式有多种，分别是基于接口、MAC 地址、子网、网络层协议、匹配策略等。

（1）通过接口来划分VLAN。交换机的每个接口配置不同的PVID，当数据帧进入交换机时没有带VLAN标签，该数据帧就会被打上接口指定PVID的Tag并在指定PVID中传输。

（2）通过源MAC地址来划分VLAN。建立MAC地址和VLAN ID映射关系表，当交换机收到的是Untagged帧时，就依据该表给数据帧添加指定VLAN的Tag并在指定VLAN中传输。

（3）通过子网划分VLAN。建立IP地址和VLAN ID映射关系表，当交换机收到的是Untagged帧，就依据该表给数据帧添加指定VLAN的Tag并在指定VLAN中传输。

（4）通过网络层协议划分VLAN。建立以太网帧中协议域和VLAN ID的映射关系表，当收到的是Untagged帧，就依据该表给数据帧添加指定VLAN的Tag并在指定VLAN中传输。

（5）通过策略匹配划分VLAN。这种方式可实现多种组合的划分，包括接口、MAC地址、IP地址等。建立配置策略，当收到的是Untagged帧且匹配配置的策略时，给数据帧添加指定VLAN的Tag并在指定VLAN中传输。

### 2. 配置VLAN举例

在网络中，用于终端与交换机、交换机与交换机、交换机与路由器连接时VLAN的划分方式多种多样，需要灵活运用。下面就接入层交换机基于接口和MAC的VLAN划分举例说明。

```
# 基于接口划分 VLAN
<HUAWEI> system-view                                   // 进入交换机系统视图
[HUAWEI] sysname SwitchA                               // 交换机命名
[SwitchA] VLAN batch 2                                 // 批量方式建立 VLAN 2
[SwitchA] interface gigabitethernet 0/0/1              // 进入交换机接口视图
[SwitchA-GigabitEthernet0/0/1] port link-type access  // 配置接口类型
[SwitchA-GigabitEthernet0/0/1] port default VLAN 2    // 将接口加入 VLAN 2
[SwitchA-GigabitEthernet0/0/1] quit
[SwitchA] interface gigabitethernet 0/0/2               // 在接口视图配置上联接口
[SwitchA-GigabitEthernet0/0/2] port link-type trunk   // 配置上联接口类型
[SwitchA-GigabitEthernet0/0/2] port trunk allow-pass VLAN 2 // 通过 VLAN 2
[SwitchA-GigabitEthernet0/0/2] quit

# 基于 MAC 地址划分 VLAN
<HUAWEI> system-view
[HUAWEI] sysname SwitchA
```

```
[SwitchA] VLAN batch 2
[SwitchA] interface gigabitethernet 0/0/1    //在接口视图配置上联接口
[SwitchA-GigabitEthernet0/0/1] port link-type hybrid  //配置上联接口类型
[SwitchA-GigabitEthernet0/0/1] port hybrid tagged VLAN 2 //通过 VLAN 2
[SwitchA-GigabitEthernet0/0/1] quit
[SwitchA] interface gigabitethernet 0/0/2            //进入交换机接口视图
[SwitchA-GigabitEthernet0/0/2] port link-type hybrid  //配置接口类型
[SwitchA-GigabitEthernet0/0/2] port hybrid untagged VLAN 2 //将接口加入
VLAN 2
[SwitchA-GigabitEthernet0/0/2] quit
[SwitchA] VLAN 2
[SwitchA-VLAN2] mac-VLAN mac-address 22-22-22 //PC 的 MAC 地址与 VLAN 2 关联
[SwitchA-VLAN2] quit
[SwitchA] interface gigabitethernet 0/0/2
[SwitchA-GigabitEthernet0/0/2] mac-VLAN enable //基于 MAC 地址使能接口
[SwitchA-GigabitEthernet0/0/2] quit
```

### 3. 配置 GARP 协议

GARP 协议主要用于建立一种属性传递扩散的机制，以保证协议实体能够注册和注销该属性。简单说就是为了简化网络中配置 VLAN 的操作，通过 GVRP 的 VLAN 自动注册功能将设备上的 VLAN 信息快速复制到整个交换网，减少了手工配置的工作量，保证了 VLAN 配置的正确性。

为了让读者清楚地了解 GVRP 协议的工作情况以及如何来配置 GVRP，这里结合一个综合实例进行说明，拓扑结构如图 2-19 所示。在交换机 A、B 分别配置全局使能 GVRP 功能，使所有子网设备能够互访。

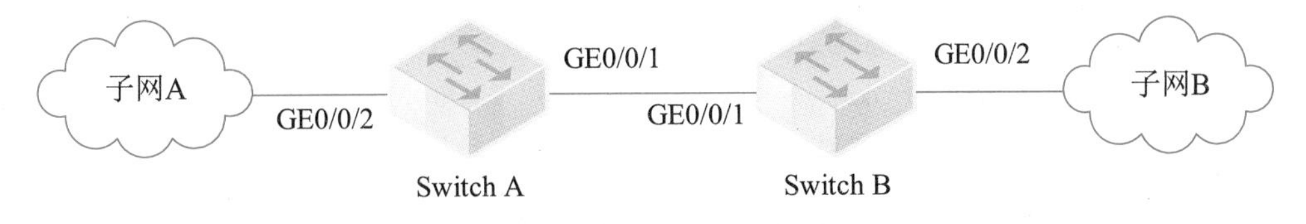


图 2-19　VLAN 拓扑结构图

交换机 A 的配置如下，交换机 B 和交换机 A 的配置相似。

```
# 配置交换机 A，全局使能 GVRP 功能。
<HUAWEI> system-view
[HUAWEI] sysname SwitchA
```

```
[SwitchA] gvrp
```

```
# 配置接口为 Trunk 类型，并允许所有 VLAN 通过。
[SwitchA] interface gigabitethernet 0/0/1
[SwitchA-GigabitEthernet0/0/1] port link-type trunk
[SwitchA-GigabitEthernet0/0/1] port trunk allow-pass VLAN all
[SwitchA-GigabitEthernet0/0/1] quit
[SwitchA] interface gigabitethernet 0/0/2
[SwitchA-GigabitEthernet0/0/2] port link-type trunk
[SwitchA-GigabitEthernet0/0/2] port trunk allow-pass VLAN all
[SwitchA-GigabitEthernet0/0/2] quit
```

```
# 使能接口的 GVRP 功能，并配置接口注册模式。
[SwitchA] interface gigabitethernet 0/0/1
[SwitchA-GigabitEthernet0/0/1] gvrp
[SwitchA-GigabitEthernet0/0/1] gvrp registration normal
[SwitchA-GigabitEthernet0/0/1] quit
[SwitchA] interface gigabitethernet 0/0/2
[SwitchA-GigabitEthernet0/0/2] gvrp
[SwitchA-GigabitEthernet0/0/2] gvrp registration normal
[SwitchA-GigabitEthernet0/0/2] quit
```

配置完成后，在 SwitchA 上使用命令 display gvrp statistics，查看接口的 GVRP 统计信息，其中包括 GVRP 状态、GVRP 注册失败次数、上一个 GVRP 数据单元源 MAC 地址和接口 GVRP 注册类型。

```
[SwitchA] display gvrp statistics
  GVRP statistics on port GigabitEthernet0/0/1
    GVRP status                               : Enabled
    GVRP registrations failed                 : 0
    GVRP last PDU origin                      : 0000-0000-0000
    GVRP registration type                    : Normal

  GVRP statistics on port GigabitEthernet0/0/2
    GVRP status                               : Enabled
    GVRP registrations failed                 : 0
    GVRP last PDU origin                      : 0000-0000-0000
    GVRP registration type                    : Normal
Info: GVRP is disabled on one or multiple ports.
```

# 2.5　路由器基本配置

## 2.5.1　路由器

### 1. 路由器概述

计算机网络中有非常多的主机，这些主机分布在不同的局域网中，如果没有能够连接不同局域网的设备，那么这些主机之间就不可能进行通信。路由器就是这样一种能够将多个局域网相连接的网络设备，如图 2-20 所示。

互联网络中有大量路由器，用来连接各个不同的局域网。路由器可以学习和传播各种路由信息，并根据这些路由信息将网络中的分组转发到正确的网络中。

路由器是工作在 OSI 七层模型第三层（网络层）的设备，其具有局域网和广域网两种接口。它可以作为企业内部网络和 Internet 骨干网络的连接设备来使用。路由器通过路由表为进入路由器的数据分组选择最佳的路径，并将分组传输到适当的出口。

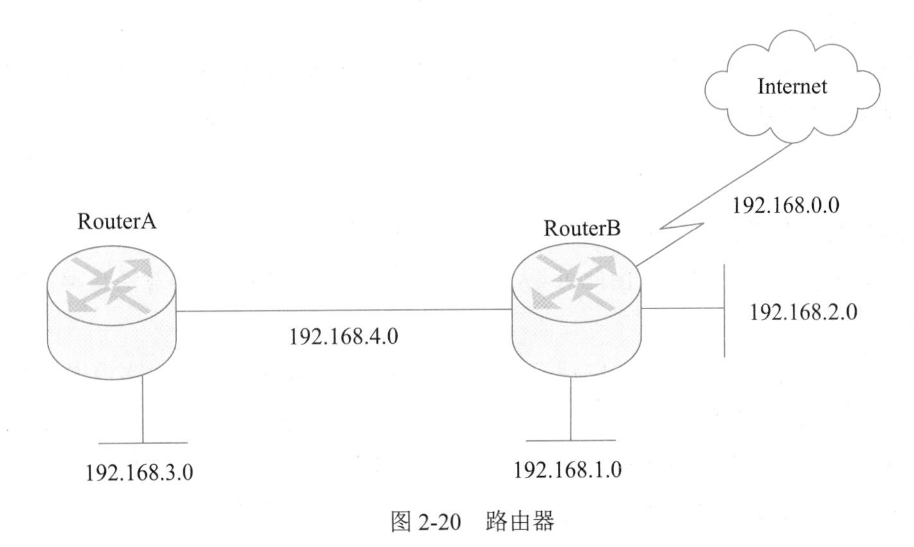


图 2-20　路由器

### 2. 路由器的功能

路由器主要有 3 种功能，即网络互联、网络隔离和流量控制。

1）网络互联

路由器的主要功能是实现网络互联，它主要采用以下技术来实现不同网络之间的数据报文传输。

- 地址映射：地址映射技术可以完成逻辑地址（IP地址）与物理地址（MAC地址）之间的转换，从而完成数据在同一网段内的传输。
- 路由选择：每个路由器都会保持着一个独立的路由表，该路由表根据数据包中的目的IP地址判断该数据包应该送往的下一个路由器的地址。路由表分为静态和动态两种，建立和维护更新路由表是路由器完成路由选择的关键。
- 协议转换：路由器可以连接不同结构的局域网。不同结构的局域网要进行连接，需要连接设备能够实现协议的转换（如IP协议向IPX协议之间的转换）。

2）网络隔离

路由器一方面用来连接各个局域网，保证各个局域网之间的通信，另一方面路由器可以根据数据包的源地址、目的地址、数据包类型等对数据包能否被转发做出适当的判断，从而隔离各个局域网之间不需要传输的数据包。这种隔离能够将各个局域网中的广播风暴隔离在每个局域网之内，防止局域网中的广播风暴影响到整个网络的性能；同时能够保证网络的安全，将不必要的数据流量隔离，以保证网络的安全。

3）流量控制

路由器具有非常好的流量控制能力，它可以利用相应的路由算法来均衡网络负载，从而有效控制网络拥塞，避免因拥塞而导致的网络性能下降。

### 3. 路由表

路由器的主要工作就是为经过路由器的每个数据帧寻找一条最佳传输路径，并将该数据有效地传送到目的站点。由此可见，选择最佳路径的策略即路由算法是路由器的关键所在。

为了完成这项工作，路由器中保存着各种传输路径的相关数据——路由表（Routing Table），供路由选择时使用。打个比方，路由表就像平时使用的地图一样，标识着各种路线，路由表中保存着子网的标志信息、网上路由器的个数和下一个路由器的名字等内容。路由表可以是由系统管理员固定设置好的，也可以由系统动态修改；可以由路由器自动调整，也可以由主机控制。

1）静态路由表

由系统管理员事先设置好的固定的路由表称为静态（static）路由表，一般是在系统安装时就根据网络的配置情况预先设定的，它不会随网络结构的改变而改变。

2）动态路由表

动态（Dynamic）路由表是路由器根据网络系统的运行情况而自动生成的路由表。

路由器根据路由选择协议（Routing Protocol）提供的功能，自动学习和记忆网络运行情况，在需要时自动计算数据传输的最佳路径。

### 4. 路由选择协议

路由选择协议是一种网络层协议，它通过提供一种共享路由选择信息的机制，允许路由器与其他路由器通信以更新和维护自己的路由表，并确定最佳的路由选择路径。通过路由选择协议，路由器可以了解未直接连接的网络的状态，当网络发生变化时，路由表中的信息可以随时更新，以保证网络上的路由选择路径处于可用状态。

路由表由路由协议生成。路由协议根据其生成路由表的方式，可以分为静态路由协议和动态路由协议两种。静态路由协议下的路由信息完全由管理员手动完成，在完成路由表后，除非管理员再次调整路由信息，否则不会发生变化。而动态路由协议可以根据网络的状态变化而不断地调整路由器中的路由表，以使路由表随时保持最新的状态，保证信息包能够顺利转发。

1）静态路由协议

在静态路由协议下，路由信息由管理员配置而成，它适用于小型的局域网络（拥有 5 台以下的路由器）。静态路由协议具有运行速度快、占用资源少、配置方法简单的特点，但是由于静态路由需要管理员手动配置，如果网络中的状态发生变化，需要修改路由信息，那么对于网络管理员来说，工作量将非常大，同时管理和配置的难度也较大。所以，静态路由协议在小型的网络中能够工作得很好，但在较大规模的网络中并不能够很好地运行和维护。

2）动态路由协议

动态路由协议根据路由信息更新方式的不同，可以分为距离矢量路由协议和链路状态路由协议两种。

- 距离矢量（Distance Vector）路由协议采用距离矢量路由选择算法，确定到网络中任一链路的方向（向量）与距离，如 RIP 协议。
- 链路状态（Link State）路由协议创建整个网络的准确拓扑，以计算路由器到其他路由器的最短路径，如 OSPF、IS-IS 等。

## 2.5.2　路由器的配置

### 1. 路由器的基本配置

华为路由器、交换机等数据网络产品都采用通用路由平台（Versatile Routing

Platform，VRP），华为路由器与交换机的命名及操作类似。

以华为AR系列路由器为例，配置路由器的连接方式如图2-21所示，使用专用的配置线缆将路由器的Console端口（配置端口）与计算机的串行口（RS-232接口）相连，然后打开计算机中的仿真终端进行连接。设备默认用户名为admin，密码为Admin@huawei。

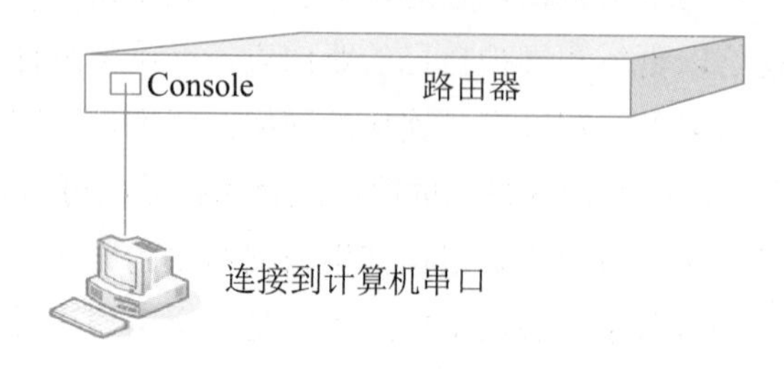


图2-21　Console方式连接路由器

用户通过Console端口配置路由器操作如下。

```
# 设置系统的日期、时间和时区。
<Huawei> clock timezone BJ add 08:00:00
<Huawei> clock datetime 20:10:00 2016-03-16

# 设置设备名称和管理IP地址。
<Huawei> system-view
[Huawei] sysname Router
[Router] interface gigabitethernet 0/0/0
[Router -GigabitEthernet0/0/0] ip address 10.10.1.2  24
[Router -GigabitEthernet0/0/0] quit

# 设置Telnet用户的级别和认证方式。
[Router] telnet server enable
[Router] user-interface vty 0 4
[Router -ui-vty0-4] user privilege level 15
[Router -ui-vty0-4] authentication-mode aaa
[Router -ui-vty0-4] quit
[Router] aaa
[Router -aaa] local-user admin1234 password irreversible-cipher Hello@6789
[Router -aaa] local-user admin1234 privilege level 15
[Router -aaa] local-user admin1234 service-type telnet
[Router -aaa] quit

# 进入Windows的命令行提示符，通过Telnet方式登录设备。
```

```
C:\Documents and Settings\Administrator> telnet 10.10.1.2
```

# 回车后，在登录窗口输入用户名和密码，出现用户视图的命令行提示符。

```
< Router >
```

## 2. 静态路由的配置

通过配置静态路由，用户可以人为地指定对某一网络访问时所要经过的路径，网络结构比较简单，且一般到达某一网络所经过的路径唯一的情况下采用静态路由。下面通过一个实例介绍设置静态路由、查看路由表，理解路由原理及概念。

如图 2-23 所示设计拓扑结构，3 台路由器分别命名为 R1、R2、R3，所使用的接口和相应的 IP 地址分配如图 2-22 所示，其中“/24”与“/30”表示子网掩码为 24 位和 30 位。

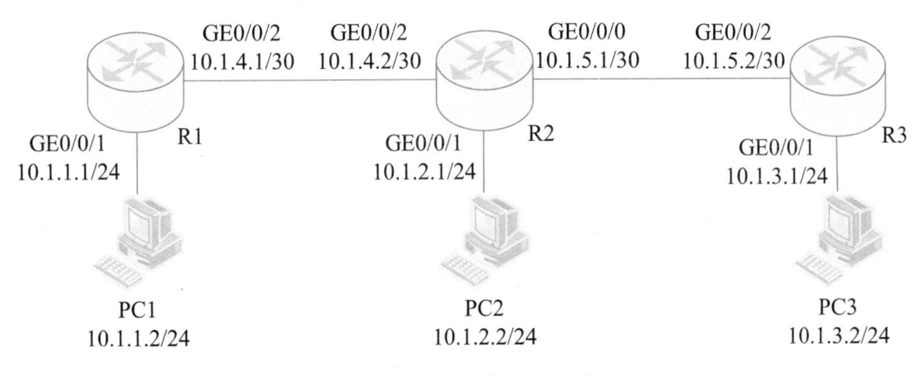


图 2-22　静态路由实例图

路由器 R1 配置文件：

```
#
interface GigabitEthernet0/0/1                  // 接口视图配置 R1 的接口地址
ip address 10.1.1.1 255.255.255.0
#
interface GigabitEthernet0/0/2
ip address 10.1.4.1 255.255.255.252

#
ip route-static 10.1.2.0 255.255.255.0 10.1.4.2   // 系统视图配置 R1 到不同
网段的静态路由
ip route-static 10.1.3.0 255.255.255.0 10.1.4.2
#
```

```
return
```

路由器 R2 配置文件：

```
#
interface GigabitEthernet0/0/1                    // 接口视图配置 R2 的接口地址
ip address 10.1.2.1 255.255.255.0
#
interface GigabitEthernet0/0/2
ip address 10.1.4.2 255.255.255.252
#
interface GigabitEthernet0/0/0
ip address 10.1.5.1 255.255.255.252
#
ip route-static 10.1.1.0 255.255.255.0 10.1.4.1 // 系统视图配置 R2 到不同网段的静态路由
ip route-static 10.1.3.0 255.255.255.0 10.1.5.2
#
return
```

路由器 R3 配置文件：

```
#
interface GigabitEthernet0/0/1                    // 接口视图配置 R3 的接口地址
ip address 10.1.3.1 255.255.255.0
#
interface GigabitEthernet0/0/2
ip address 10.1.5.2 255.255.255.252
#
ip route-static 10.1.1.0 255.255.255.0 10.1.5.1 // 系统视图配置 R3 到不同网段的静态路由
ip route-static 10.1.2.0 255.255.255.0 10.1.5.1
#
return
```

通过路由器中配置静态路由以实现路由器 R1、R2、R3 在 IP 层的相互连通性，也就是要求 PC1、PC2、PC3 之间可以相互 ping 通。

首先在 R1 路由器上查看静态路由表的信息，可以看到两条静态路由信息，下一跳都指向 10.1.4.1。

```
<R1>display ip routing-table protocol static
```

```
Route Flags: R - relay, D - download to fib
------------------------------------------------------------------------------
Public routing table : Static
    Destinations : 2          Routes : 2        Configured Routes : 2
Static routing table status : <Active>
    Destinations : 2          Routes : 2
Destination/Mask    Proto   Pre  Cost Flags NextHop       Interface
    10.1.2.0/24     Static  60   0     RD    10.1.4.2 GigabitEthernet0/0/2
    10.1.3.0/24     Static  60   0     RD    10.1.4.2 GigabitEthernet0/0/2
Static routing table status : <Inactive>
    Destinations : 0        Routes : 0
```

接下来在PC1的命令行ping终端PC2，显示如下，结果验证了PC1到PC2在IP层数据可达，其他PC间测试相似。

```
PC1>ping 10.1.2.2
Ping 10.1.2.2: 32 data bytes, Press Ctrl_C to break
From 10.1.2.2: bytes=32 seq=1 ttl=126 time=16 ms
From 10.1.2.2: bytes=32 seq=2 ttl=126 time=16 ms
From 10.1.2.2: bytes=32 seq=3 ttl=126 time=16 ms
From 10.1.2.2: bytes=32 seq=4 ttl=126 time=16 ms
From 10.1.2.2: bytes=32 seq=5 ttl=126 time=16 ms
--- 10.1.2.2 ping statistics ---
  5 packet (s)  transmitted
  5 packet (s)  received
  0.00% packet loss
  round-trip min/avg/max = 16/16/16 ms
```

### 2.5.3 配置路由协议

本节主要讲述对路由协议的配置。IP路由选择协议用有效、无循环的路由信息填充路由表，从而为数据包在网络之间传递提供了可靠的路径信息。路由选择协议又分为距离矢量、链路状态和平衡混合3种。

- 距离矢量（Distance Vector）路由协议计算网络中所有链路的矢量和距离，并以此为依据确认最佳路径。使用距离矢量路由协议的路由器定期向其相邻的路由器发送全部或部分路由表。典型的距离矢量路由协议是RIP（路由选择信息协议）。
- 链路状态（Link State）路由协议使用为每个路由器创建的拓扑数据库来创建路由表，每个路由器通过此数据库建立一个整个网络的拓扑图。在拓扑图的基础上通过相应的路由算法计算出通往各目标网段的最佳路径，并最终形成路由表。典型的链路状态路由协议是 OSPF（Open Shortest Path First，开放最短路径优先）路由协议。

- 平衡混合（Balanced Hybrid）路由协议结合了链路状态和距离矢量两种协议的优点，此类协议的代表是 BGP（边界网关协议）。

下面将分别讨论如何在路由器中配置 RIP 和 OSPF 动态路由协议。

### 1. 配置 RIP 协议

RIP 是距离矢量路由选择协议的一种。路由器收集所有可到达目的地的不同路径，并且保存有关到达每个目的地的最少站点数的路径信息，除到达目的地的最佳路径外，任何其他信息均予以丢弃。同时，路由器也把所收集的路由信息用 RIP 协议通知相邻的其他路由器。这样，正确的路由信息逐渐扩散到了全网。

RIP 使用非常广泛，它简单、可靠，便于配置。RIP 版本 2 还支持无类别域间路由选择（Classless Inter-Domain Routing，CIDR）、可变长子网掩码（Variable Length Subnet Mask，VLSM）和不连续的子网，并且使用组播地址发送路由信息。但是 RIP 只适用于小型的同构网络，因为它允许的最大跳数为 15，任何超过 15 个站点的目的地均被标记为不可达。RIP 每隔 30s 广播一次路由信息。

假设有图 2-23 所示的网络拓扑结构，试通过配置 RIP 协议使全网连通。

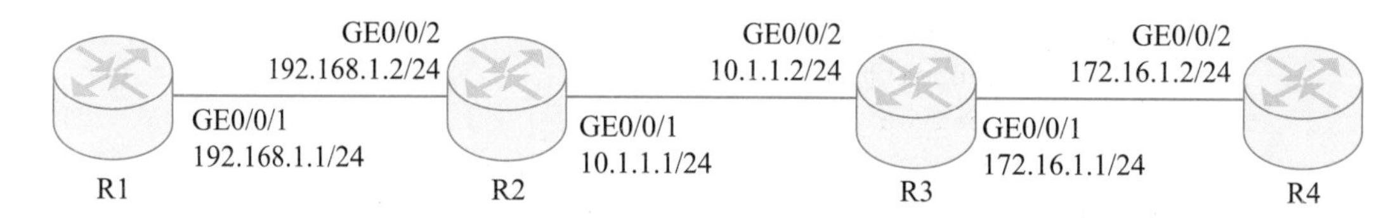


图 2-23 RIP 协议配置拓扑图

```
# 配置路由器 R1 接口的 IP 地址。
[R1] interface gigabitethernet 0/0/1
[R1-GigabitEthernet0/0/1] ip address 192.168.1.1 24
R2、R3 和 R4 的配置与 R1 的配置相似。

# 配置路由器 R1 的 RIP 功能。
[R1] rip
[R1-rip-1] network 192.168.1.0
[R1-rip-1] quit

# 配置路由器 R2 的 RIP 功能。
```

```
[R2] rip
[R2-rip-1] network 192.168.1.0
[R2-rip-1] network 10.0.0.0
[RouterB-rip-1] quit
```

```
# 配置路由器 R3 的 RIP 功能。
[R3] rip
[R3-rip-1] network 10.0.0.0
[R3-rip-1] network 172.16.0.0
[R3-rip-1] quit
```

```
# 配置路由器 R4 的 RIP 功能。
[R4] rip
[R4-rip-1] network 172.16.0.0
[R4-rip-1] quit
```

```
# 查看路由器 R1 的 RIP 路由表。
[R1] display rip 1 route
Route Flags: R - RIP
            A - Aging, S - Suppressed, G - Garbage-collect
-----------------------------------------------------------------------
 Peer 192.168.1.2  on GigabitEthernet0/0/1
      Destination/Mask        Nexthop     Cost  Tag      Flags    Sec
         10.0.0.0/8           192.168.1.2  1     0        RA       1
         172.16.0.0/16        192.168.1.2  2     0        RA       1
```

从路由表中可以看出，RIP-1 发布的路由信息使用的是自然掩码。

分别在路由器 R1、R2、R3、R4 配置 RIP-2，在路由器 R1 上配置如下，其他路由器上配置方法相同。

```
# 在路由器 R1 上配置 RIP-2。
[R1] rip
[R1-rip-1] version 2
[R1-rip-1] quit
```

```
# 查看路由器 R1 的 RIP 路由表。
[R1] display rip 1 route
Route Flags: R - RIP
             A - Aging, S - Suppressed, G - Garbage-collect
-----------------------------------------------------------------------
 Peer 192.168.1.2 on GigabitEthernet0/0/1
```

```
Destination/Mask        Nexthop       Cost   Tag    Flags    Sec
   10.1.1.0/24          192.168.1.2    1      0      RA       4
   172.16.1.0/24        192.168.1.2    2      0      RA       4
```

从路由表中可以看出，RIP-2 发布的路由中带有更为精确的子网掩码信息。

### 2. RIP 与 BFD 联动

双向转发检测（Bidirectional Forwarding Detection，BFD）是一种用于检测邻居路由器之间链路故障的检测机制，它通常与路由协议联动，通过快速感知链路故障并通告使得路由协议能够快速地重新收敛，从而减少由于拓扑变化导致的流量丢失。

假设有图 2-24 所示的网络拓扑结构，在网络中有 4 台路由器通过 RIP 协议实现网络互通。其中业务流量在主链路 R1—R2—R3 进行传输。要求提高从 R1 到 R2 数据转发的可靠性，当主链路发生故障时，业务流量会快速切换到另一条路径进行传输。

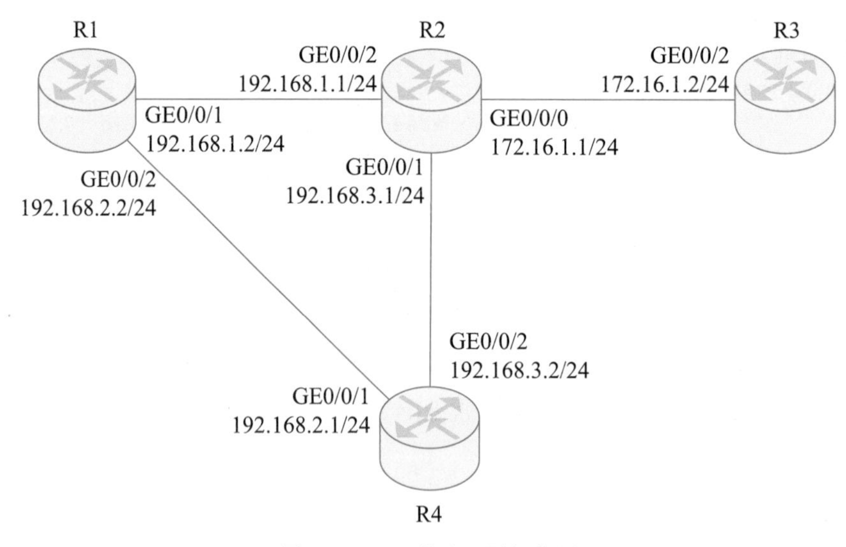


图 2-24　RIP 协议配置拓扑图

```
# 配置路由器 R1 接口的 IP 地址。
[R1] interface gigabitethernet 0/0/1
[R1-GigabitEthernet0/0/1] ip address 192.168.1.2 24
[R1-GigabitEthernet0/0/1] quit
[R1] ] interface gigabitethernet 0/0/2
[R1-GigabitEthernet0/0/2] ip address 192.168.2.2 24
[R1-GigabitEthernet0/0/2] quit
```

```
# 配置路由器 R1 的 RIP 的基本功能。
[R1] rip 1
[R1-rip-1] version 2
[R1-rip-1] network 192.168.1.0
[R1-rip-1] network 192.168.2.0
[R1-rip-1] quit
```

路由器 R2、R3 和 4 的配置与路由器 R1 相似。

```
# 查看路由器 R1、R2 以及路由器 R4 之间已经建立的邻居关系，以路由器 R1 的显示为例。
[R1]dis rip 1 neighbor
---------------------------------------------------------------------------
 IP Address      Interface                   Type   Last-Heard-Time
---------------------------------------------------------------------------
 192.168.1.1     GigabitEthernet0/0/1          RIP    0:0:20
 Number of RIP routes  : 1
 192.168.2.1     GigabitEthernet0/0/2          RIP    0:0:12
 Number of RIP routes  : 1
```

```
# 查看完成配置的路由器之间互相引入的路由信息，以路由器 R1 的显示为例。
Route Flags: R - relay, D - download to fib
---------------------------------------------------------------------------
Routing Tables: Public
         Destinations : 12        Routes : 13
Destination/Mask    Proto  Pre  Cost  Flags NextHop   Interface
      127.0.0.0/8   Direct 0    0     D  127.0.0.1   InLoopBack0
      127.0.0.1/32  Direct 0    0     D  127.0.0.1   InLoopBack0
127.255.255.255/32  Direct 0    0     D  127.0.0.1   InLoopBack0
     172.16.1.0/24  RIP    100  1     D  192.168.1.1 GigabitEthernet0/0/1
    192.168.1.0/24  Direct 0    0     D  192.168.1.2 GigabitEthernet0/0/1
    192.168.1.2/32  Direct 0    0     D  127.0.0.1   GigabitEthernet0/0/1
  192.168.1.255/32  Direct 0    0     D  127.0.0.1   GigabitEthernet0/0/1
    192.168.2.0/24  Direct 0    0     D  192.168.2.2 GigabitEthernet0/0/2
    192.168.2.2/32  Direct 0    0     D  127.0.0.1   GigabitEthernet0/0/2
  192.168.2.255/32  Direct 0    0     D  127.0.0.1   GigabitEthernet0/0/2
    192.168.3.0/24  RIP    100  1     D  192.168.1.1 GigabitEthernet0/0/1
                    RIP    100  1     D  192.168.2.1 GigabitEthernet0/0/2
255.255.255.255/32  Direct 0    0     D  127.0.0.1   InLoopBack0
```

由路由表可以看出，去往目的地 172.16.1.0/24 的下一跳地址是 192.168.1.1，出接口是 GigabitEthernet0/0/1，流量在主链路路由器 R1—R2 上进行传输。

```
# 配置路由器 R1 上所有接口的 BFD 特性。
[R1] bfd
[R1-bfd] quit
[R1] rip 1
[R1-rip-1] bfd all-interfaces enable   // 启用 bfd 功能，并配置最小发送、时间间隔和检测时间倍数等。
[R1-rip-1] bfd all-interfaces min-rx-interval 100 min-tx-interval 100 detect-multiplier 10
[R1-rip-1] quit
```

R2 的配置与此相似。

完成上述配置之后，在路由器 R1 上执行命令 display rip bfd session，看到路由器 R1 与 R2 之间已经建立起 BFD 会话，BFDState 字段显示为 Up，以路由器 R1 的显示为例。

```
[R1]dis rip 1 bfd session all
 LocalIp      :192.168.1.2  RemoteIp     :192.168.1.1   BFDState   :Up
 TX             :100          RX           :100           Multiplier:10
 BFD Local Dis :8192         Interface    :GigabitEthernet0/0/1
 Diagnostic Info:No diagnostic information
 LocalIp      :192.168.2.2  RemoteIp     :192.168.2.1  BFDState   :Down
 TX             :10000        RX           :10000         Multiplier:0
 BFD Local Dis :8193         Interface    :GigabitEthernet0/0/2
 Diagnostic Info:No diagnostic information
```

通过以下步骤验证配置结果。

```
# 在路由器 R2 的接口 GigabitEthernet0/0/2 上执行 shutdown 命令，模拟链路故障。
[R2] interface gigabitethernet 0/0/2
[R2-GigabitEthernet0/0/2] shutdown
```

```
# 查看 R1 的 BFD 会话信息，可以看到路由器 R1 及 R2 之间不存在 BFD 会话信息。
[R1]dis rip 1 bfd session all
 LocalIp      :192.168.2.2    RemoteIp   :192.168.2.1   BFDState   :Down
 TX           :10000           RX         :10000          Multiplier:0
 BFD Local Dis   :8193       Interface   :GigabitEthernet0/0/2
 Diagnostic Info :No diagnostic information
```

```
# 查看 R1 的路由表。
[R1]dis ip routing-table
Route Flags: R - relay, D - download to fib
```

```
------------------------------------------------------------------------------
Routing Tables: Public
         Destinations : 9        Routes : 9
Destination/Mask    Proto  Pre Cost Flags NextHop  Interface
      127.0.0.0/8   Direct  0   0    D  127.0.0.1   InLoopBack0
      127.0.0.1/32  Direct  0   0    D  127.0.0.1   InLoopBack0
127.255.255.255/32  Direct  0   0    D  127.0.0.1   InLoopBack0
     172.16.1.0/24  RIP     100 2    D  192.168.2.1 GigabitEthernet0/0/2
    192.168.2.0/24  Direct  0   0    D  192.168.2.2 GigabitEthernet0/0/2
    192.168.2.2/32  Direct  0   0    D  127.0.0.1   GigabitEthernet0/0/2
  192.168.2.255/32  Direct  0   0    D  127.0.0.1   GigabitEthernet0/0/2
    192.168.3.0/24  RIP     100 1    D  192.168.2.1 GigabitEthernet0/0/2
255.255.255.255/32  Direct  0   0    D  127.0.0.1   InLoopBack0
```

由路由表可以看出，在主链路发生故障之后，备份链路 R1—R4—R2 被启用，去往 172.16.1.0/24 的路由下一跳地址是 192.168.2.1，出接口为 GigabitEthernet0/0/2。

### 3. 配置 OSPF 协议

开放最短路径优先（Open Shortest Path First，OSPF）协议是重要的路由选择协议。它是一种链路状态路由选择协议，是由 Internet 工程任务组开发的内部网关协议（Interior Gateway Protocol，IGP），用于在单一自治系统（Autonomous System，AS）内决策路由。

链路是路由器接口的另一种说法，因此 OSPF 也称为接口状态路由协议。OSPF 通过路由器之间通告网络接口的状态来建立链路状态数据库，生成最短路径树，每个 OSPF 路由器使用这些最短路径构造路由表。下面分别介绍 OSPF 协议的相关要点。

- 自治系统。自治系统包括一个单独管理实体下所控制的一组路由器，OSPF 是内部网关路由协议，工作于自治系统内部。
- 链路状态。所谓链路状态，是指路由器接口的状态，如 Up、Down、IP 地址、网络类型以及路由器和它邻接路由器间的关系。链路状态信息通过链路状态通告（Link State Advertisement，LSA）扩散到网上的每台路由器。每台路由器根据 LSA 信息建立一个关于网络的拓扑数据库。
- 最短路径优先算法。OSPF 协议使用最短路径优先算法，利用从 LSA 通告得来的信息计算每一个目标网络的最短路径，以自身为根生成一棵树，包含了到达每个目的网络的完整路径。
- 路由标识。OSPF 的路由标识是一个 32 位的数字，它在自治系统中被用来唯一识别路由器。默认使用最高回送地址，若回送地址没有被配置，则使用物理接口上最高的 IP 地址作为路由器标识。

- 邻居和邻接。OSPF 在相邻路由器间建立邻接关系，使它们交换路由信息。邻居是指共享同一网络的路由器，并使用 Hello 包来建立和维护邻居路由器间的关系。
- 区域。OSPF 网络中使用区域（Area）来为自治系统分段。OSPF 是一种层次化的路由选择协议，区域 0 是一个 OSPF 网络中必须具有的区域，也称为主干区域，其他所有区域要求通过区域 0 互连到一起。

下面按照图 2-25 所示的网络拓扑结构图来配置 OSPF 协议。

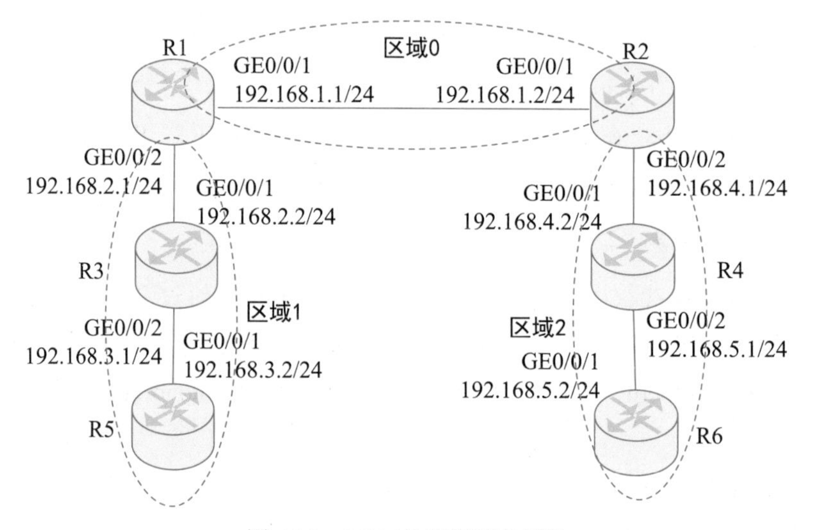


图 2-25　OSPF 协议配置实例图

```
# 配置 R1 路由器接口的 IP 地址。
<Huawei> system-view
[Huawei] sysname R1
[R1] interface gigabitethernet 0/0/1
[R1-GigabitEthernet0/0/1] ip address 192.168.1.1 24
[R1-GigabitEthernet0/0/1] quit
[R1] interface gigabitethernet 0/0/2
[R1-GigabitEthernet0/0/2] ip address 192.168.2.1 24
[R1-GigabitEthernet0/0/2] quit
# 在路由器 R1 上配置 OSPF 基本功能。
[R1] router id 1.1.1.1
[R1] ospf
[R1-ospf-1] area 0
```

```
[R1-ospf-1-area-0.0.0.0] network 192.168.1.0 0.0.0.255
[R1-ospf-1-area-0.0.0.0] quit
[R1-ospf-1] area 1
[R1-ospf-1-area-0.0.0.1] network 192.168.2.0 0.0.0.255
[R1-ospf-1-area-0.0.0.1] quit
[R1-ospf-1] quit
```

# 路由器 R2、R3、R4、R5 和 R6 路由器的配置与 R1 相似。
# 在路由器 R1 上查看路由表

```
<R1>dis ip rout
Route Flags: R - relay, D - download to fib
------------------------------------------------------------------------------
Routing Tables: Public
         Destinations : 13       Routes : 13
Destination/Mask     Proto  Pre CostFlags NextHop  Interface
      127.0.0.0/8    Direct  0   0    D  127.0.0.1   InLoopBack0
      127.0.0.1/32   Direct  0   0    D  127.0.0.1   InLoopBack0
127.255.255.255/32   Direct  0   0    D  127.0.0.1   InLoopBack0
192.168.1.0/24       Direct  0   0    D  192.168.1.1 GigabitEthernet0/0/1
    192.168.1.1/32   Direct  0   0    D  127.0.0.1   GigabitEthernet0/0/1
  192.168.1.255/32   Direct  0   0    D  127.0.0.1   GigabitEthernet0/0/1
    192.168.2.0/24   Direct  0   0    D  192.168.2.1 GigabitEthernet0/0/2
    192.168.2.1/32   Direct  0   0    D  127.0.0.1   GigabitEthernet0/0/2
  192.168.2.255/32   Direct  0   0    D  127.0.0.1   GigabitEthernet0/0/2
    192.168.3.0/24   OSPF    10  2    D  192.168.2.2 GigabitEthernet0/0/2
    192.168.4.0/24   OSPF    10  2    D  192.168.1.2 GigabitEthernet0/0/1
    192.168.5.0/24   OSPF    10  3    D  192.168.1.2 GigabitEthernet0/0/1
255.255.255.255/32   Direct  0   0    D  127.0.0.1   InLoopBack0
```

从路由器 R1 的路由表上可以看出，已经显示了全部的路由。

# 在路由器 R5 与路由器 R6 之间的连通性，在 R5 带源地址 ping 命令测试。

```
<R5>ping -a 192.168.3.2 192.168.5.2
  PING 192.168.5.2: 56  data bytes, press CTRL_C to break
    Reply from 192.168.5.2: bytes=56 Sequence=1 ttl=251 time=30 ms
    Reply from 192.168.5.2: bytes=56 Sequence=2 ttl=251 time=50 ms
    Reply from 192.168.5.2: bytes=56 Sequence=3 ttl=251 time=40 ms
    Reply from 192.168.5.2: bytes=56 Sequence=4 ttl=251 time=30 ms
    Reply from 192.168.5.2: bytes=56 Sequence=5 ttl=251 time=40 ms

  --- 192.168.5.2 ping statistics ---
```

```
    5 packet (s)  transmitted
    5 packet (s)  received
    0.00% packet loss
    round-trip min/avg/max = 30/38/50 ms
```

# 查看路由器 R1 的 OSPF 邻居。

```
<R1> display ospf peer
    OSPF Process 1 with Router ID 1.1.1.1
          Neighbors
 Area 0.0.0.0 interface 192.168.1.1 (GigabitEthernet0/0/1) 's neighbors
 Router ID: 2.2.2.2          Address: 192.168.1.2
   State: Full  Mode:Nbr is  Master  Priority: 1
   DR: 192.168.1.1  BDR: 192.168.1.2  MTU: 0
   Dead timer due in 32  sec
   Retrans timer interval: 5
   Neighbor is up for 01:06:23
   Authentication Sequence: [ 0 ]
          Neighbors
 Area 0.0.0.1 interface 192.168.2.1 (GigabitEthernet0/0/2) 's neighbors
 Router ID: 3.3.3.3          Address: 192.168.2.2
   State: Full  Mode:Nbr is  Master  Priority: 1
   DR: 192.168.2.1  BDR: 192.168.2.2  MTU: 0
   Dead timer due in 28  sec
   Retrans timer interval: 5
```

# 显示路由器 R1 的 OSPF 路由信息。

```
<R1>display ospf routing
    OSPF Process 1 with Router ID 1.1.1.1
          Routing Tables
 Routing for Network
 Destination     Cost Type        NextHop       AdvRouter     Area
 192.168.1.0/24  1    Transit     192.168.1.1   1.1.1.1       0.0.0.0
 192.168.2.0/24  1    Transit     192.168.2.1   1.1.1.1       0.0.0.1
 192.168.3.0/24  2    Transit     192.168.2.2   3.3.3.3       0.0.0.1
 192.168.4.0/24  2    Inter-area  192.168.1.2   2.2.2.2       0.0.0.0
 192.168.5.0/24  3    Inter-area  192.168.1.2   2.2.2.2       0.0.0.0
 Total Nets: 5
 Intra Area: 3   Inter Area: 2  ASE: 0  NSSA: 0
```

### 2.5.4　设备日志

设备在加电后开始运行，从网络管理人员对设备进行配置开始，包括设备在生产环节对数据的转发、处理等，均会产生一系列相应的处理结果的回显，这些信息均由信息中心进行接收、管理和控制。

#### 1. 信息中心

信息中心是设备的信息枢纽。设备产生的信息分为 Log、Trap 和 Debug 三类，以上三类信息的内容如表 2-12 所示。信息统一发往信息中心，通过信息中心的统一管理和控制，实现信息的灵活输出。

当设备出现异常或故障时，用户需要及时准确地收集设备运行过程中发生的情况。信息中心记录了设备运行过程中各个模块产生的信息，包括 Log、Trap 和 Debug 信息。通过配置信息中心，对设备产生的信息按照信息类型、严重级别等进行分类或筛选，用户可以灵活地控制信息输出到不同的输出方向（例如，控制台、用户终端、日志主机等）。这样，用户或网络管理员可以从不同的方向收集设备产生的信息，方便监控设备运行状态和定位故障。

表 2-12　信息的类别

| 信息类型 | 内容描述 |
| --- | --- |
| Log | Log 信息主要记录用户操作、系统故障、系统安全等信息，包括用户日志和诊断日志。用户日志供用户查看，诊断日志供定位问题 |
| Trap | Trap 信息是系统检测到故障而产生的通知，主要记录故障等系统状态信息。这类信息不同于 Log 信息，其最大的特点是需要及时通知、提醒管理用户，对时间敏感 |
| Debug | Debug 信息是系统对设备内部运行的信息的输出，主要用于跟踪设备内部运行的轨迹。只有在设备上打开相应模块的调试开关，设备才能产生 Debug 信息 |

设备产生的信息可以向远程终端、控制台、Log 缓冲区、日志文件、SNMP 代理等方向输出信息。为了便于各个方向信息的输出控制，信息中心定义了 10 条信息通道，通道之间独立输出，互不影响。用户可以根据自己的需要配置信息的输出规则，控制不同类别、不同等级的信息从不同的信息通道输出到不同的输出方向，如图 2-26 所示。

默认情况下，Log 信息、Trap 信息和 Debug 信息从缺省的信息通道输出。可以根据需要更改信息通道的名称，也可以更改信息通道与输出方向之间的对应关系。例如，用户配置通道 6 的名称为 user1，发往日志主机的信息使用通道 6，则发往日志主机的信息都会从通道 6 输出，不再从通道 2 输出。信息输出通道的默认情况如表 2-13 所示。

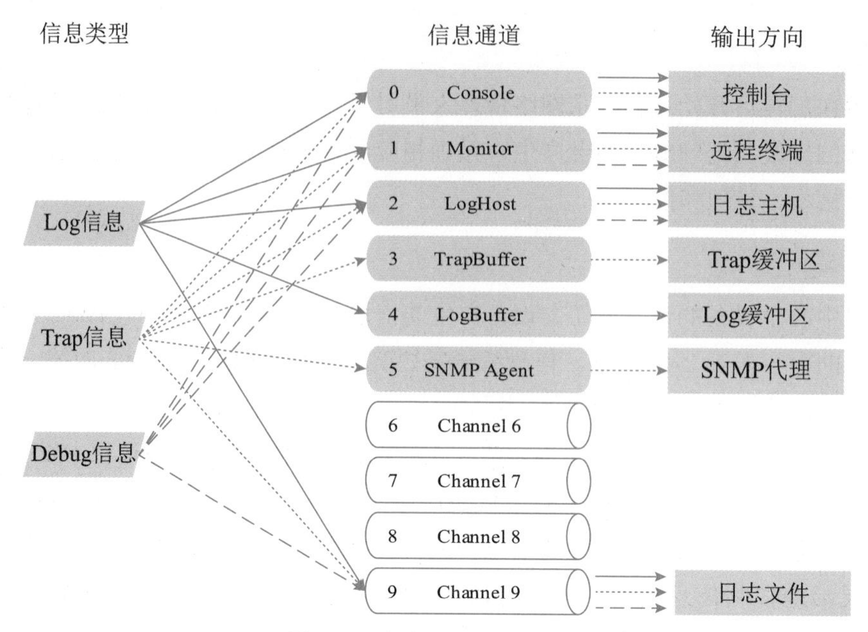


图 2-26 信息的流向示意图

表 2-13 信息流向表

| 通道号 | 默认通道名 | 输出方向 | 输出方向的描述 |
| --- | --- | --- | --- |
| 0 | Console | 控制台 | 控制台，即通过 Console 口登录设备的方式，可以接收 Log 信息、Trap 信息、Debug 信息 |
| 1 | Monitor | 远程终端 | 远程终端，即通过 VTY 登录设备的方式，可以接收 Log 信息、Trap 信息、Debug 信息，方便远程维护 |
| 2 | LogHost | 日志主机 | 日志主机，可以接收 Log 信息、Trap 信息、Debug 信息。信息在日志主机上以文件形式保存，供随时查看 |
| 3 | TrapBuffer | Trap 缓冲区 | Trap 缓冲区，可以接收 Trap 信息 |
| 4 | LogBuffer | Log 缓冲区 | Log 缓冲区，可以接收 Log 信息 |
| 5 | SNMPagent | SNMP 代理 | SNMP 代理，可以接收 Trap 信息 |
| 6 | Channe l6 | 未指定 | 保留 |
| 7 | Channe l7 | 未指定 | 保留 |
| 8 | Channe l8 | 未指定 | 保留 |
| 9 | Channe l9 | 日志文件 | 日志文件，可以接收 Log 信息、Trap 信息、Debug 信息<br>说明：S 系列盒式交换机不支持信息输出到日志文件 |

### 2. 信息的格式

1）Log 信息的输出格式

在设备中，Log 信息的输出格式如图 2-27 所示。

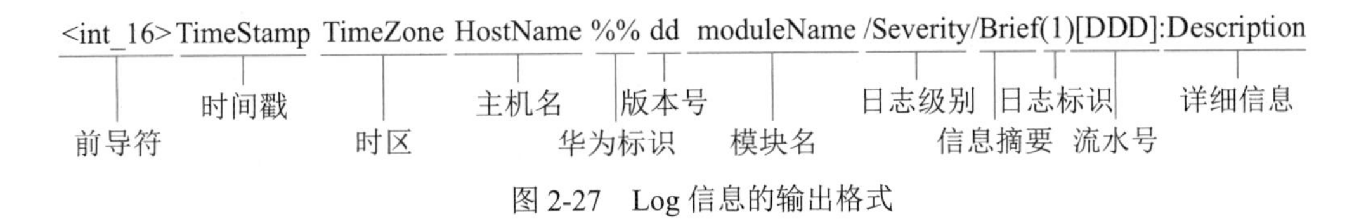


图 2-27 Log 信息的输出格式

2）Trap 信息的输出格式

在设备中，Trap 信息的输出格式如图 2-28 所示。

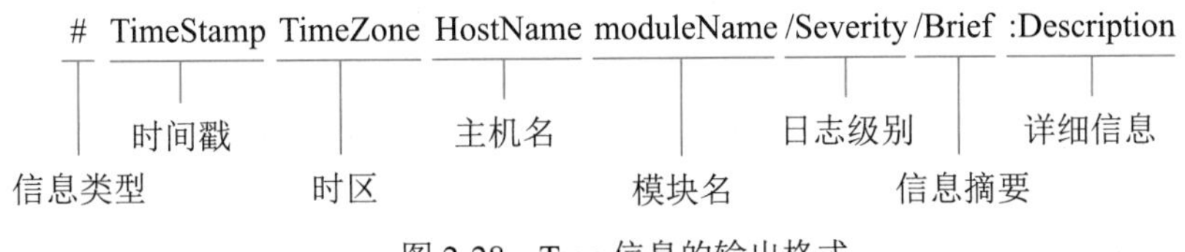


图 2-28 Trap 信息的输出格式

3）日志的格式

设备在运行过程中，主机软件中的日志模块会对运行中的各种情况进行记录，从而形成日志信息。日志信息主要用于查看设备的运行状态、分析网络的状况以及定位问题发生的原因，为系统进行诊断和维护提供依据。

生成的日志信息可以通过控制口或 telnet 方式登录到设备，使用命令 display logbuffer 查看保存在日志缓存中的内容，还可以在设备上对日志信息进行保存，使用 syslog 协议将日志信息输出到日志服务器。

系统日志信息采用固定的输出格式，其格式说明如图 2-29 所示。每个字段的说明如表 4-3 所示。

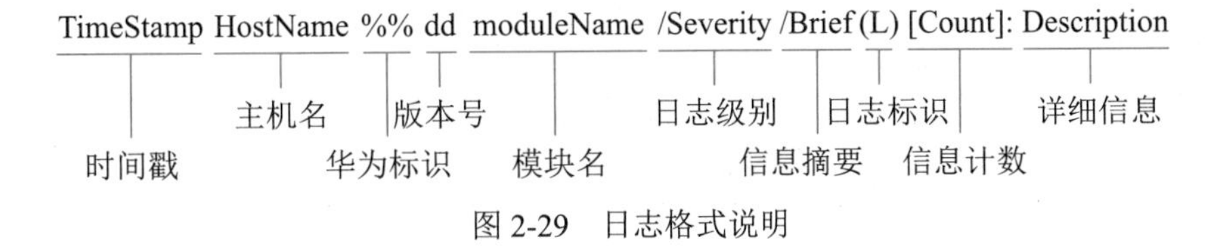


图 2-29 日志格式说明

以上信息的每个字段的说明如表 2-14 所示。

表 2-14　字段说明

| 字段 | 说明 |
| --- | --- |
| 前导符 | 在向日志主机发送信息的时候添加前导符，在设备本地保存信息时不加前导符 |
| 时间戳 | 发向日志主机的日志时间字段，默认是 UTC 时间，可以配置为本机时间。时间戳与主机名之间用一个空格隔开 |
| 主机名 | 主机名是本机的系统名，默认为“Quidway”。主机名与模块名之间用一个空格隔开 |
| 华为标识 | “%%”为华为公司的厂商标识符，用来标识该日志是由华为产品输出 |
| 版本号 | “dd”是两位数字的版本号，用来标识该日志格式的版本，从 01 开始编号 |
| 模块名 | 该字段表示日志是由哪个模块产生的，模块名与级别之间用一个斜杠（/）隔开 |
| 日志级别 | 日志的级别共分为 8 级，从 0 ～ 7。级别与信息摘要之间用一个斜杠（/）隔开 |
| 信息摘要 | 信息摘要是一个短语，代表了该信息的内容概要，也称作助记符 |
| 日志标识 | “(1)”用来标识该信息为日志信息。日志标识与详细信息之间用一个冒号“：”隔开。<br>l：Log 信息<br>d：诊断日志信息<br>t：Trap 信息 |
| 日志流水号 | 默认情况下，日志信息可以向控制台、Log 缓冲区、日志文件和 VTY/TTY 终端发送。在 Log 缓冲区中，该值大小取决于 Log 缓冲区的大小。例如，Log 缓冲区的大小为 100，则日志流水号的取值范围是 0 ～ 99 |
| 信息计数 | 该字段表示日志的序列号 |
| 详细信息 | 详细信息是各个模块实际向信息中心输出的字符串信息，由各个模块在每次输出时填充，详细描述该日志的具体内容 |

在华为网络设备中，日志级别以 0~7 标识，分为 8 个级别。每个级别的具体含义如表 2-15 所示。

表 2-15　日志级别说明

| 日志级别 | 定义 | 说明 |
| --- | --- | --- |
| 0 | Emergency | 极其紧急的错误 |
| 1 | Alert | 需立即纠正的错误 |
| 2 | Critical | 较为严重的错误 |
| 3 | Errors | 出现了错误 |
| 4 | Warning | 警告，可能存在某种差错 |
| 5 | Notification | 需注意的信息 |
| 6 | Informational | 一般提示信息 |
| 7 | Debug | 细节的信息 |

### 3. 日志的查看和保存

1）日志的查看和保存方式

在华为设备中，网络管理人员要查看系统的日志信息，可以有以下几种方式：

- 在设备上使用 display logbuffer 查看保存在日志缓存中的内容；
- 将指定级别的 Log 信息上传至 FTP 或者 TFTP 服务器上，在服务器上保存并查看；
- 将指定级别的 Log 信息输出到不同的日志主机，维护人员通过查询日志信息，了解设备的运行情况；
- 信息中心向网管中心发送 Trap 信息，网管通过接收到的 Trap 信息，监控设备的运行状态；
- 信息中心向控制台发送 Debug 信息，维护人员通过 Debug 信息来调试设备。

2）配置向日志服务器发送日志信息

如图 2-30 所示的拓扑中，接口地址如图所示。现要求在交换机上配置 syslog 协议，将指定级别的日志信息发送至日志服务器中保存，以便网络维护人员在服务器上查看日志内容。

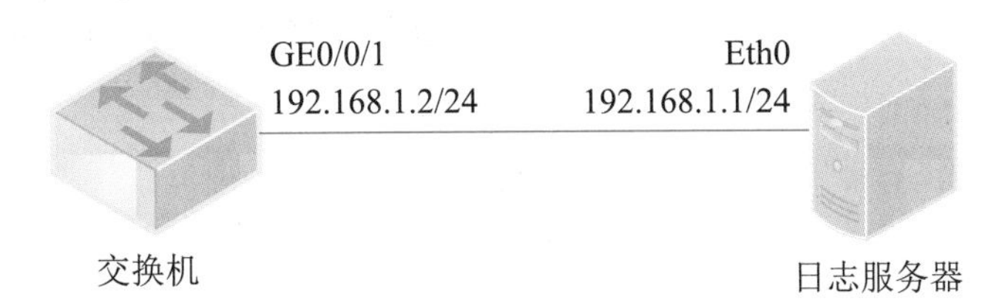


图 2-30　日志服务器拓扑结构

按照如图 2-31 所示的拓扑结构将设备连接好后，使用超级终端登录交换机，对交换机进行配置。使其将日志信息发送至日志服务器。

交换机的配置代码如下：

```
<huawei>system-view
[huawei]sysname Switch
[Switch]interface VLANif 1
[Switch-VLANif1]ip address 192.168.1.2 24
[Switch-VLANif1]quit
[Switch]info-center enable                          // 使能信息中心
[Switch]info-center channel6 name loghost1          // 指定发送日志的通道
[Switch]info-center source IP channel 6 log level warning
```

```
                                                  // 指定发送日志的级别
    [Switch]info-center loghost source VLANif 1     // 配置信息中心日志主机发
送源为 VLANif 1
    [Switch]info-center loghost 192.168.1.1 channel 6
                                        // 配置信息中心日志主机 IP 为 192.168.1.1
```

对日志服务器进行配置。配置日志服务器的 IP 地址，以及日志服务器上的 TFTP 服务器或者 FTP 服务器。

配置完成后，即可在日志服务器上接收交换机发送的 Warning 级别的日志信息。

3）配置向日志服务器分类发送日志信息

由于网络设备的日志类型较多，为了便于查看和管理，可以将不同类型的日志使用不同的日志服务器接收。网络拓扑图如图 2-31 所示。

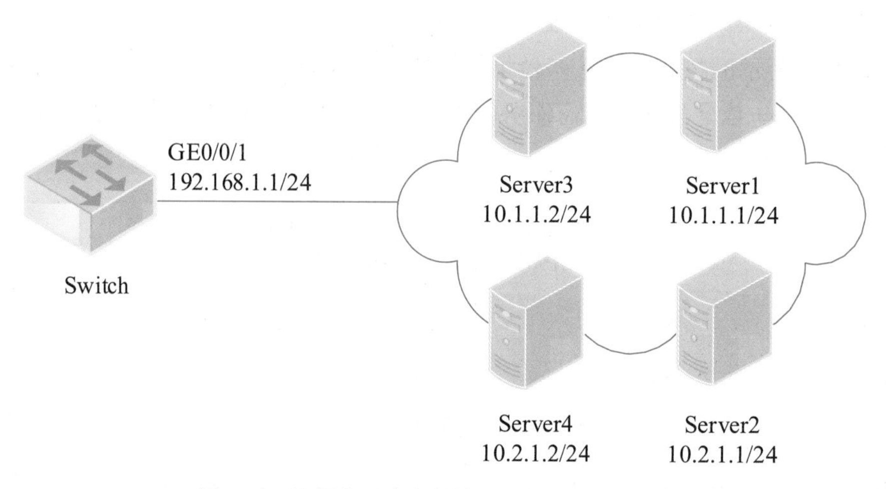


图 2-31 配置向日志主机输出 Log 信息的拓扑图

如图 2-32 所示，交换机 Switch 分别与 4 个日志主机 Server1~4 相连且路由可达。网络维护人员希望不同的日志主机接收不同类型和严重级别的 Log 信息，同时，希望能够保证日志主机接收 Log 信息的可靠性，以便对设备不同模块产生的信息进行实时监控。

为了实现以上的目标，可以采用如下的配置思路：

- 使能信息中心功能。
- 配置交换机 Switch 向日志主机 Server1 发送由 FIB 模块和 IP 模块产生的严重等级为 Notification 的 Log 信息；Server3 作为 Server1 的备份设备。交换机 Switch 向日志主机 Server2 发送由 PPP 模块和 AAA 模块产生的严重等级为 Warning 的日志信息；Server4 作为 Server2 的备份设备。

- 在 Server 端配置日志主机，以实现网络管理员能够在日志主机上接收 Router 产生的 Log 信息。

具体的配置代码如下：

（1）使能信息中心功能。

```
# 使能信息中心
<Huawei> system-view
[Huawei] sysname Router
[Switch] info-center enable
```

（2）配置向日志主机发送 Log 信息的信息通道和输出规则。

```
# 命名信息通道。
[Switch] info-center channel 6 name loghost1
[Switch] info-center channel 7 name loghost2
# 配置 Log 信息输出到日志主机所使用的信息通道。
[Switch] info-center loghost 10.1.1.1 channel loghost1
[Switch] info-center loghost 10.2.1.1 channel loghost2
[Switch] info-center loghost 10.1.1.2 channel loghost1
[Switch] info-center loghost 10.2.1.2 channel loghost2
# 配置向日志主机通道输出 Log 信息的规则。
[Switch] info-center source fib channel loghost1 log level notification
[Switch] info-center source ip channel loghost1 log level notification
[Switch] info-center source ppp channel loghost2 log level warning
[Switch] info-center source aaa channel loghost2 log level warning
```

（3）配置发送日志信息的源接口。

```
# 配置发送 Log 信息的源接口。
[Switch] info-center loghost source gigabitethernet 1/0/0
```

在交换机上完成以上配置后，需在 Server 端配置日志主机，日志主机可以是安装 UNIX 或 Linux 操作系统的主机，也可以是安装第三方日志软件的主机。

# 第 3 章　网络操作系统

## 3.1　网络操作系统概述

### 3.1.1　网络操作系统的概念

1. 网络操作系统的概念

网络操作系统（Network Operation System，NOS）首先必须是一个操作系统。那么什么是操作系统呢？一个完整的计算机系统是由硬件系统和软件系统两大部分组成的。仅有硬件，计算机是不能自行工作的，还必须给它配备“思想”，即指挥它如何工作的软件。软件家族中最重要的系统软件就是操作系统，它有两个功能，一是管理计算机系统的各种软、硬件资源；二是提供人机交互的界面。那么多的软件、硬件资源组合在一起，如何才能有条不紊地工作呢？靠的就是操作系统的管理，由操作系统对资源进行统一分配和协调。在计算机内部，处理和存储的都是二进制数据，人是不能直接识别的，人对计算机下达的命令，计算机也是不能识别的，为此，中间需要一个翻译，这个翻译就是操作系统。

网络操作系统作为一个操作系统也应具有上述功能，以实现网络中的资源管理和共享。计算机单机操作系统是用户和计算机之间的接口，网络操作系统则是网络用户和计算机网络之间的接口。计算机网络不只是计算机系统的简单连接，还必须有网络操作系统的支持。网络操作系统的任务就是支持网络的通信及资源共享，网络用户则通过网络操作系统请求网络服务。而网络操作系统除了具备单机操作系统所需的功能，如处理器管理、存储器管理、设备管理和文件管理等功能之外，还必须承担整个网络范围内的任务管理以及资源的管理与分配任务，能够对网络中的设备进行存取访问，能够提供高效可靠的网络通信功能，提供更高一级的服务。除此之外，它还必须兼顾网络协议，为协议的实现创造条件和提供支持。

简单地讲，网络操作系统是使联网计算机能够方便而有效地共享网络资源，为网络用户提供所需的各种服务的软件与协议的集合。网络操作系统是网络的“心脏”和“灵魂”，是向网络计算机提供服务的特殊的操作系统，它在计算机操作系统下工作，使计算机操作系统增加了网络操作所需要的功能。

2. 网络操作系统的特点

作为网络用户和计算机网络之间的接口，一个典型的网络操作系统一般具有以下特点。

（1）复杂性。单机操作系统的主要功能是管理本机的软硬件资源。而网络操作系统一方面要对全网资源进行管理，以实现整个网络的资源共享，另一方面还要负责计算机间的通信与同步，显然比单机操作系统要复杂得多。

（2）并行性。单机操作系统通过为用户建立虚拟处理器来模拟多机环境，从而实现程序的并发执行。而网络操作系统在每个节点上的程序都可以并发执行，一个用户作业既可以在本地运行，也可以在远程节点上运行；在本地运行时，还可以分配到多个处理器中并行操作。

（3）高效性。网络操作系统中采用多线程的处理方式。线程相对于进程而言需要较少的系统开销，比进程更易于管理。采用抢先式多任务时，操作系统不用专门等待某一线程的完成后再将系统控制交给其他线程，而是主动将系统控制交给首先申请得到系统资源的其他线程，这样就可以使系统运行具有更高的效率。

（4）安全性。网络操作系统的安全性主要体现在具有严格的权限管理，用户通常分为系统管理员、高级用户和一般用户，不同级别的用户具有不同的权限；进入系统的每个用户都要被审查，对用户的身份进行验证，执行某一特权操作也要进行审查；文件系统采取了相应的保护措施，不同程序有不同的运行方式。

### 3.1.2　常见的网络操作系统

网络操作系统是组建网络的关键因素之一，目前流行的网络操作系统软件主要有UNIX、Windows、Linux等。

1. UNIX操作系统

UNIX系统是在美国麻省理工学院（MIT）于1965年开发的分时操作系统Multics的基础上不断演变而来的，它原是MIT和贝尔实验室等为美国国防部研制的。

1972年，UNIX系统开始被移植到PDP-ll系列机上运行。1983年，AT&T推出了UNIX Systems Ⅴ和几种微处理机上的UNIX操作系统，加州大学伯克利分校公布了BSD 4.2版本。1986年，UNIX Systems Ⅴ又发展为它的改进版Res 2.1和Res 3.0，BSD 4.2

又升级为BSD 4.3。

在这种背景下，IEEE组织成立了POSIX委员会专门进行UNIX标准化方面的工作。此外，1988年，以AT&T和Sun Microsystems等公司为代表的UI（UNIX International）和以DEC、IBM等公司为代表的OSF（Open Software Foundation）组织也开始了这种标准化工作，并统一UNIX系统的标准用户界面。

由于意识到UNIX系统的巨大价值，1980年8月，Microsoft公司宣布在它的16位机上提供UNIX的微机版——Xenix作为UNIX的商用系统。后来这一系统主要基于Intel x86芯片机器发展。Xenix 1.0最早是基于UNIX V7开发的，后来又根据UNIX Systems Ⅲ、UNIX Systems Ⅴ的各种版本做了裁剪、更新和扩充，形成了Xenix 1.x、Xenix 2.x等一系列版本。由于与Microsoft的关系，Xenix上提供了存取MS-DOS格式文件及磁盘的命令。这种传统一直被SCO继承了下来，这也是Xenix及后来的SCO UNIX之所以在PC上使用最为广泛的原因之一。

UNIX操作系统在商业领域逐步发展成为功能最强、安全性和稳定性最好的网络操作系统，但通常与服务器硬件产品集成在一起，具有代表性的有IBM公司的AIX、甲骨文公司的Solaris和HP公司的HP-UX等，各公司的UNIX比较适合运行于本公司的专用服务器和工作站等设备上。

#### 2. Windows操作系统

Windows的起源可以追溯到Xerox公司进行的工作。1970年，美国Xerox公司成立了著名的研究机构Palo Alto Research Center（PARC），从事局域网、激光打印机、图形用户接口和面向对象技术的研究，并于1981年宣布推出世界上第一个商用的GUI（图形用户界面）系统——Star 8010工作站。

Microsoft公司于1983年春季宣布开始研究开发Windows。1985年和1987年分别推出Windows 1.03版和Windows 2.0版。此后，Microsoft公司对Windows的内存管理、图形界面做了重大改进，使图形界面更加美观并支持虚拟内存。Microsoft于1990年5月份推出Windows 3.0并一举成功。

此后Windows操作系统产品出现了两条主线，一条是适合于桌面PC运行的操作系统。如1995年推出的Windows 95，它可以独立运行而不需要DOS支持。随后，陆续推出了Windows 98、Windows ME、Windows 2000 Professional、Windows XP、Windows 7、Windows 8、Windows 10等。另一条是网络操作系统Windows NT（New Technology）系列。

1996年，Microsoft发布了Windows NT 4.0版，这种版本支持Windows 95界面，一种Exchange文电传送客户机和Network OLE，后者允许软件对象经过网络进行通信。2000年初融合了Windows 98和Windows NT的Windows 2000问世。2008年3月，Microsoft发布了Windows Server 2008，并于2009年7月发布Windows Server 2008 R2。2016年10月13日，微软发布了服务器操作系统Windows Server 2016。2021年11月5日，微软公司发布Windows Server 2022。

### 3. Linux操作系统

1991年，芬兰赫尔辛基大学的学生Linus Torvalds利用互联网发布了他在i386个人计算机上开发的Linux操作系统内核的源代码，创建了具有全部UNIX特征的Linux操作系统。后来，Linux操作系统的发展十分迅猛，每年的发展速度超过200%，得到了包括IBM、HP、Oracle、Sybase、Informix在内的许多著名软硬件公司的支持，目前Linux已全面进入应用领域。由于它是互联网和开放源码的基础，许多系统软件设计专家利用互联网共同对它进行了改进和提高，直接形成了与Windows系列产品的竞争。究其原因，主要是Linux具有以下特点：

（1）可完全免费得到。只要有快速的网络连接，Linux操作系统可以从互联网上免费下载使用，而且，Linux上的绝大多数应用程序也是免费可得的。

（2）可以运行在386以上及各种RISC体系结构的机器上。Linux最早诞生于微机环境，一系列版本都充分利用了x86 CPU的任务切换能力，使x86 CPU的效能发挥得淋漓尽致，而这一点Windows没有做到。此外，它可以很好地运行在由各种主流RISC芯片（ALPHA、MIPS、PowerPC、UltraSPARC、HP-PA等）搭建的机器上。

（3）Linux是UNIX的完整实现。Linux是从一个成熟的UNIX操作系统发展而来的，UNIX上的绝大多数命令都可以在Linux里找到并有所加强。UNIX的可靠性、稳定性以及强大的网络功能也在Linux身上一一体现。

（4）具有强大的网络功能。实际上，Linux就是依靠互联网迅速发展起来的，自然具有强大的网络功能。它可以轻松地与TCP/IP、LANManager、Windows for Workgroups、Novell Netware或Windows NT网络集成在一起，还可以通过以太网或调制解调器连接到Internet上。Linux不仅能够作为网络工作站使用，还可以胜任各类服务器的工作，如X应用服务器、文件服务器、打印服务器、邮件服务器及新闻服务器等。

（5）Linux是完整的UNIX开发平台。Linux支持一系列的UNIX开发工具，几乎所有主流程序设计语言都已移植到Linux上并可免费得到，如C、C++、Fortran 77、

ADA、Pascal、Modual 2 和 3、Tcl/Tk、Scheme 及 Small Talk/X 等。

（6）完全符合 POSIX 标准。POSIX 是基于 UNIX 的第一个操作系统簇的国际标准，Linux 遵循这一标准使 UNIX 下许多应用程序可以很容易移植到 Linux 下，相反也是这样。

常见 Linux 发行版本有 Red Hat Enterprise Linux、CentOS Linux、Kali Linux、Debian、Ubuntu Linux 等。

### 3.1.3 国产操作系统

国产操作系统的发展要追溯到 2001 年，为了打破国外操作系统的垄断，由国防科技大学主导推出了第一款国产操作系统——麒麟（Kylin OS）。麒麟操作系统是“863 计划”重大攻关科研项目，是具有中国自主知识产权的服务器操作系统。

随着国家“十四五”规划和 2035 年远景目标纲要提出了“支持数字技术开源社区等创新联合体发展，完善开源知识产权和法律体系，鼓励企业开放软件源代码、硬件设计和应用服务”等产业振兴目标。一大批基于 Linux 开源内核的国产操作系统逐步占据了笔记本电脑、台式机以及服务器操作系统的部分市场份额。其中深度 Deepin、银河麒麟、红旗 Linux 等国产品牌在国产操作系统发展中具有一定的代表性，在一定程度上反映出国产操作系统发展的现状。

深度 Deepin 由深度科技开发研制，因其与各硬件厂商等合作紧密，产品具有较高的硬件兼容性，同时还与国内其他软件企业联合开发了多款国产应用软件。深度科技的操作系统产品，包括其参与开发的统信 UOS 统一操作系统已通过了公安部安全操作系统认证、工信部国产操作系统适配认证，并在政府，军队、金融、运营商、教育等客户中得到了广泛应用。

银河麒麟是在“863 计划”和国家“核高基”科技重大专项支持下，由国防科技大学主导研发的操作系统，之后品牌授权给天津麒麟信息技术有限公司（简称天津麒麟），天津麒麟 2019 年与上海中标软件有限公司合并为麒麟软件有限公司。银河麒麟是优麒麟的商业发行版，使用 UKUl 桌面。已有部分国产笔记本电脑搭载了银河麒麟系统，例如联想昭阳 N4720Z 笔记本电脑、长城 UF712 笔记本电脑等。

红旗 Linux 是较早开展自主化国产操作系统研制的品牌之一，已具备相对完善的产品体系，并广泛应用于关键领域。现阶段红旗 Linux 具备满足用户基本需求的软件生态，支持 x86、ARM、MIPS、SW 等 CPU 指令集架构，支持多款国产自主 CPU 品牌，兼容主流厂商的打印机、扫描仪等外部设备。

# 3.2　Windows Server 2016 的安装与配置

## 3.2.1　Windows Server 2016 的安装

Windows Server 2016 的安装继承了 Windows 产品安装时方便、快捷、高效的特点，几乎不需要多少人工参与就可以自动完成硬件的检测、安装和配置等工作。用户需要做的仅是通过屏幕来了解它所提供的各项新技术以及产品特点。安装过程中会收集区域信息、语言信息、个人注册信息、计算机 / 管理员基本信息、网络基本信息等。

正常引导系统安装 U 盘或者光盘后，可能会提示“Press any key to continue...”，此时需要按键盘任意键以启动 Windows Server 安装程序，如图 3-1 所示。

随后在选择安装版本、加载驱动程序、硬盘分区、安装位置等步骤后进入正式安装过程，如图 3-2 所示。

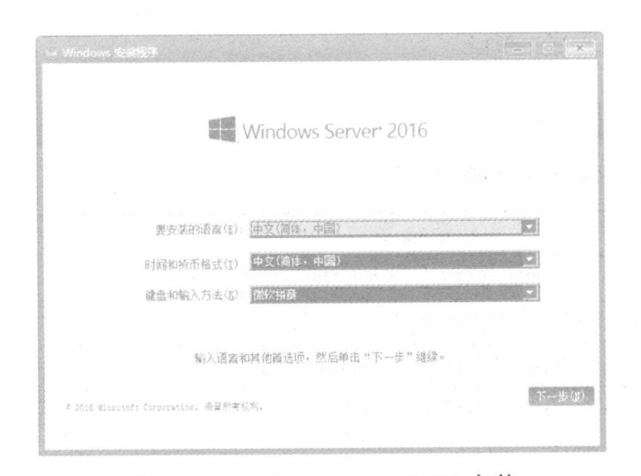


图 3-1　Windows Server 2016 安装

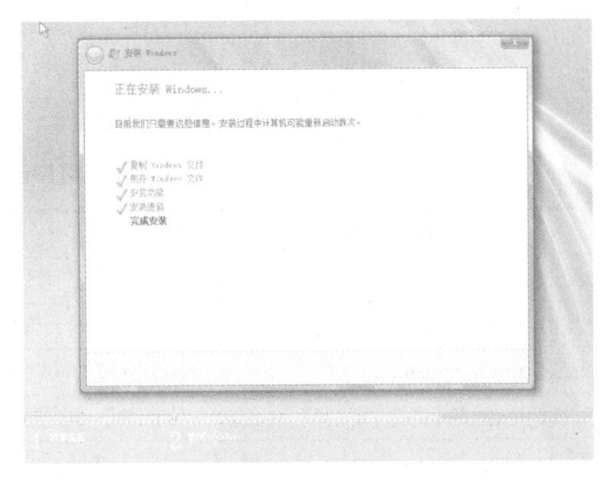


图 3-2　Windows Server 2016 的安装过程

## 3.2.2　Windows Server 2016的基本配置

### 1. 本地用户和组

为了保障计算机与网络的安全，Windows Server 2016 为不同的用户设置了不同的权限，同时通过将具有同一权限的用户设置为一个组来简化对用户的管理。使用“本地用户和组”功能可创建并管理存储在本地计算机上的用户和组。

选择“开始”→“程序”→“管理工具”→“计算机管理”命令，将显示“计算机管理”窗口，如图 3-3 所示。

图 3-3 “计算机管理”窗口

其中，用户组的名称和权限描述如表 3-1 所示。

**表 3-1 用户组的名称和权限描述**

| 名　　称 | 权限描述 |
| --- | --- |
| Access Control Assistance Operator | 此组成员可以远程查询此计算机上资源的授权属性和权限 |
| Administrators | 管理员对计算机 / 域有不受限制的完全访问权 |
| Backup Operators | 备份操作员为了备份或还原文件可以替代安全限制 |
| Certificate Service DCOM Access | 允许该组的成员连接到企业中的证书颁发机构 |
| Cryptographic Operators | 授权成员执行加密操作 |
| Distributed COM Users | 成员允许启动、激活和使用此计算机上的分布式 COM 对象 |
| Event Log Readers | 此组的成员可以从本地计算机中读取事件日志 |
| Guests | 按默认值，来宾跟用户组的成员有同等访问权，但来宾账户的限制更多 |
| IIS_IUSRS | Internet 信息服务使用的内置组 |
| Network Configuration Operators | 此组中的成员有部分管理权限来管理网络功能的配置 |
| Performance Log Users | 此组的成员可以远程访问此计算机上性能计数器的日志 |
| Performance Monitor Users | 此组的成员可以远程访问以监视此计算机 |
| Power Users | 高级用户（Power Users）拥有大部分管理权限，但也有限制。因此，高级用户（Power Users）可以运行经过验证的应用程序，也可以运行旧版应用程序 |
| Print Operators | 成员可以管理域打印机 |

续表

| 名　　称 | 权限描述 |
| --- | --- |
| RDS Endpoint Servers | 此组中的服务器运行虚拟机和主机会话，用户 RemoteApp 程序和个人虚拟桌面将在这些虚拟机和会话中进行。需要将此组填充到运行 RD 连接代理的服务器上。在部署中使用的 RD 会话主机服务器和 RD 虚拟化主机服务器需要位于此组中 |
| RDS Management Servers | 此组中的服务器可以在运行远程桌面服务的服务器上执行例程管理操作。需要将此组填充到远程桌面服务部署中的所有服务器上。必须将运行 RDS 中心管理服务的服务器包括到此组中 |
| RDS Remote Access Servers | 此组中的服务器使 Remote App 程序和个人虚拟桌面用户能够访问这些资源。在面向 Internet 的部署中，这些服务器通常部署在边缘网络中。需要将此组填充到运行 RD 连接代理的服务器上。在部署中使用的 RD 网关服务器和 RD Web 访问服务器需要位于此组 |
| Remote Management Users | 此组成员可以通过管理协议，例如通过 Windows 远程管理服务实现的 WS-Management 访问 WMI 资源。这仅适用于授予用户访问权限的 WMI 命名空间 |
| Remote Desktop Users | 此组中的成员被授予远程登录的权限 |
| Replicator | 支持域中的文件复制 |
| Storage Replica Administrators | 此组成员具有存储副本所有功能的不受限的完全访问权限 |
| System Managed Accounts Group | 此组成员由系统管理 |
| Users | 用户无法进行有意或无意的改动。因此，用户可以运行经过验证的应用程序，但不可以运行大多数旧版应用程序 |

### 2. 配置网络协议

只有在计算机上正确安装网卡驱动程序和网络协议，并正确设置 IP 地址信息之后，服务器才能与网络内的计算机进行正常通信。

#### 1）安装网卡

Windows Server 2016 支持即插即用功能，并且内置了很多知名品牌网卡的驱动程序。因此在正常情况下，安装 Windows Server 2016 时，系统就已经自动完成了网卡驱动程序的安装。

如果系统没有提供网卡的相应驱动程序，在安装好 Windows Server 2016 系统之后，选择“开始”→“程序”→“管理工具”→“计算机管理”命令，在打开的对话框中单击“设备管理器”节点，展开“网络适配器”目录，显示该计算机所有的网络适配器，右击选择适配器，在弹出的快捷菜单中选择“卸载”命令以卸载未成功安装的网卡，然后选择“扫描硬件改动”选项，依照系统提示插入网卡驱动程序盘，依次单击“下一步”按钮进行安装。

2）配置 IP 地址信息

在 Windows Server 2016 系统中，若正确安装了网卡等网络设备，系统可自动安装 TCP/IP 协议。TCP/IP 协议的配置操作如下。

（1）选择“开始”→“控制面板”→“网络和共享中心”→“更改适配器设置”→“本地连接”命令，将出现如图 3-4 所示的对话框。

图 3-4 “本地连接 状态”对话框

（2）单击“属性”按钮，显示“本地连接 属性”对话框，在列表框中选择“Internet 协议版本 4（TCP/IPv4）”选项，配置 IP 地址、子网掩码、默认网关以及 DNS 服务器的 IP 地址等信息。

### 3. 添加、删除和管理服务器角色

安装 Windows Server 2016 时，在默认的情况下并不安装任何网络服务，要提供网络服务，必须添加相应的服务器角色，如 DNS 服务器、远程桌面服务、文件服务等。

选择“开始”→“管理工具”→“服务器管理器”命令，弹出如图 3-5 所示的窗口进行角色添加、删除和管理服务器角色。

图 3-5 “服务器管理器”窗口

### 3.2.3 Hyper-V配置

#### 1. Hyper-V 概述

Hyper-V 是微软的一个虚拟化产品，使用 Hyper-V 来创建和管理虚拟机和资源，每个虚拟机是一个虚拟化的计算机系统，它运行在一个独立的执行环境中。在同一台物理计算机上可以同时运行多个操作系统，通过使用更多的硬件资源来提高计算资源的效率和利用率。

#### 2. Hyper-V 的安装

在 Windows Server 2016 中，默认情况下没有 Hyper-V 服务角色，需要手动添加，Hyper-V 的安装步骤如下。

（1）选择“开始”→“服务器管理器”命令，如图 3-5 所示。

（2）单击“添加角色和功能”按钮，进入服务器角色安装界面，选择“服务器角色”标签，如图 3-6 所示。

（3）选中“Hyper-V”角色，单击“下一步”按钮。

（4）选中本地网络适配器，创建虚拟网络，单击“下一步”按钮，显示“确认”页面，单击“安装”按钮。

（5）安装完成后，单击“关闭”按钮，系统提示是否重启计算机，单击“是”按钮，重启服务器（如系统无提示，请自行重启服务器）。

（6）服务器重启后，服务器继续配置 Hyper-V 角色，配置完成后如图 3-7 所示。

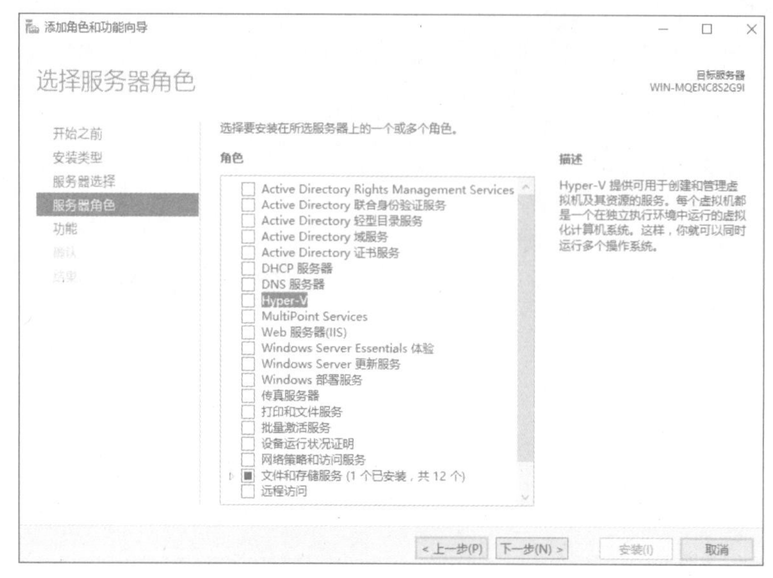

图 3-6　Hyper-V 安装界面

### 3. 在 Hyper-V 中创建与配置虚拟机

（1）选择“开始”→“服务器管理器”命令，如图 3-7 所示。

（2）依次选择“角色”→“Hyper-V”并展开，右击本地计算机名，在弹出的快捷菜单中，选择“新建”→“虚拟机”命令，如图 3-8 所示。

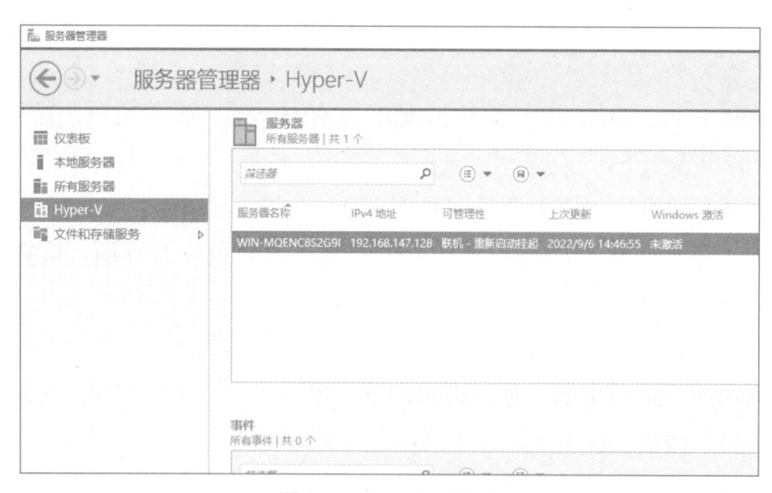

图 3-7　Hyper-V 界面

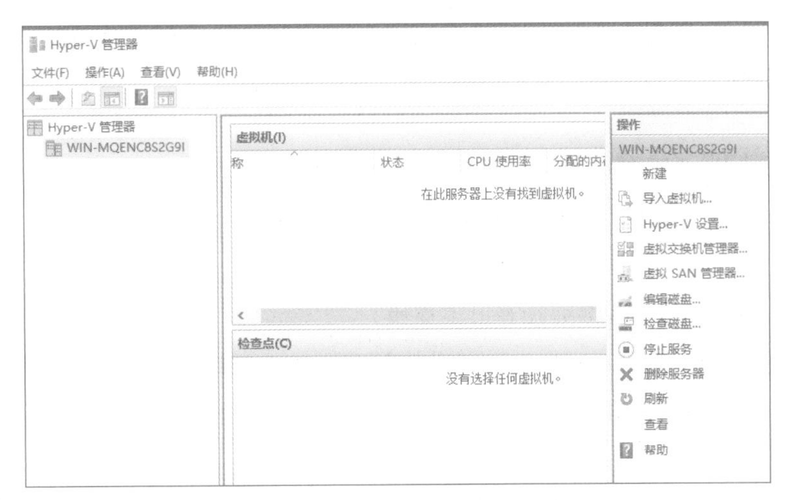


图 3-8　在 Hyper-V 中新建虚拟机界面

（3）进入新建虚拟机向导界面，输入新建虚拟机的名称，通过虚拟机向导完成虚拟机的创建。虚拟机创建完成后，在虚拟机列表可以查看所有已经创建的虚拟机，并能看到虚拟机的状态、CPU 的使用率、内存、运行时间等属性。

## 3.3　WWW 服务器

### 3.3.1　IIS基础

因特网信息服务器（Internet Information Server，IIS）是由微软公司提供的基于 Windows 操作系统运行的互联网基本服务，可利用 IIS 来构建 WWW 服务器、FTP 服务器和 SMTP 服务器等。

#### 1. WWW 服务

WWW（World Wide Web）是图形最为丰富的 Internet 服务，具有很强的链接能力，支持协作和工作流程，可以给世界各地的用户提供商业应用程序。Web 是 Internet 上主机的集合，使用 HTTP 协议提供服务。基于 Web 的信息使用超文本标记语言，以 HTML 格式传送，它不但可以传送文本信息，还可以传送图形、图像、动画、声音和视频信息。这些特点使得 WWW 成为遍布世界的信息交流平台。

#### 2. FTP 服务

文件传输协议（File Transfer Protocol，FTP）是在 Internet 中两个远程计算机之间传送文件的协议。该协议允许用户使用 ftp 命令对远程计算机中的文件系统进行操作。通过 FTP 可以传送任意类型和任意大小的文件。

### 3.3.2 安装IIS服务

不同的 Windows 系统版本内置的 IIS 版本是各不相同的，Windows Server 2016 为 IIS 10.0，默认状态下没有安装 IIS 服务，必须手动安装。IIS 10.0 包含了 Web 服务器和 FTP 服务器，安装 IIS 服务需要加载以下模块。

- Web 服务器：提供对 HTML 网站的支持和 ASP、ASP.NET 以及 Web 服务器扩展的可选支持。可以使用 Web 服务器来承载内部或外部网站，为开发人员提供创建 Web 的应用程序的环境。
- 管理工具：提供用于管理 IIS 的 Web 服务器的基础结构。可以使用 IIS 用户界面、命令行工具和脚本来管理 Web 服务器和编辑配置文件。
- FTP 服务器：支持文件传输协议，允许建立 FTP 站点，用于上传和下载文件。

IIS 服务的安装过程非常简单。选择“开始”→“管理工具”→“服务器管理器”→“角色”命令，在打开的窗口中单击“添加角色”按钮，启动 Windows 添加角色向导。在“角色”列表框中选中“Web 服务器（IIS）”复选框，然后单击“下一步”按钮，如图 3-9 所示。

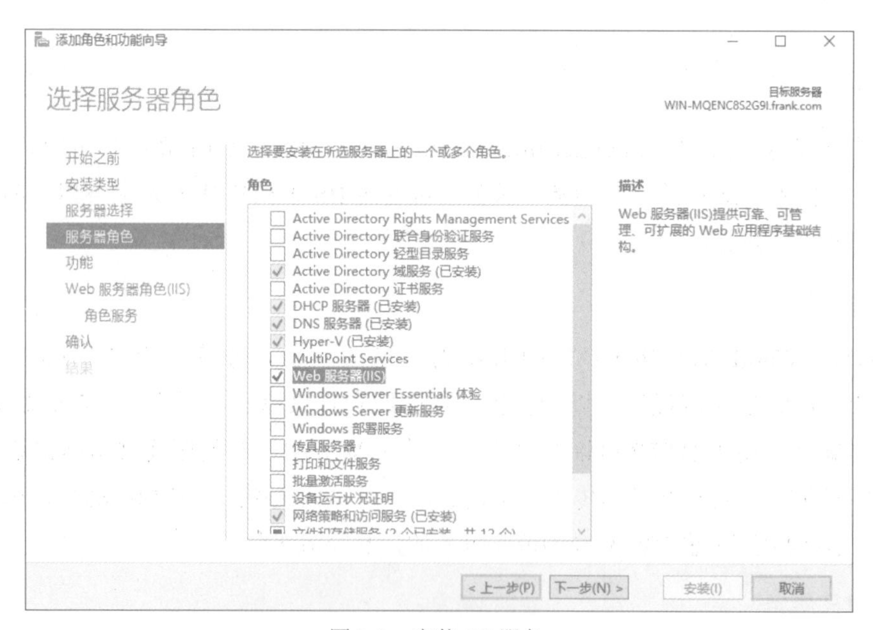


图 3-9 安装 IIS 服务

在“角色服务”列表框中选中“Web 服务器”“管理工具”“FTP 服务器”复选框，然后单击“下一步”按钮，IIS 10.0 被分隔成了 40 多个不同功能的模块，管理员可以展开详细服务列表，根据需要安装相应的角色服务，可以使 Web 网站的受攻击面减少，安全性和性能大大提高。

### 3.3.3　Web服务器的配置

#### 1. 网站基本配置

通过“管理工具”中的“Internet Information Service（IIS）管理器”来管理网站，然后在弹出的窗口中选择“Internet Information Service(IIS）管理器”项打开 IIS 主界面，看到名为“Default Web Site”的默认网站。

1）网站基本配置

单击图 3-10 所示窗口右侧“操作”区域的“基本设置”，弹出“编辑网络”对话框，在对话框中可以修改网站名称和物理路径。物理路径指网站主目录，主目录是存放网站文件的文件夹，在这个主目录下还可以任意创建子目录。通常 Web 服务器的主目录位于本地磁盘系统。

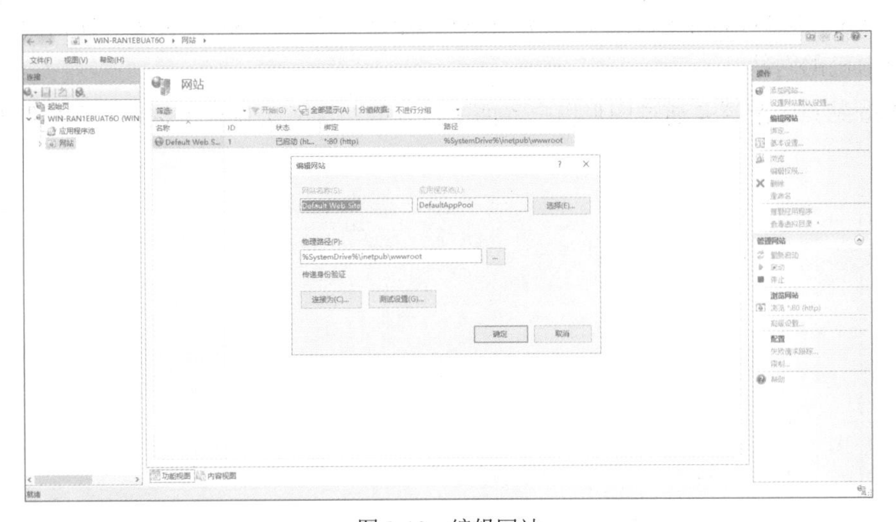


图 3-10　编辑网站

2）域名和 IP 绑定配置

单击图 3-10 所示窗口右侧“操作”区域的“绑定”，弹出图 3-11 所示窗口中的“网站绑定”对话框；选中“网站绑定”对话框中的一行，单击右侧的“编辑”按钮，弹出

“编辑网站绑定”对话框，可以设置 IP 地址和主机名，主机名即网站域名。

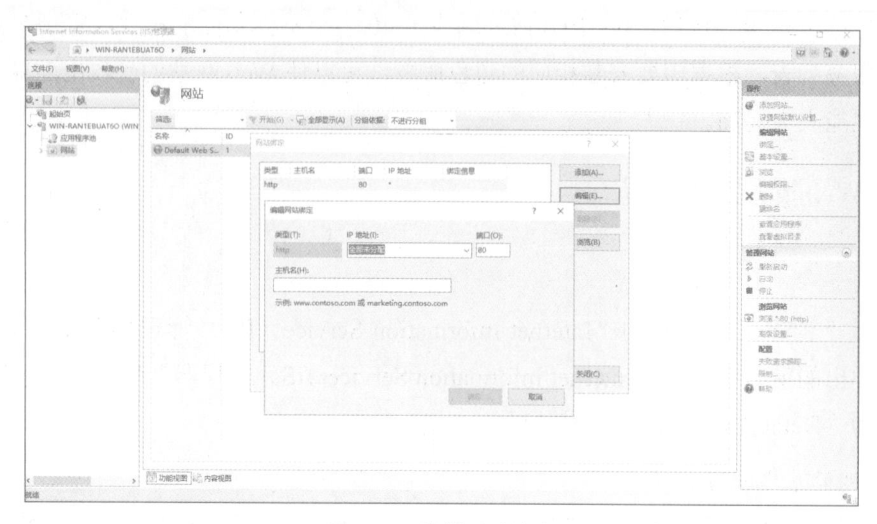


图 3-11　编辑网站绑定

3）文档配置

双击图 3-12 所示窗口中右侧的“默认文档”，可以看到几个默认的主页文件 Default.htm、Default.asp、index.htm 和 iisstart.asp 等，用户可以修改其中任何一个文档来建立自己的网站。

Web 站点的配置是通过图形用户界面来进行的，读者可以根据提示实践配置网站的过程。

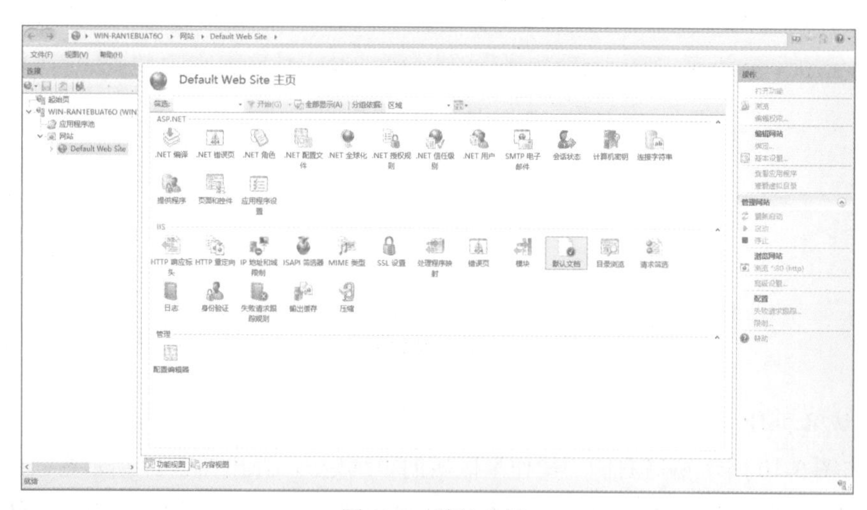


图 3-12　默认文档

### 2. 网站的安全性配置

为了保证 Web 网站和服务器运行安全，可以为网站进行身份验证、IP 地址和域名限制的设置，如果没有特别的要求，一般采用默认设置。

#### 1）身份验证配置

双击默认网站右侧主窗口中的“身份验证”，如图 3-13 所示。

网站的匿名访问关系到网站的安全问题，用户可以编辑“匿名身份验证”选项栏来设置匿名访问的用户账号。系统中默认的用户权限比较低，只具有基本的访问权限，比较适合匿名访问。

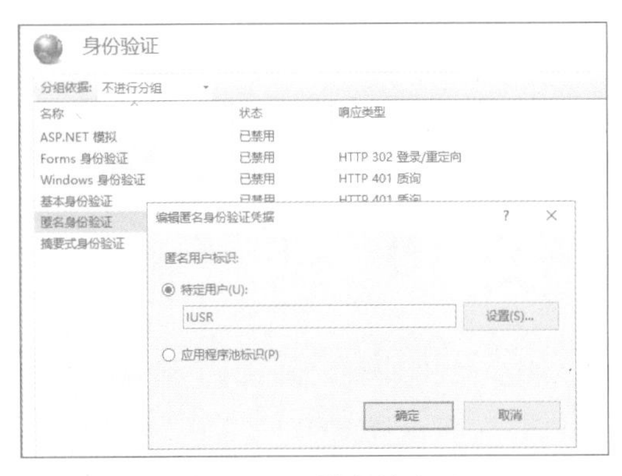


图 3-13　配置身份验证

#### 2）IP 地址和域限制配置

双击默认网站右侧主窗口中的“IP 地址和域限制”，可以对访问站点的计算机进行限制。单击右侧操作窗口的“添加允许条目”或“添加拒绝条目”，如图 3-14 所示，可以允许或排除某些计算机的访问权限，如图 3-15 所示。

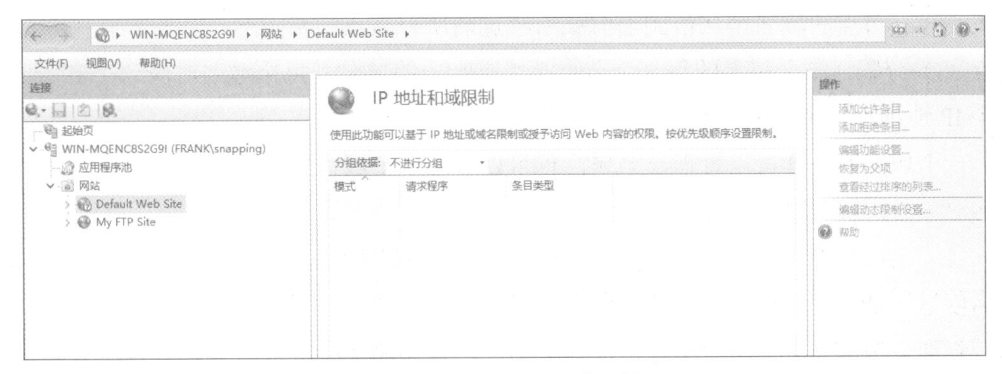


图 3-14　配置 IP 地址和域限制（1）

在“操作”栏单击“编辑功能设置”按钮，在打开的对话框中可以设置未指定的客户端的访问权为“允许或者拒绝”，如图3-16所示。

图3-15 配置IP地址和域限制（2）

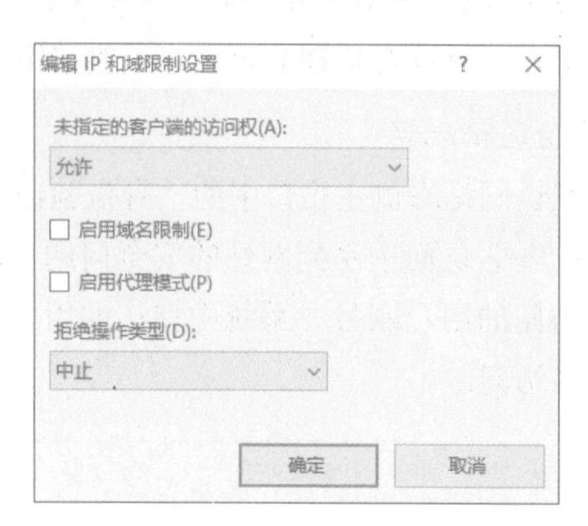

图3-16 配置IP地址和域限制（3）

## 3.4 DNS服务器

### 3.4.1 DNS服务器基础

域名系统（Domain Name System，DNS）服务是一种TCP/IP的标准服务，负责IP地址和域名之间的转换。DNS服务允许网络上的客户机注册和解析DNS域名。这些名称用于为搜索和访问网络上的计算机提供定位。

域名服务器负责控制本地数据库中的名字解析。DNS的数据库结构形成一个倒立的树状结构，树的每一个节点都表示整个分布式数据库中的一个分区（域），每个分区可再进一步划分成子分区（域）。每个节点有1~63个字符长的标识，命名标识中一律不区分大小写。节点的域名是从根到当前域所经过的所有节点的标记名，从右到左排列，并用点（.）分隔。域名树上的每一个节点必须有唯一的域名，每个域名对应一个IP地址，一个IP地址可以对应多个域名。

一个域名服务器可以管理一个域，也可以管理多个域，通常在一个域中可能有多个域名服务器，域名服务器有以下几种类型。

（1）主域名服务器（Primary Name Server）。主域名服务器负责维护这个区域的所有域名信息，是特定域所有信息的权威性信息源。一个域有且只有一个主域名服务器。它从域管理员构造的本地磁盘文件中加载域信息，该文件（区文件）包含着该服务器具有管理权的一部分域结构的最精确信息。主服务器是一种权威性服务器，因为它以绝对的权威去回答对本域的任何查询。

（2）辅助域名服务器（Secondary Name Server）。当主域名服务器关闭、出现故障或负载过重时，辅助域名服务器作为备份服务器提供域名解析服务。辅助服务器从主域名服务器获得授权，并定期向主服务器询问是否有新数据，如果有，则调入并更新域名解析数据，以达到与主域名服务器同步的目的。辅助域名服务器中有一个所有域信息的完整备份，可以权威地回答对该域的查询，因此，辅助域名服务器也称为权威性服务器。

（3）缓存域名服务器（Caching-only Server）。缓存域名服务器可运行域名服务器软件，但是没有域名数据库。它从某个远程服务器取每次域名服务器查询的回答，一旦取得一个答案，就将它放在高速缓存中，以后查询相同的信息时就用它予以回答。缓存域名服务器不是权威性服务器，因为它提供的所有信息都是间接信息。

（4）转发域名服务器（Forwarding Server）。转发域名服务器负责所有非本地域名的本地查询。转发域名服务器接到查询请求时，先在其缓存中查找，如果找不到，就把请求依次转发到指定的域名服务器，直到查询到结果为止，否则返回无法映射的结果。

另外，读者还需要了解两个概念：一个是正向解析，表示将域名转换为 IP 地址；另一个是反向解析，表示将 IP 地址转换为域名。反向解析时要用到反向域名，顶级反向域名为 in-addr.arpa，例如一个 IP 地址为 200.20.100.10 的主机，它所在域的反向域名即是 100.20.200. in-addr.arpa。

在 Windows Server 2016 中，使用图形化的方式可以很方便地配置 DNS 服务器。本节主要以使用 Windows Server 2016 中的图形化 DNS 配置工具为例介绍 DNS 服务器配置的具体方法。

### 3.4.2　安装DNS服务器

默认情况下，Windows Server 2016 系统中没有安装 DNS 服务器，因此需要用户手动安装，安装过程如下。

（1）选择“开始”→“管理工具”→“服务器管理器”→“角色”命令，在打开的窗口中单击“添加角色”按钮，启动 Windows 添加角色向导。

（2）在“服务器角色”列表框中选中“DNS 服务器”复选框，并单击“下一步”按钮。安装向导提示，执行至确认界面，单击“安装”按钮，完成 DNS 服务器的安装。

### 3.4.3　创建区域

DNS 服务器安装完成以后，在“服务器管理器”界面，双击“角色”→“DNS 服务器”，依次展开 DNS 服务器的功能菜单，点开 DNS 管理器，右击“正向查找区域”，选择“新建区域”，弹出“新建区域向导”对话框。用户可以在该向导的指引下创建区域。下面以创建正向查找区域为例进行说明。

（1）在“新建区域向导”的欢迎页面中单击“下一步”按钮进入“区域类型”选择页面。默认情况下“主要区域”单选按钮处于选中状态，单击“下一步”按钮，如图 3-17 所示。

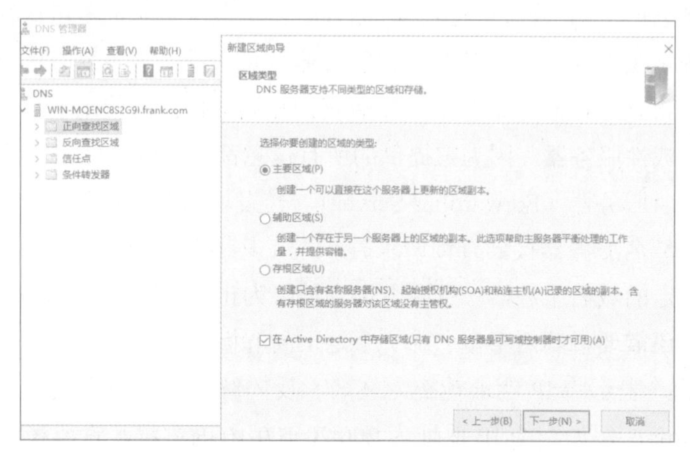


图 3-17 创建正向查找区域（1）

（2）在“区域名称”文本框中输入一个能反映区域信息的名称（如 frank.com），如图 3-18 所示，单击“下一步”按钮。

（3）区域数据文件名称通常为区域名称后添加“.dns”作为扩展名来表示。若用户的区域名称为 frank.com，则默认的区域数据文件名即为 frank.com.dns。

图 3-18 创建正向查找区域（2）

（4）按照向导提示，完成正向查找区域的创建。

## 3.4.4　配置区域属性

### 1. 修改区域的起始授权机构（SOA）记录

SOA（Start of Authority）用来识别域名中由哪一个命名服务器负责信息授权，在区域数据库文件中，第一条记录必须是 SOA 的设置记录。

在“frank.com 属性”窗口中选择“起始授权机构（SOA）”选项卡，如有需要，可以修改起始授权机构（SOA）的属性。要调整“刷新间隔”“重试间隔”“过期时间”，请在下拉列表中选择以秒、分钟、小时、天或星期为单位的时间段，然后在文本框中输入数字，如图 3-19 所示。

图 3-19　设置 SOA 记录

表 3-2 详细描述了设置界面中各选项的意义。

表 3-2 SOA 设置选项

| 设置选项 | 意 义 |
| --- | --- |
| 序列号 | 当名称记录变动时，序列号也跟着增加，用以表示每次变动的序号，这样可以帮助用户辨认要进行动态更新的机器 |
| 主服务器 | 负责这个域的主要命名服务器 |
| 负责人 | 负责人名称后面有一个句点“.”表示 E-mail 地址中的 @ 符号 |
| 刷新间隔 | 用于确定加载和维护此区域的其他 DNS 服务器必须尝试更新此区域的频率。默认情况下，每个区域的刷新间隔设置为 1 小时 |
| 重试间隔 | 用于确定加载和维护此区域的其他 DNS 服务器在每次刷新间隔发生时重试区域更新请求的频率。默认情况下，每个区域的重试间隔设置为 10 分钟 |
| 过期时间 | 由配置为加载和维护此区域的其他 DNS 服务器使用，以决定区域数据在没有更新情况下何时过期。默认情况下，每个区域的过期时间设置为 1 天 |
| 最小（默认）TTL | 每次域名缓存所停留在名称服务器上的时间 |
| 此记录的 TTL | 客户端查询名称或其他名称服务器复制数据时，数据缓存在机器上的时间称为 TTL。默认值为 1 小时 |

#### 2. 将其他 DNS 服务器指定为区域的名称服务器

如果要向域中添加名称服务器，在“frank.com 属性”窗口中选择“起始授权机构（SOA）”选项卡，按 IP 地址指定其他的 DNS 服务器，将它们加入列表即可。通过输入其 DNS 名称也可以将区域添加到权威服务器的列表中。输入名称时，按“解析”类型可以在将它添加到列表之前，将其名称解析为 IP 地址。使用该过程指定的 DNS 服务器将被加入该区域现有的名称服务器（NS）资源记录中。

### 3.4.5 添加资源记录

添加资源记录的具体操作如下所述。

（1）选择“开始”→“管理工具”→ DNS 命令，打开 DNS 管理器窗口。

（2）在左窗格中依次展开 Server Name →“正向查找区域”目录，然后右击 frank.com 区域，在弹出的快捷菜单中选择“新建主机（A 或 AAAA）”命令，如图 3-20 所示。

（3）打开“新建主机”对话框，如图 3-21 所示，在“名称”文本框中输入一个能代表该主机所提供服务的名称，在“IP 地址”文本框中输入该主机的 IP 地址，再单击“添加主机”按钮。很快就会提示已经成功创建了主机记录。

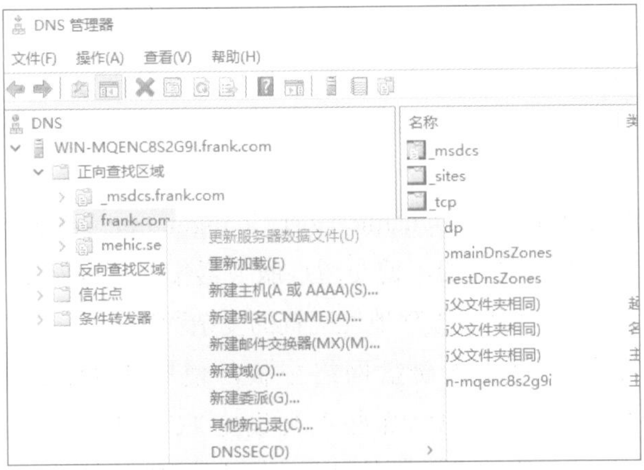

图 3-20　选择“新建主机（A 或 AAAA）”命令

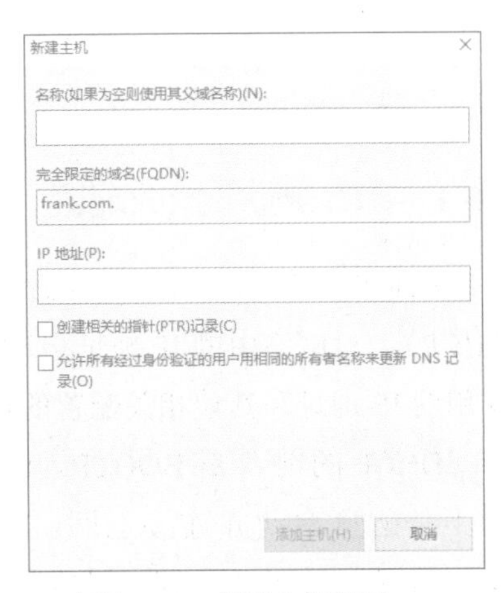


图 3-21　创建主机记录

此外，用户还可以配置别名（CNAME）以及邮件记录（MX）等资源记录。

### 3.4.6　配置DNS客户端

虽然已经有了 DNS 服务器，但客户机并不知道 DNS 服务器在哪里，因此用户必须手动设置 DNS 服务器的 IP 地址才行。在客户机上打开“Internet 协议版本 4（TCP/IPv4）属性”对话框，在“首选 DNS 服务器”文本框中设置刚刚部署的 DNS 服务器的 IP 地址即可，如图 3-22 所示。

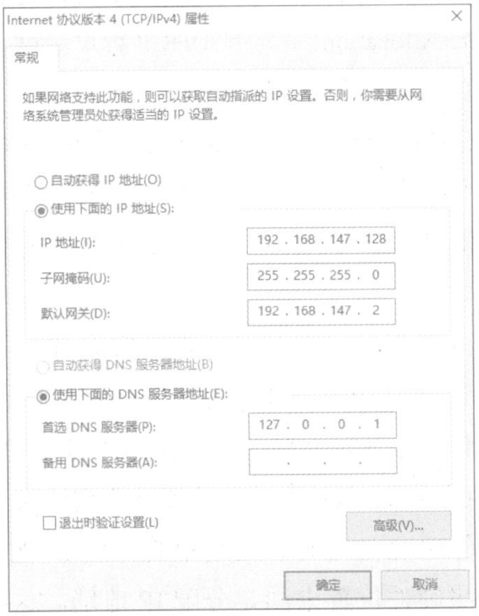

图 3-22　设置客户端的 DNS 服务器地址

## 3.5 DHCP 服务器

### 3.5.1 DHCP服务器的配置

DHCP 服务器是采用了动态主机配置协议（Dynamic Host Configuration Protocol，DHCP），对网络中的 IP 地址自动动态分配的服务器，旨在通过服务器集中管理网络上使用的 IP 地址和其他相关配置的详细信息，以减少管理地址配置的复杂程度。

DHCP 的前身是 BOOTP。BOOTP 原本用于无磁盘网络主机，使用 BOOT ROM 而不是磁盘启动并连接上网，BOOTP 可以自动地为那些主机设定 TCP/IP 环境。但 BOOTP 有一个缺点，即在设定前须事先获得客户端的硬件地址，而且与 IP 地址的对应是静态的。换言之，BOOTP 缺乏“动态性”，若在有限的 IP 地址资源环境中，BOOTP 的一一对应会造成非常大的浪费。

DHCP 分为服务器端和客户端两个部分。所有 IP 地址信息都由 DHCP 服务器集中管理，并负责处理客户端的 DHCP 请求；客户端使用从服务器分配下来的 IP 环境资料。DHCP 通过“租约”的概念有效且动态地分配客户端的 IP 地址。

#### 1. DHCP 的分配形式

首先，必须至少有一台 DHCP 工作在网络上面，它会监听网络的 DHCP 请求，并与客户端协商 TCP/IP 环境设定。它提供了如下两种 IP 地址定位方式。

- 自动分配（Automatic Allocation）：一旦 DHCP 客户端第一次成功地从 DHCP 服务器端租用到 IP 地址，就永远使用这个地址。
- 动态分配（Dynamic Allocation）：当 DHCP 第一次从 DHCP 服务器端租用到 IP 地址之后，并非永久使用该地址，只要租约到期，客户端就得释放（release）这个 IP 地址，给其他工作站使用。当然，客户端可以比其他主机更优先延续（renew）租约，或租用其他 IP 地址。

动态分配显然比自动分配更加灵活，尤其是当实际 IP 地址不足的时候。例如，一家 ISP 只能提供 200 个 IP 地址用来给拨号上网客户，但并不意味着客户最多只能有 200 个。因为客户们不可能全部同一时间上网，除了他们各自行为习惯的不同，也有可能是电话线路的限制。这样就可以将这 200 个地址轮流地租用给拨号上网的客户使用了。

DHCP 除了能动态设定 IP 地址之外，还可以将一些 IP 地址保留下来给一些特殊用途的机器使用，它可以按照硬件位置来固定分配 IP 地址，这样可以给客户更广的设计空间。同时，DHCP 还可以帮客户端指定 Router、Netmask、DNS Server、WINS Server 等项目。

### 2. DHCP 的工作原理

区别于客户端是否第一次登录网络，DHCP 的工作形式会有所不同。

1）第一次登录

（1）寻找 Server。当 DHCP 客户端第一次登录网络的时候，客户发现本机上没有任何 IP 地址资料设定，它会向网络发出一个 Dhcpdiscover 包。因为客户端还不知道自己属于哪一个网络，所以包的来源地址会为 0.0.0.0，而目的地址则为 255.255.255.255，然后再附上 Dhcpdiscover 的信息向网络进行广播。

在 Windows 的预设情形下，Dhcpdiscover 的等待时间预设为 1s，也就是当客户端将第一个 Dhcpdiscover 包送出去之后，如果在 1s 之内没有得到回应，就会进行第二次 Dhcpdiscover 广播。若一直得不到回应，客户端一共进行 4 次 Dhcpdiscover 广播，除了第一次会等待 1s 之外，其余三次的等待时间分别是 9s、13s、16s。如果都没有得到 DHCP 服务器的回应，客户端则会显示错误提示信息，宣告 Dhcpdiscover 失败。之后，基于使用者的选择，系统会继续在 5min 之后再重复一次 Dhcpdiscover 广播的过程。

（2）提供 IP 租用地址。当 DHCP 服务器监听到客户端发出的 Dhcpdiscover 广播后，它会从那些还没有租出去的地址范围内选择最前面的空置 IP 地址，连同其他 TCP/IP 设定回应给客户端一个 Dhcpoffer 包。

由于客户端在开始的时候还没有 IP 地址，所以在其 Dhcpdiscover 封包内会带有其 MAC 地址信息，并且有一个 XID 编号来识别该封包，DHCP 服务器回应的 Dhcpoffer 封包则会根据这些资料传递给要求租约的客户。根据服务器端的设定，Dhcpoffer 封包会包含一个租约期限的信息。

（3）接受 IP 地址租约。如果客户端收到网络上多台 DHCP 服务器的回应，只会挑选其中一个 Dhcpoffer（通常是最先抵达的那个），并且会向网络发送一个 Dhcprequest 广播封包，告诉所有 DHCP 服务器它将指定接受哪一台服务器提供的 IP 地址。

同时，客户端还会向网络发送一个 ARP 封包，查询网络上有没有其他机器使用该 IP 地址。如果发现该 IP 地址已经被占用，客户端会送出一个 Dhcpdecline 封包给 DHCP 服务器，拒绝接受其 Dhcpoffer，并重新发送 Dhcpdiscover 信息。

事实上，并不是所有 DHCP 客户端都会无条件接受 DHCP 服务器的 offer，尤其是这些主机安装有其他 TCP/IP 相关的客户软件的情况下。客户端也可以用 Dhcprequest 向服务器提出 DHCP 选择，而这些选择会以不同的号码填写在 DHCP Option Field 里面。换句话说，在 DHCP 服务器上面的设定未必是客户端全都接受的，客户端可以保留自己的一些 TCP/IP 设定，主动权永远在客户端这边。

（4）租约确认。当 DHCP 服务器接收到客户端的 Dhcprequest 之后，会向客户端发出一个 Dhcpack 回应，以确认 IP 地址租约的正式生效，也就结束了一个完整的 DHCP 工作过程。

上述工作流程如图 3-23 所示。

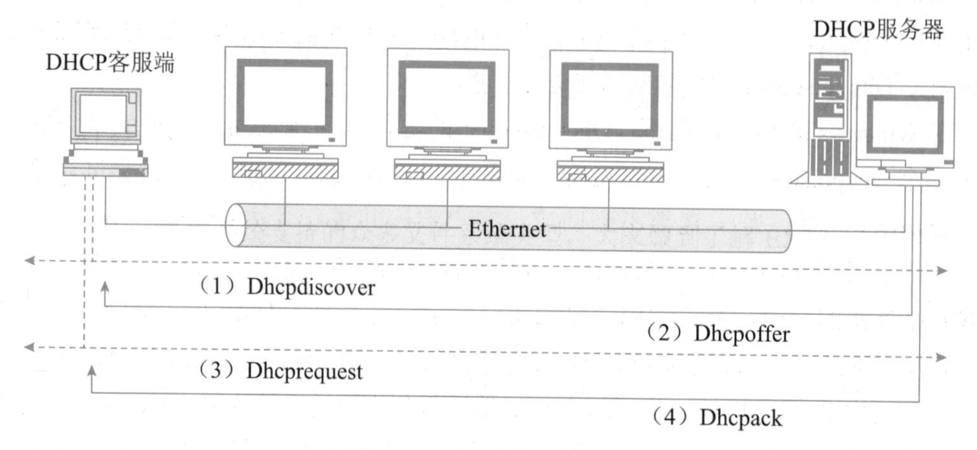


图 3-23 DHCP 的工作流程

2）非第一次登录

一旦 DHCP 客户端成功地从服务器那里取得 DHCP 租约，除非其租约已经失效并且 IP 地址重新设定回 0.0.0.0，否则就无须再发送 Dhcpdiscover 信息，而直接使用已经租用到的 IP 地址向之前的 DHCP 服务器发出 Dhcprequest 信息。DHCP 服务器会尽量让客户端使用原来的 IP 地址，如果没问题，直接回应 Dhcpack 来确认即可；如果该地址已经失效或已被其他机器使用，服务器则会回应一个 Dhcpack 封包给客户端，要求其重新执行 Dhcpdiscover。

### 3.5.2 安装DHCP服务

在 Windows Server 2016 系统中默认没有安装 DHCP 服务器角色，所以需要手动添加 DHCP 服务器角色。需要注意，要安装 DHCP 服务，首先要确保在 Windows Server 2016 服务器中安装了 TCP/IP，并为这台服务器指定了静态 IP 地址（本例中为

10.0.252.199）。添加 DHCP 服务器角色的步骤如下。

（1）选择“开始”→“管理工具”→“服务器管理器”→“角色”命令，在打开的窗口中单击“添加角色”按钮，启动 Windows 添加角色向导。

（2）在“服务器角色”列表框中选中“DHCP 服务器”复选框，并单击“下一步”按钮。安装向导提示，执行至确认界面，单击“安装”按钮，完成 DHCP 服务器的安装。

### 3.5.3　创建DHCP作用域

完成 DHCP 服务组件的安装后并不能立即为客户端计算机自动分配 IP 地址，还需要做一些设置工作。首先要做的就是根据网络中的节点或计算机数确定一段 IP 地址范围，并创建一个 IP 作用域。这部分操作属于配置 DHCP 服务器的核心内容，具体操作步骤如下。

（1）选择“开始”→“管理工具”→“DHCP”命令，打开 DHCP 控制台窗口。在左窗格中单击 DHCP 服务器名称，右击 IPv4，在弹出的快捷菜单中选择“新建作用域”命令，如图 3-24 所示。

图 3-24　选择“新建作用域”命令

（2）打开“新建作用域向导”对话框，单击“下一步”按钮，打开“作用域名称”向导页面，在“名称”和“描述”文本框中为该作用域输入一个名称和一段描述性信息如图 3-25 所示，然后单击“下一步”按钮。

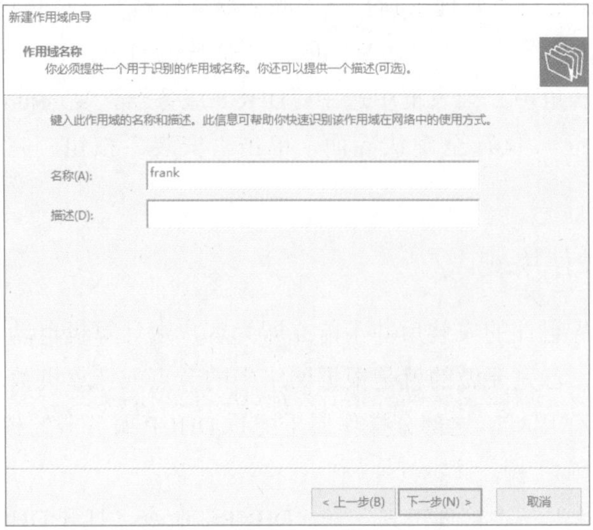

图 3-25 “作用域名称”向导页面

（3）打开“IP 地址范围”向导页面，分别在“起始 IP 地址”和“结束 IP 地址”文本框中输入已经确定好的 IP 地址范围的起止 IP 地址，如图 3-26 所示，然后单击“下一步”按钮。

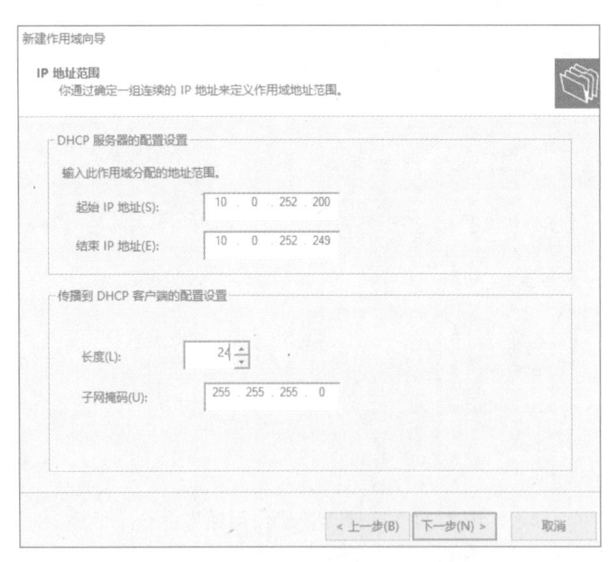


图 3-26 “IP 地址范围”向导页面

（4）打开“添加排除和延迟”向导页面，在这里可以指定需要排除的 IP 地址或 IP

地址范围，在“起始 IP 地址”文本框中输入要排除的 IP 地址并单击“添加”按钮，然后重复操作即可，如图 3-27 所示，完成后单击“下一步”按钮。

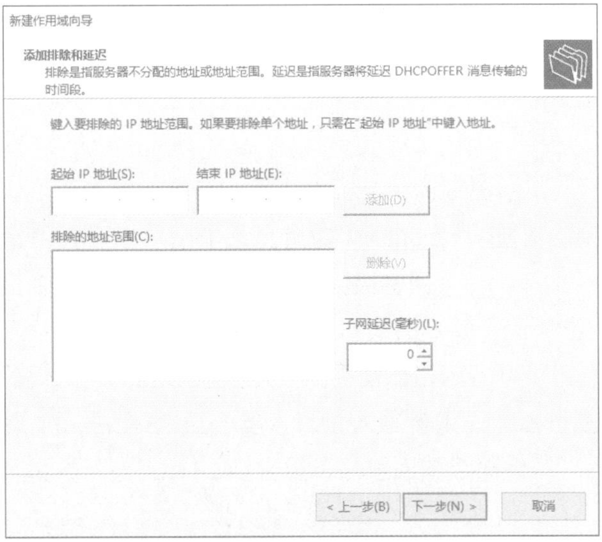

图 3-27　“添加排除和延迟”向导页面

（5）打开“租用期限”向导页面，默认将客户端获取的 IP 地址使用期限限制为 8 天。如果没有特殊要求，保持默认值不变，如图 3-28 所示，单击“下一步”按钮。

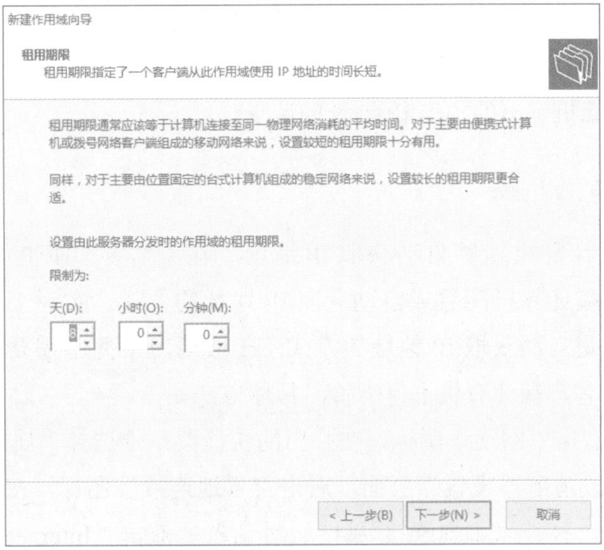

图 3-28　“租用期限”向导页面

（6）打开“路由器（默认网关）”向导页面，根据实际情况输入网关 IP 地址，并单击“添加”按钮，如图 3-29 所示。如果没有则不填，直接单击“下一步”按钮 。

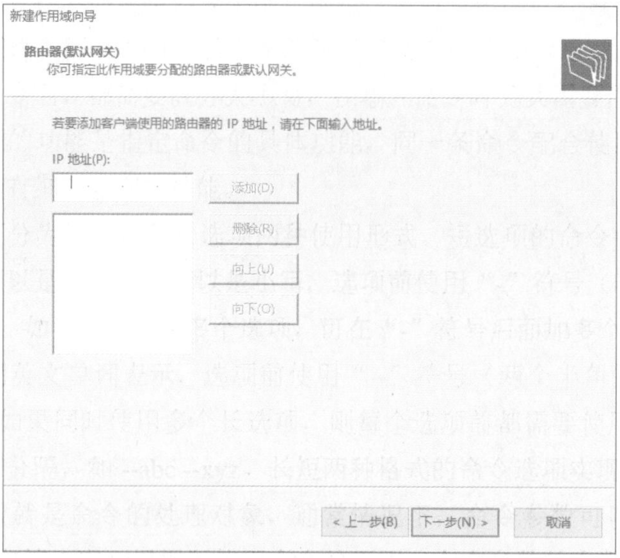

图 3-29 “路由器（默认网关）”向导页面

（7）根据向导提示，配置 DNS 服务器和 WINS 服务器。

（8）打开“激活作用域”向导页面，保持选中“是，我想现在激活此作用域”单选按钮，并依次单击“下一步”和“完成”按钮完成配置。

至此，DHCP 服务器端的配置工作基本完成了。现在 DHCP 服务器已经做好了准备，随时等待客户端计算机发出的求租 IP 地址的请求。

### 3.5.4 设置DHCP客户端

为了使客户端计算机能够自动获取 IP 地址，除了需要 DHCP 服务器正常工作以外，还需要将客户端计算机配置成自动获取 IP 地址的方式。实际上在默认情况下客户端计算机使用的都是自动获取 IP 地址的方式，一般情况下并不需要进行配置。这里以 Windows 10 为例对客户端计算机进行配置，具体方法如下。

（1）在桌面上右击“网络”图标，在弹出的快捷菜单中选择“属性”命令。

（2）打开“更改适配器设置”页面，右击“本地连接”图标，在弹出的快捷菜单中选择“属性”命令，打开“本地连接 属性”对话框，双击“Internet 协议版本 4（TCP/IPv4）”选项，在打开的对话框中选中“自动获得 IP 地址”单选按钮，单击“确定”按钮，如图 3-30 所示。

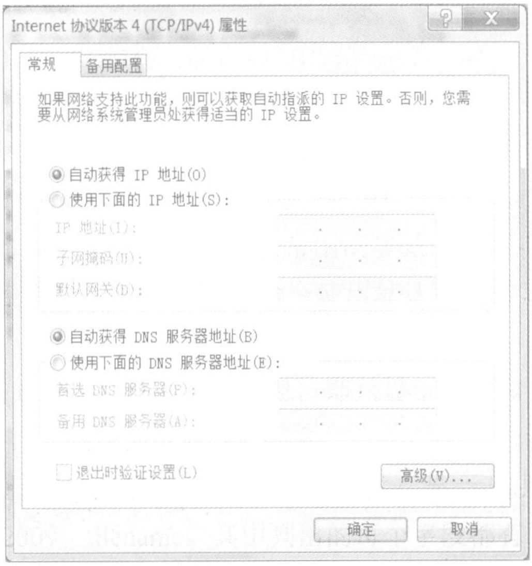

图 3-30 Internet 协议（TCP/IP）属性设置

至此，DHCP 服务器端和客户端已经全部设置完成，一个基本的 DHCP 服务环境已经部署成功。在 DHCP 服务器正常运行的情况下，首次开机的客户端会自动获取一个 IP 地址，并拥有 8 天的使用期限。

### 3.5.5 备份、还原DHCP服务器配置信息

在网络管理工作中，备份一些必要的配置信息是一项重要的工作，以便当网络出现故障时，能够及时恢复正确的配置信息，保障网络正常运转。在配置 DHCP 服务器时也不例外，Windows Server 2016 服务器操作系统中也提供了备份和还原 DHCP 服务器配置的功能。

（1）打开 DHCP 控制台，展开 DHCP 选项，选择已经建立好的 DHCP 服务器，右击服务器名，在弹出的快捷菜单中选择“备份”命令，如图 3-31 所示。

（2）弹出的窗口要求用户选择备份路径。默认情况下，DHCP 服务器的配置信息是放在系统安装盘的 Windows\system32\dhcp\backup 目录下。如有必要，可以手动更改备份的位置，如图 3-32 所示。

（3）当出现配置故障时，如果需要还原 DHCP 服务器的配置信息，则右击 DHCP 服务器名后在弹出的快捷菜单中选择“还原”命令即可。

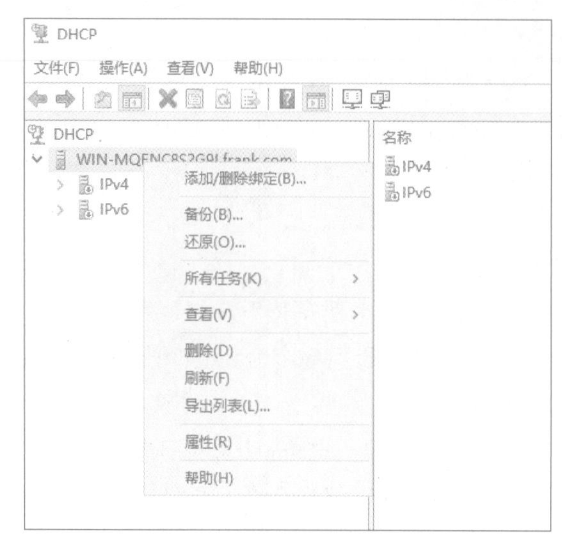


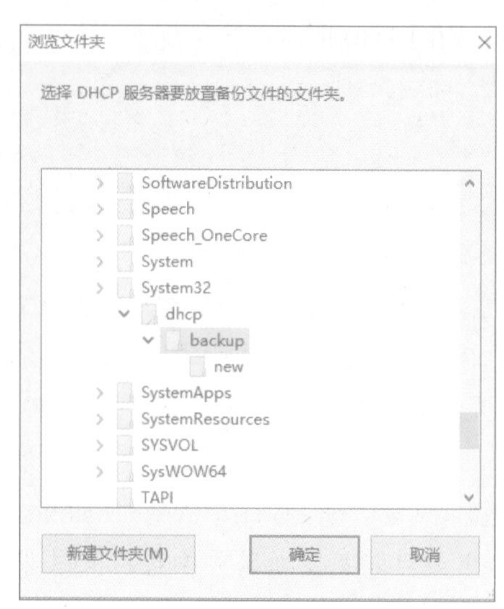


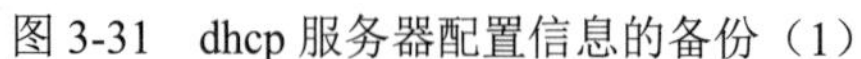
图 3-31 dhcp 服务器配置信息的备份（1）

图 3-32 dhcp 服务器配置信息的备份（2）

## 3.6 FTP 服务器

### 3.6.1 FTP服务器的配置

FTP（File Transfer Protocol，文件传输协议）是一个用来在两台计算机之间传送文件的通信协议，这两台计算机中，一台是 FTP 服务器，一台是 FTP 客户端。FTP 客户端可以从 FTP 服务器下载文件，也可以将文件上传到 FTP 服务器。

FTP 是因特网上历史最悠久的网络工具，从 1971 年由 Abhay K.Bhushan 提出第一个 FTP 的 RFC（RFC114），至今已超过半个世纪，FTP 凭借其独特的优势一直都是因特网中最重要、最广泛的服务之一。

FTP 的目标是提高文件的共享性，提供非直接使用远程计算机，使存储介质对用户透明和可靠高效地传送数据。它能操作任何类型的文件而不需要进一步处理，就像 MIME 或 Unicode 一样。但是，FTP 有着极高的延时，这意味着，从开始请求到第一次接收需求数据之间的时间会非常长，并且必须不时地执行一些冗长的登录进程。

#### 1. FTP 的工作原理

FTP 连接需要 FTP 服务器和客户端双方在网络上建立通信。建立 FTP 连接时会有两个不同的通信通道：一个被称为命令通道，它的作用是发出和响应指令；另一个为数据通道，用于客户端和服务器端进行数据交互。

使用 FTP 传输文件时，用户需要通过向 FTP 服务器提供凭据来获得文件传输许可。当然某些公共 FTP 服务器可能不需要凭据即可访问其文件，但是无法保证数据传输的安全性，任何未加密公共网络上的数据发送都是非常危险的，所以为了保护传输数据的安全，由 FTP 衍生而来的就是 FTPS 与 SFTP 两种协议。FPTS 有 FTPS 隐式 SSL 和 FTPS 显示 SSL 两种模式，两者都使用 SSL 加密，区别在于：

- FTPS 隐式 SSL 模式通常在端口 990 上运行。在这个模式下，全部数据的交换都需要在客户端和服务器之间建立 SSL 会话，并且服务器会拒绝任何不使用 SSL 进行的连接尝试。
- FTPS 显示 SSL 模式下，服务器可以同时支持 FTP 和 FTPS 会话。在开始会话前，客户端需要先建立与 FTP 服务器的未加密连接，并在发送用户凭证前先发送 AUTH TLS 或 AUTH SSL 命令来请求服务器将命令通道切换到 SSL 加密通道，成功建立通道后再将用户凭证发送到 FTP 服务器，从而保证在会话期间的任何命令都可以通过 SSL 通道自动加密。

简单来说，当启用隐式模式时，FTP 的默认端口就被改为 TCP/990，服务器自动建立安全连接，并且要求客户端也必须支持安全连接模式，也就是使用 SSL 进行连接。当启用显式模式时，与 FTP 连接方式和默认端口一样，但是需要以 AUTH SSL/TLS 类型的命令激活安全连接后才能正常传输数据。

SFTP（Secure File Transfer Protocol）也叫作安全文件传送协议。

如果说 FTPS 是在 FTP 协议上增加了一层 SSL，那么 SFTP 就是基于网络协议 SSH（安全外壳）的协议，与前面所说的 FTP 完全不同。SFTP 不使用单独的命令通道和数据通道，而是数据和命令都会通过单个连接以特殊格式的数据包进行传输。

SFTP 提供了两种验证连接的方法：第一种是与 FTP 一样，连接时只需要验证用户 ID 和密码就可以了，但与 FTP 不同的是，这些凭据是加密的，这是 SFTP 最主要的安全优势；第二种是通过 SSH 密钥来验证并通过 SFTP 协议连接。

#### 2. FTP 软件的主动模式和被动模式

FTP 的默认模式就是主动模式，也称为 PORT 模式。它是通过以下两个步骤进行工作的：

（1）首先客户端上的随机端口与服务器上的 FTP 端口 21 建立命令通道，客户端发送 port 命令，指定服务器与客户端的其中一个端口连接，并建立数据通道。

（2）然后服务器从端口 20 连接到为数据通道指定的客户端端口。建立连接后，即可通过这些客户端和服务器端口进行文件传输。

另外，还可以将传输模式从手动调整为被动传输模式。在该模式下，用户端进行文件传输时，会先通过随机端口 A 连接到服务器上的端口 21，并发出 PASV 命令建立命令通道，告诉服务端这次是被动传输模式连接。之后服务器会打开一个随机端口用于数据传输，而客户端通过与发出命令的端口不同的随机端口 B 建立数据通道，从而进行文件传输。

被动模式与主动模式的不同之处就是由客户端还是服务器来启动数据连接。在主动模式下，客户端在命令通道上建立连接后，服务器将启动与客户端的数据连接。而在被动模式下，建立命令通道后，由客户端启动与服务器的数据连接。

因为两种模式的区别，可以得出两者的优势和缺陷。主动模式有利于管理 FTP 服务端，因为只需要打开端口 21 的“准入”、端口 20 的“准出”即可，但是由于服务器连接到客户端的端口是随机的，所以客户端有可能会触发防火墙，甚至直接被防火墙拦截掉。反之，被动模式则有利于管理客户端。

### 3.6.2 安装FTP服务

在 Windows Server 2016 系统中默认没有安装 FTP 服务器角色，所以需要手动添加 FTP 服务器角色。

如果计算机尚未安装 Web 服务器（IIS），其安装步骤如下：

（1）打开服务器管理器，单击仪表盘处的“添加角色和功能”；

（2）持续单击“下一步”按钮，直到出现选择服务器角色界面时选中“Web 服务器（IIS）”复选框；

（3）单击“添加功能”；

（4）持续单击“下一步”按钮，直到出现选择服务器角色界面时选中“FTP 服务器”复选框。

如果计算机已经安装 Web 服务器（IIS）的话，其安装步骤如下：

（1）打开服务器管理器，单击仪表盘处的“添加角色和功能”；

（2）持续单击“下一步”按钮，直到出现选择服务器角色界面；

（3）展开“Web 服务器（IIS）”选项，选中“FTP 服务器”复选框。

### 3.6.3　FTP站点配置

1. 添加 FTP 站点

选择“开始”→“管理工具”→“Internet 信息服务（IIS）管理器”命令，然后在弹出的窗口中，右击“网站”选项，在弹出的快捷菜单中选择“添加 FTP 站点”命令，弹出“添加 FTP 站点”窗口。

（1）在打开的“站点信息”窗口中，设置 FTP 站点的名称和物理路径。物理路径即 FTP 主目录，所谓主目录是指映射为 FTP 根目录的文件夹，FTP 站点中的所有文件将保存在该目录中。用户可以把主目录修改为计算机中的其他文件夹，甚至可以是另一台计算机上的共享文件夹，如图 3-33 所示。设置完成后单击“下一步”按钮。

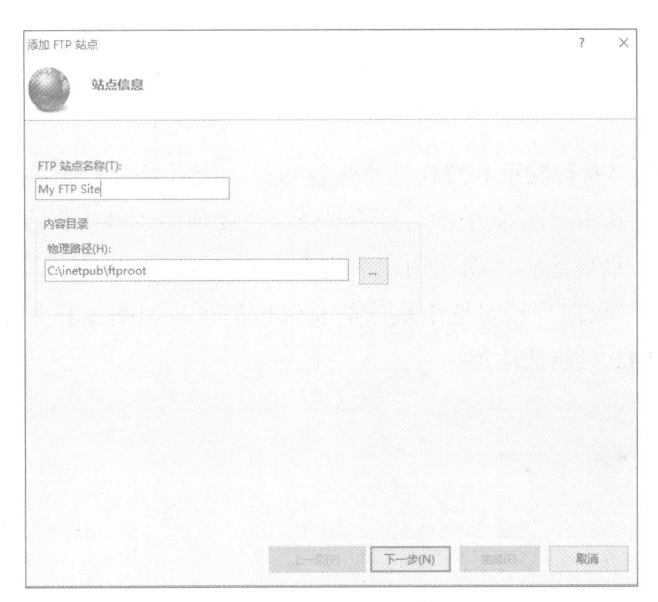


图 3-33　配置站点信息

（2）在打开的“绑定和 SSL 设置”窗口中，在“IP 地址”下拉列表中设置该 FTP 站点的 IP 地址。Windows Server 2016 操作系统中允许安装多块网卡，而且每块网卡也可以绑定多个 IP 地址，通过设置 IP 地址，FTP 客户端可以利用设置的这个 IP 地址来访问该 FTP 服务器，在下拉列表中选择一个即可，端口号使用默认的 21 即可，如图 3-34 所示。完成设置后单击“下一步”按钮。

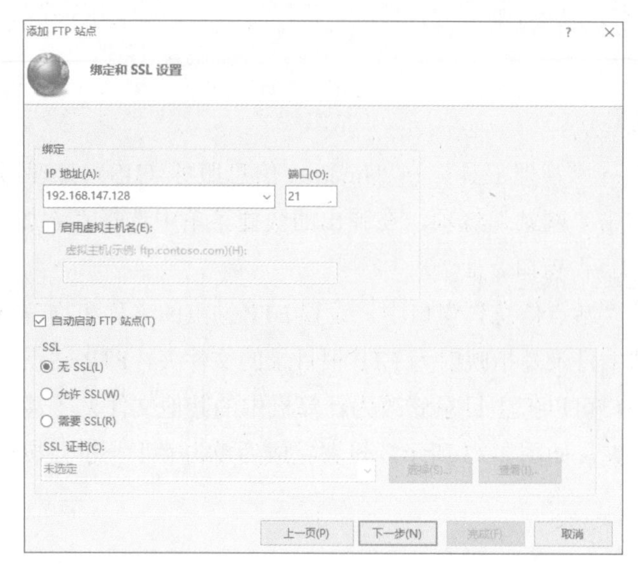


图 3-34　配置 IP 地址和端口

（3）在打开的“身份验证和授权信息”窗口中，配置身份验证和授权。FTP 身份验证有“匿名”和“基本”两种方式，为了安全，建议使用“基本”方式。“授权”栏目中的“允许访问”最好选择“指定用户”选项。根据需要，“权限”可以选择“读取”或者“写入”，在“权限”栏目选中相应的复选框即可，如图 3-35 所示。单击“完成”按钮，就完成了 FTP 站点的添加。

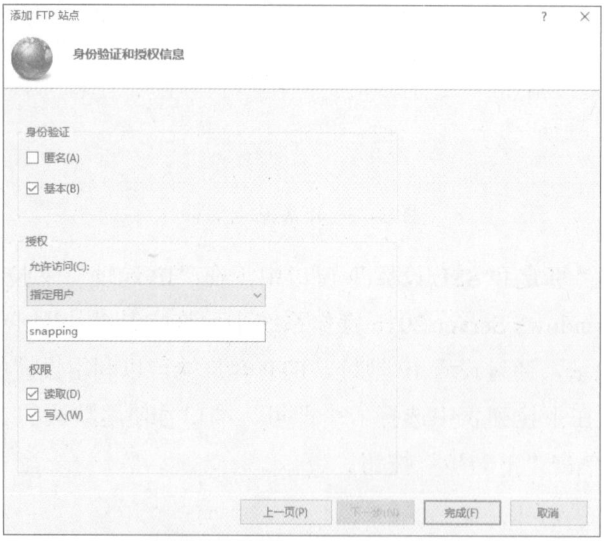

图 3-35　配置身份验证和授权

### 2. IP 地址和域限制

双击 FTP 站点右侧主窗口中的“FTP IP 地址和域限制”，可以对访问站点的计算机进行限制。单击“操作”窗口的“添加允许条目”或“添加拒绝条目”，可以允许或排除某些计算机的访问权限，如图 3-36 所示。

在“操作”栏单击“编辑功能设置”按钮，在打开的对话框中可以设置未指定客户端的访问权为“允许”或者“拒绝”。

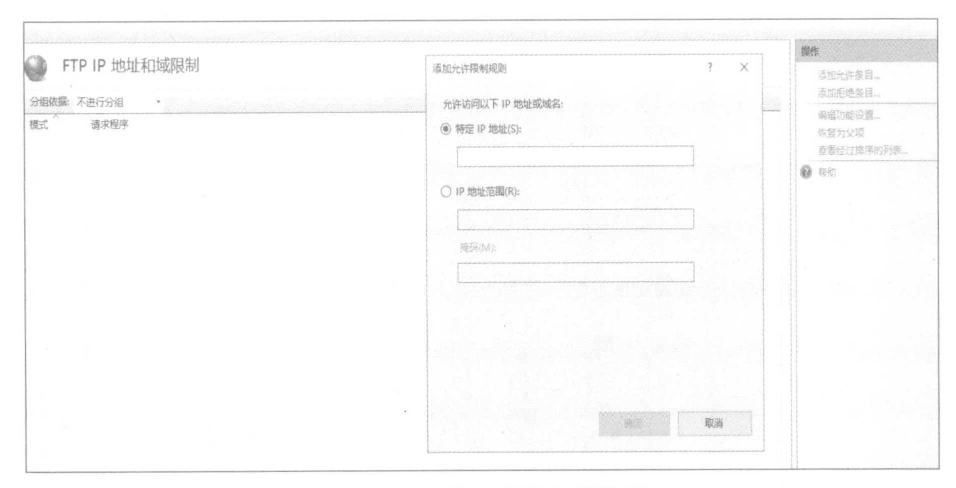


图 3-36　配置 IP 地址和域限制

## 3.6.4　物理目录和虚拟目录

我们可能需要在 FTP 站点的主目录之下建立多个子文件夹，然后将文件夹存储到主目录与这些子文件夹内，这些子文件夹被称为物理目录。

也可以将文件存储到其他位置，例如本计算机其他磁盘驱动器内的文件夹，或是其他计算机的共享文件夹，然后通过虚拟目录（virtual）映射到这个文件夹。每一个虚拟目录都有一个别名（alias），用户通过别名来访问这个文件夹内的文件。虚拟目录的好处是：无论将文件的实际存储位置更改到何处，只要别名不变，用户都可以通过相同的别名来访问文件。

1）物理目录实例演练

假设在如图 3-37 所示的主目录（C:\inetpub\ftproot）之下，建立一个名称为 Tools 的子文件夹，然后复制一些文件到此文件夹内以便测试，之后我们便可以单击 My FTP Site，然后再单击 Tools，在内容视图中看到这些文件，如图 3-38 所示。

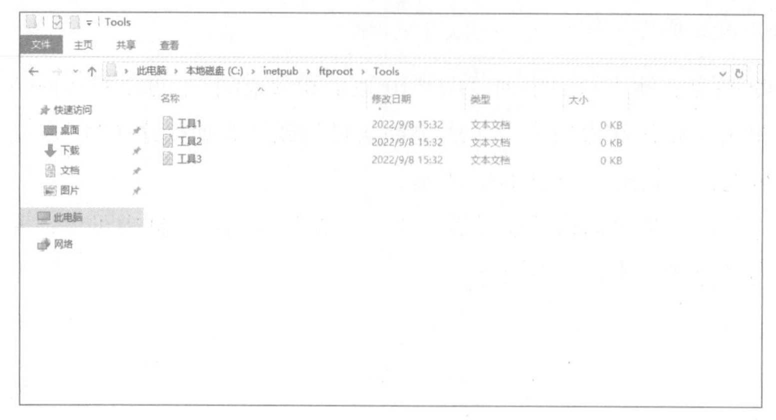


图 3-37 Tools 子文件夹

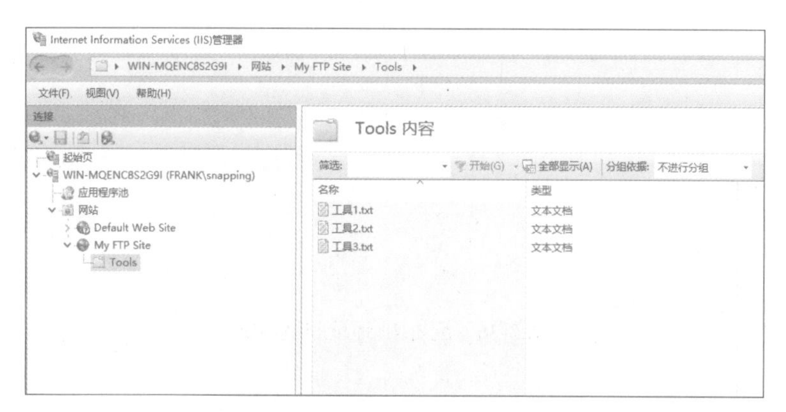


图 3-38 My FTP Site 下 Tools 目录

2）虚拟目录实例演练

如图 3-39 所示，在 FTP 站点的 C 盘（C:\）建立一个名称为 Books 的文件夹，然后复制一些文件到此文件夹内以便测试，此文件夹将被设置为 FTP 站点的虚拟目录。

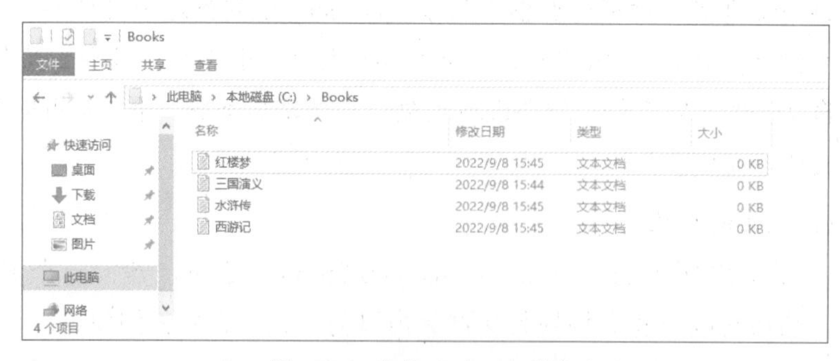


图 3-39 建立 Books 文件夹

接下来可以通过以下步骤建立虚拟目录：

（1）如图3-40所示，选中My FTP Site后右击，在弹出的快捷菜单中，选择“添加虚拟目录”命令，在前景图中输入别名。

图3-40　添加虚拟目录

（2）输入或浏览到物理路径C:\Books。

（3）如图3-41所示，在My FTP Site下多了一个虚拟目录，再单击内容视图后，便可看到其中的文件。

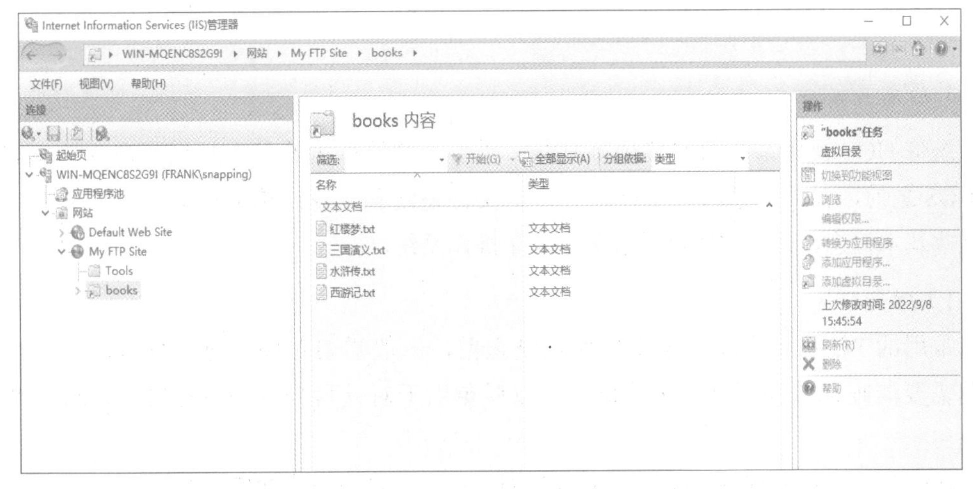


图3-41　My FTP Site下的虚拟目录

（4）如果要让客户端看到虚拟目录，需要单击 My FTP Site 下方的功能视图，如图 3-42 所示，单击“FTP 目录浏览”，在前景图中勾选“虚拟目录”复选框，然后再单击“应用”按钮。

图 3-42　FTP 目录浏览配置

## 3.7 Linux 服务器

### 3.7.1 统信UOS操作系统的安装

#### 1. 安装前的准备

统信 UOS 操作系统的安装稍显复杂，需要一些计算机的基本知识。在开始安装统信 UOS 之前，需要先了解一下硬盘分区、文件系统和目录结构的相关概念，只有理解了这些基本概念，才能更顺利地安装 Linux 操作系统。

*1）磁盘分区*

常用的 PC 系统在安装某个操作系统之前，一般需要对硬盘进行分区。在硬盘分区前需要清晰地掌握硬盘分区的概念，以避免由于对硬盘分区的意外操作造成的数据丢失。

按照分区的类型划分，硬盘分区可分为主分区、扩展分区和逻辑分区。

（1）主分区是硬盘分区的基本类型，在主分区中可直接创建文件系统以供操作系统使用。硬盘的分区信息保存在硬盘的分区表中，由于硬盘分区表中只能保存 4 个主分区记录，因此，一个硬盘中最多只能建立 4 个主分区。

（2）扩展分区是一类特殊的硬盘主分区，在扩展分区中不能直接创建文件系统，它是为了应对主分区数量不够而设计的特殊分区。扩展分区必须进一步划分为逻辑分区才能使用。扩展分区作为特殊的主分区需要占用硬盘分区表中 4 个分区记录中的一个记录。

（3）逻辑分区只能建立在扩展分区中，在逻辑分区中可以建立文件系统。逻辑分区的信息不占用分区表的记录，而是保存在扩展分区中的。扩展分区和逻辑分区是为了解决硬盘分区数量不能满足操作系统使用的问题而产生的。

在 Linux 中，所有硬件设备都使用相应的设备文件来表示，硬盘和分区也是如此，硬盘和分区设备的文件表述形式如下所述：

（1）Linux 中对于 IDE（硬盘）设备采用以 hdx 格式命名的文件名表示，其中，x 为 a、b、c 或 d，系统中最多有 4 个 IDE 设备，例如系统中的第 1 个 IDE 设备（通常为第 1 块硬盘）命名为 hda，第 3 个 IDE 设备命名为 hdc。

（2）硬盘的主分区采用以 hdxn 格式命名的文件名表示，其中，hdx 是分区所在的硬盘，n 是 1 ～ 4 的数字，分别表示 4 个主分区，例如系统中第 1 个 IDE 硬盘的第 1 个主分区表示为 hdal，第 1 个 IDE 硬盘的第 2 个主分区表示为 hda2。

（3）硬盘的逻辑分区与主分区一样，采用以 hdxn 格式命名的文件名表示，区别在于逻辑分区的 n 从 5 开始进行编号（因为前 4 个编号给主分区使用了）。例如，系统中第 1 个 IDE 硬盘的第 1 个逻辑分区表示为 hda5，第 1 个 IDE 硬盘的第 2 个逻辑分区表示为 hda6，因此，Windows 系统中的 D 盘在 Linux 系统中通常被表示为 hda5。

掌握了硬盘设备和硬盘分区的命名方法后，在 Linux 的安装过程中就可以更加明确地进行硬盘的分区了。

2）Linux 使用的文件系统类型

在 Windows 操作系统中，通常会将硬盘分区格式化为 FAT32 或 NTFS 格式，FAT32 或 NTFS 都属于文件系统类型。在 Linux 操作系统中能够使用如下 n 种类型的文件系统：

（1）XFS。XFS 是 64 位文件系统，最大支持 8EB 减 1 字节的单个文件系统，适合海量存储或者超大规模的文件存储。

（2）EXT2 和 EXT3。EXT2 和 EXT3 是 Linux 操作系统常用的文件系统类型，EXT2 正逐渐被淘汰，EXT3 是 EXT2 的改进版本，EXT4 是 EXT3 的后继版本，是第 4 代扩展文件系统，其修改了EXT3中部分重要的数据结构，支持更大的文件系统和更大的文件，EXT4可以提供更好的性能和可靠性。

（3）SWAP。SWAP类型的文件系统在Linux系统的交换分区中使用，也是Linux系统默认支持的，其作用就像Windows系统中的虚拟内存一样。交换分区的大小通常设置为主机系统内存的2倍。例如，对于拥有256MB物理内存的主机，其交换分区的大小建议设置为512MB；对于内存大于2GB的主机，交换分区的大小设置为与物理内存的大小相同即可。

大多数Linux系统还支持其他类型的文件系统，如xfs和jfs等，这些文件系统类型一直用于商业版本的UNIX操作系统，具有出色的性能表现，目前也被Linux系统支持。对于微软公司的FAT32和NTFS文件系统格式，Linux能够部分支持，大多数Linux系统支持FAT32文件系统的读写和NTFS的只读，而不能支持NTFS文件系统的写入。当然，在借助辅助软件的条件下也可以对NTFS文件系统写入，但Linux本身并不支持。

对于Linux操作系统支持的众多文件系统类型，大家做到了解EXT3和SWAP文件系统类型，就可以完成Linux系统的安装。

3）Linux的目录结构

在Windows操作系统中，使用盘符代表独立的文件系统，如C盘、D盘等，每一个盘符中都有一个根目录，这种同一个系统中可以存在多个根目录的目录结构称为森林型目录结构。而Linux系统使用树形目录结构，即在整个系统中只存在一个根目录（文件系统），所有其他文件系统都挂载到根目录下相应的子目录节点中。

在实际的Linux系统中，文件名和目录是区分大小写的。Linux操作系统中常用的目录及其作用如下所述：

- 根（/）目录：是Linux文件系统的起点，根目录所在的分区称为根分区。
- /bin目录：用于存放系统基本的用户命令，普通用户权限可以执行。
- /boot目录：用于存放Linux系统启动所必需的文件，出于系统安全考虑，/boot目录通常被划分为独立的分区。
- /etc目录：重要的目录，用于存放Linux系统的各种程序的配置文件和系统配置文件。
- /usr目录：用于存放Linux系统中大量的应用程序，包括图形程序。这个目录又被划分成很多子目录，用于存放不同类型的应用程序。类似于Windows操作系统下的Program Files程序文件夹。

- /var 目录：用于存放系统中经常需要变化的一些文件，如系统日志文件等。这个目录通常被划分为独立的分区，用独立的硬盘，用以存储数据。
- /sbin 目录：用于存放系统基本的管理类命令，需要管理员用户权限才可以执行。
- /tmp 目录：用于存放临时文件，该目录会被自动清理干净。
- /dev 目录：设备文件目录。在 Linux 操作系统下，设备被当成文件，这样一来硬件被抽象化，便于读写、网络共享以及根据需要临时装载到文件系统中。正常情况下，设备会有一个独立的子目录。这些设备的内容会出现在独立的子目录下。
- /home 目录：用于存放所有普通用户的宿主目录（家目录），如 teacher 用户的宿主目录为 /home/teacher。对于提供给大量用户使用的 Linux 系统，/home 目录通常划分为独立的分区，以便用户数据的备份。
- /root 目录：是 Linux 系统管理员（超级用户）root 的宿主目录，在默认情况下只有 root 用户的宿主目录在根目录下，而不是在 /home 目录下。

### 2. 启动安装

安装统信 UOS 操作系统首先要在官方网站下载镜像文件。用制作好的 U 盘启动需要安装统信 UOS 操作系统的计算机，按照安装提示进行安装，统信 UOS 安装程序主要有选择语言、配置网络、选择组件、硬盘分区、安装、完成等步骤，如图 3-43 所示。

图 3-43　统信 UOS 安装程序

统信 UOS 服务器版提供多种网络基本环境的配置和安装。基本的网络环境组件有常规服务器环境、云和虚拟化、大数据、图形化服务器环境等，如图 3-44 所示。

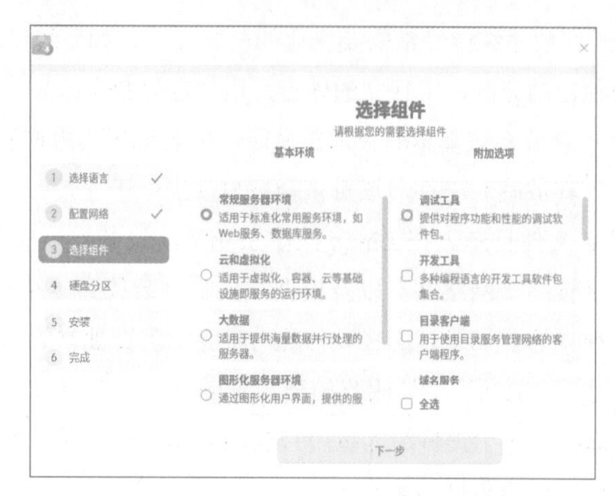


图 3-44 统信 UOS 提供的网络基本环境组件

### 3.7.2 统信UOS操作系统的使用

#### 1. 系统启动、登录等基本操作

1）*启动系统*

统信 UOS 操作系统启动后，输入用户密码后显示的界面如图 3-45 所示。

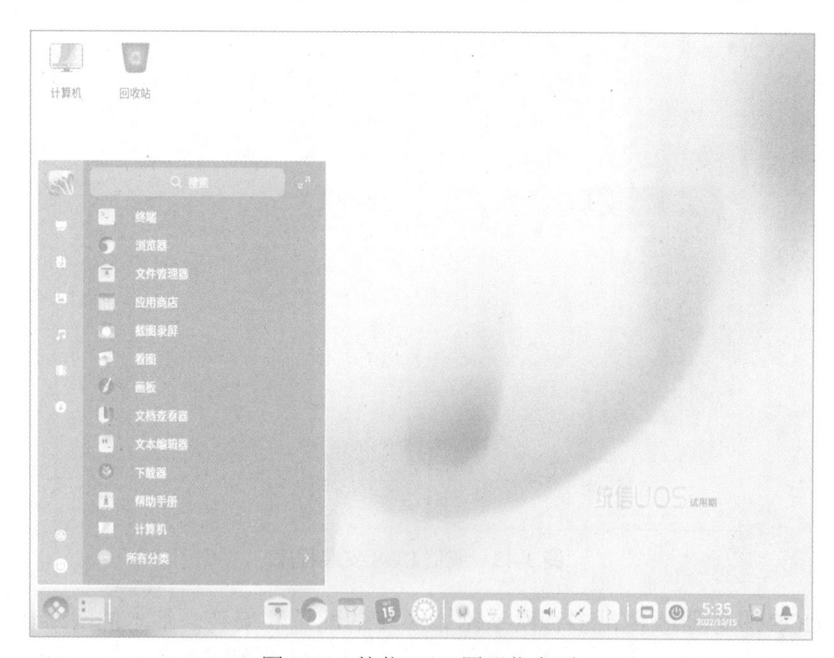


图 3-45 统信 UOS 图形化桌面

2）桌面环境介绍

初次进入统信 UOS 操作系统，首先看到的是干净的壁纸桌面，然后会注意到正下方的任务栏，用鼠标单击一个熟悉的图标来运行一个应用，不熟悉的图标也可将光标放在上面显示应用提示。按一下键盘的 F1 键调出统信 UOS 操作系统的帮助手册，在使用前用几分钟的时间浏览一下帮助手册，在后续的使用中遇到问题也不要忘记打开帮助手册寻找答案。

安装应用程序，在任务栏或者启动器中找到应用商店图标，打开应用商店后可以浏览一下，安装一些常用的程序。操作系统预装了 Chrome 浏览器，用户可以打开浏览器浏览网页，也可以在商店中下载其他浏览器访问因特网。

单击“启动器”→“终端”进入终端界面，如图 3-46 所示。按 Ctrl+D 组合键，或者在 shell 提示符后输入命令 exit，即可从终端界面退出。

在图形化桌面按 Ctrl+Alt+F2 组合键可以进入字符模式，这也是服务器配置和管理的常用模式。在字符模式下按 Alt+F1 组合键可以返回图形模式。

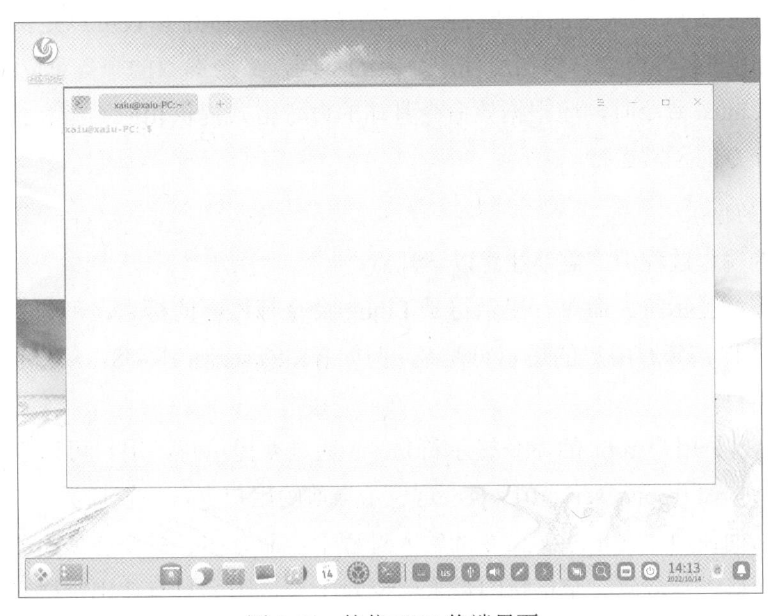


图 3-46　统信 UOS 终端界面

## 2. 常用命令

1）Linux 命令格式

Linux 的通用命令格式由命令字（指令）、命令选项和命令参数（对象）3 个部分组成。

（1）命令字就是命令名称，是整个命令中最重要的一部分，例如变换路径的指令为cd。在Linux的命令行界面使用命令字唯一确定一条命令，因此在输入命令时一定要确保输入的命令字正确。而且Linux操作系统对于英文字符的处理是对大小写敏感的，无论是文件名还是命令名，都需要区分大小写，在输入命令时尤其需要注意这一点。

（2）命令选项的功能是指定命令的具体功能，同一条命令配合使用不同的命令选项可以获得相似但具有细微差别的功能。

命令选项又可分为短选项和长选项两种使用形式。短选项的命令使用单个英文字母表示，选项字母可以是大写，也可以是小写，选项前使用“-”符号（半角的连字符）引导开始，例如ls -l；如果同时使用多个选项，可在“-”符号后面加多个选项，例如ls -al。长选项的命令使用英文单词表示，选项前使用“--”符号（两个半角的连字符）引导开始，如ls --help；如果同时使用多个长选项，则每个选项前都需要使用“--”符号引导，选项间使用空格符分隔，如--abc --xyz。长短两种格式的命令选项实现的效果是一样的。

（3）命令参数就是命令的处理对象，通常情况下，命令参数可以是文件名、目录（路径）名或用户名等内容。根据所使用命令的不同，命令参数的个数可以是0到多个。在使用某条Linux命令时，应根据该命令具体的命令格式提供相应类型和数量的命令参数，以满足命令的正常运行。

2）命令的输入

在命令的输入过程中，需要注意以下几点：

（1）命令行提示符。命令行提示符是Linux命令行界面的标志，可分为普通用户和管理员用户两种。普通用户的提示符是$，例如[root@server01 ~]$，$表示当前的用户身份为普通用户。

Linux管理员用户root的命令提示符是#，通过#提示符，用户可以判断自己的身份为管理员，例如[root@ server01 ~]#，这表示当前的用户身份为管理员。

（2）空格的使用。在Linux命令的输入过程中，命令字、命令选项和命令参数之间都需要使用空格进行分隔，空格符的数量至少为1个，因为只有使用空格对命令中的各部分进行分隔，Linux系统才能够正确地理解命令所表示的含义。

（3）回车的使用。在Linux命令行状态下输入命令，总是以回车符作为所输入命令的结束，表示确认这个命令的输入。在没有回车前，命令行上输入的所有内容都处于可编辑状态，可以进行任何的编辑修改。一旦回车，命令会立即送达Linux系统进行执行。

3）目录操作命令

目录是文件的容器，用于存放文件。同时，目录又是一类特殊的文件，可以存放其他目录。在某个目录中存放的其他目录叫作这个目录的子目录。

对目录操作的基本命令如下所述：

（1）列目录命令 ls：用于显示文件或目录的信息，在 ls 命令的基本语法中可以使用文件名和目录名作为命令参数，这个命令就相当于 DOS 下的 dir 命令一样，也是 Linux 控制台命令中最重要的几个命令之一。ls 最常用的参数有 -a、-l 和 -F。当 ls 命令未使用任何文件名或目录名作为参数时，即 ls 命令使用默认参数时，将显示当前目录中的内容。

ls 命令默认以短格式显示文件和目录信息，即只显示文件和目录的信息，如果需要查看更详细的文件资料，就要用到 ls -l 这个指令。

在 Linux 中用长列表格式显示文件命令 ls -l 时，显示结果为：-rwxrw-r--5　user group　1089　Nov 18 2009　filename。其中列出的每个字段都有自己的含义，它们的对应关系如表 3-3 所示。

**表 3-3　ls 命令输出结果含义**

| -rwxrw-r-- | 5 | user | group | 1089 | Nov 18 2009 | filename |
| --- | --- | --- | --- | --- | --- | --- |
| 存取权限 | 链接数 | 用户 | 组名 | 字节数 | 最后修改时间 | 文件名 |

ls 命令使用目录名作为参数时，将显示指定目录中的内容，即目录中所包括的文件和目录的列表，而不是显示目录文件本身的信息。

Linux 系统中以“.”开头的文件被系统视为隐藏文件，仅用 ls 命令是看不到它们的。用 ls -a 指令除了显示一般文件名外，隐藏文件也会显示出来。

如果想要在列出的文件或目录的名称后加一个符号来表示文件的属性，则可以用 ls -F 显示。显示结果中，可执行文件后加了一个“*”符号，目录后面则加了一个“/”符号。

（2）显示当前目录命令 pwd：用于显示用户当前所在的目录，该命令可以有效地帮助用户了解自己当前所在的目录。pwd 命令使用简单，不需要任何参数，通常也不需要使用命令选项。

（3）目录更改命令 cd：用于改变用户当前目录到其他目录，如果直接输入 cd，后面不加任何参数，就会回到使用者自己的家目录（home 目录，又叫宿主目录）。如果是 root 用户，那就会回到 /root 目录。这个功能与“cd ~”是一样的，“~”也代表用户的宿主目录。

宿主目录是用户登录 Linux 系统后用户默认所在的目录，因此又称为用户登录目录。例如，无论用户 teacher 当前在哪个目录下，执行 cd 或 cd ~ 命令后都会转换到 /home/teacher 目录。

Linux 系统中使用“..”（两个英文句点）表示当前目录的父目录（上一级目录），因此使用 cd.. 命令可以由当前目录进入当前目录的父目录，即退到当前目录的上一级目录。Linux 系统中使用“/”符号表示根目录。

目录路径可以是相对路径，也可以是绝对路径。例如，使用绝对路径进入 /home 目录，可执行 cd /home 命令。假设当前目录为 /etc，使用相对路径进入 /home 目录，可执行 cd ../home 命令。

（4）新建目录命令 mkdir：用于建立空目录。mkdir 命令使用目录名作为参数，建立指定名称的空目录。命令参数指定的目录名称不能与同目录中的其他文件或目录重名，否则无法正确建立目录。

mkdir 命令可以同时使用多个目录名作为参数，即使用同一条 mkdir 命令建立多个目录。

（5）删除目录命令 rmdir：用于删除指定的空目录。rmdir 命令使用目录名作为参数，指定名称的目录必须是空目录（目录中没有任何文件和目录），否则目录不能成功删除。因此在删除某个目录前，需要先确认该目录是空目录，如为非空，需要先将目录中的文件或子目录删除，然后再删除该目录。与 mkdir 命令可以建立多个目录类似，rmdir 命令也可以接受多个目录参数，即可以在同一条 rmdir 中删除多个空目录，例如命令 # rmdir 456。

在 Linux 系统中，目录和设备都被视为文件，共有如下 4 种文件类型：

- 普通文件：即通常所说的文件，包括文本文件、C 语言源代码、Shell 脚本（由 Linux Shell 负责解释的程序）、二进制的可执行程序和各种类型的数据。在长格式列目录文件时，行首前用符号“-”表示。
- 目录文件：即通常所说的目录，在长格式列目录文件时，行首前用字母 d 表示。
- 特殊文件：比如字符设备文件，如显示器、打印机、终端等，在长格式列目录文件时，行首前用字母 c 表示；块设备文件，如硬盘、软盘、光盘等，在长格式列目录文件时，行首前用字母 b 表示。
- 链接文件：链接文件类似于 Windows 系统下的快捷方式，但并不完全相同。链接有两种方式，即软链接和硬链接。

4）文件操作命令

Linux 系统中拥有相当多的文件操作命令，按照功能进行划分，包括类型查看、文件建立、复制、删除、移动等多种类型。

（1）文件类型查看命令 file：用于查看文件的类型。file 命令可使用文件名作为参数，自动识别并显示指定文件的类型。file 命令能够识别 Linux 系统中大多数文件的类型，包括文本文件、二进制可执行文件、压缩文件等。

由于 Linux 系统中不强制使用文件扩展名（如 .txt 等）来表示文件的类型，在不确定某个文件的类型时，经常需要使用 file 命令查询文件的类型。

（2）新建文件命令 touch：用于新建指定文件名的空文件，使用文件名作为参数。当 touch 命令中的参数指定的文件不存在时，touch 命令将按照参数中的文件名建立文件，该文件为空文件，文件的大小为 0 字节。当 touch 命令中的参数指定的文件存在时，touch 命令将更新该文件的时间属性，但是不会对文件的内容进行任何改变。

touch 命令通常应用于为满足某些需求（如实验、测试）而建立临时文件的场合。

（3）复制文件命令 cp：用于复制文件（目录），将源地址文件（目录）复制到目标地址，相当于 DOS 环境下的 copy 命令。具体用法是 cp -r 源文件（source）目的文件（target），参数 -r（代表递归 recursive）是指连同源文件中的子目录一同复制。

（4）删除文件命令 rm：用于删除文件，由于在 Linux 系统中删除文件是不可恢复的，因此使用 rm 命令删除文件时需要格外小心。rm 命令常用的参数有 -i、-r 和 -f。rmdir 命令只能删除空目录，但是用 rm 命令可以删除非空目录，这要用到 -r 参数。这个操作可以连同这个目录下面的子目录都删除，功能比 rmdir 更强大，不仅可以删除指定的目录，而且可以删除该目录下的所有文件和子目录。

在使用删除命令时，为慎重起见，可以用 -i 参数。例如，现在要删除一个名字为 text 的文件，输入命令 rm -i text，系统会询问是否要删除 text 文件，按 Y 或 N 键可以确认是否要删除 text 文件。与此相反，rm -f 命令可以不经确认强制删除文件。

（5）文件移动与文件重命名命令 mv：用于对文件（目录）进行移动和重命名。mv 命令与 cp 命令的格式非常相似，例如 mv /tmp/xxx.tar /root，该命令将 /tmp 目录下的 xxx.tar 文件移动到 /root 目录下，而 mv aaa.tar bbb.tar 命令则是将当前目录下的文件 aaa.tar 更名为 bbb.tar。

文件移动与文件复制的不同之处是，文件复制在生成源文件副本到目的目录的同时保持源文件不变，文件移动只生成目标文件而不保留源文件，因此在使用 cp 命令和 mv 命令时需要掌握两者之间的异同。

（6）查找文件命令 find：是 Linux 中功能非常强大的文件和目录查找命令，可以根据文件的大多数属性对文件进行查找。因此 find 命令的使用形式也比较多变，基本的命令格式为 find [path] [expression]。

find 命令的第一个参数是需要查找的文件的路径，即要在哪个（些）目录中查找符合条件的文件，查找路径参数可以是0到多个，如果省略查找路径，将在当前目录中进行查找；如果查找路径为多个，find 命令将在多个目录中分别进行查找。

find 命令的最后一个参数是查找表达式，即进行文件查找的条件，只有符合查找表达式的文件才会显示在 find 命令的输出结果中。如果省略查找表达式，则视为任何文件均满足条件，将显示查找目录中的所有文件（目录）。

find 命令如果不指定任何查找路径和查找条件，即不使用任何参数，将显示当前目录树中的所有文件（目录）的列表。find 命令的示例如下：

find . -name 1.txt：在当前目录及其子目录下查找文件 1.txt。

find /tmp -name 1.txt：在 /tmp 目录及其子目录下查找文件 1.txt。

find 命令最常用的功能就是按照文件名进行查找，表达式为 -name filename。

find 命令还支持相当丰富的查询表达式，用于更多的条件查询，使用时可以查询 find 命令的手册页获取帮助信息。

5）文本文件查看命令

文本文件查看命令包括 cat、more 和 less 等，这些命令在功能上略有不同，但是都可以实现文本文件的查看功能。

（1）cat 命令：用于实现最简单的文本文件查看，将文本文件名作为 cat 的参数时，cat 命令将在屏幕上显示文件的内容。

例如，使用 cat 命令可以查看 /etc 目录下的 passwd 文件。

passwd 文件是 Linux 系统的用户账号文件，是文本文件，因此可以使用 cat 命令查看其内容。

cat 命令在显示文本文件的内容时不进行停顿，一次性将文件的所有内容显示输出到屏幕上，对于内容较长的文件，在快速滚屏显示之后，只有最后一页的文件内容会保留在屏幕中显示，因此 cat 命令不适合查看长文件。

（2）more 命令：可以分屏显示文件中的内容，当文件的内容超出屏幕的显示范围时，将显示文件开始的一屏内容，并停顿等待用户按键继续显示剩余的内容，屏幕的最下方会显示当前（最后一行）内容在整个文档中的位置（以百分比表示）。

在 more 命令显示界面中输入 h，可以显示 more 命令的帮助信息。

（3）less 命令：对 more 命令的功能做了一定的扩展，更加适合于进行较大文本文件的阅读浏览。less 命令使用文本文件的名字作为参数，分屏显示指定文件的内容。命令格式如下。

```
$less
/etc/passwd
```

less 命令以全屏的模式显示文本文件，用户在阅读文件时始终在 less 的阅读环境界面进行操作，阅读环境屏幕的最后一行是当前被显示文件的名称。

less 命令除了能够提供更加方便的文本浏览按键外，还有一点与 more 命令不同，当文件内容显示到文件尾时，less 命令不自动退出阅读环境，而是等待用户继续进行按键操作，这样更加有利于对文件内容的反复阅读。在 less 命令阅读环境中，用户可以使用 Q 键退出，否则将始终处于阅读环境中。另外，使用 more 命令显示文件时，只能向下翻页，不能向上翻页，而 less 则可以上下翻页。

（4）head 命令与 tail 命令：是一对文本文件局部显示命令，head 命令显示文件头部，默认 10 行；tail 命令显示文件尾部，默认 10 行。通过使用命令选项 -n，可以设置显示文件的前 *n* 行或后 *n* 行，命令格式如下。

```
$head -5 /etc/passwd
$tail -5 /etc/passwd
```

由此可以看出，这些文本查看命令有各自的特点，cat 不能分屏显示；more 适合查看多页文件，可以分屏显示，但是不能在分屏显示的时候向上翻页；less 则不但具备了 more 的特点，还可以在分屏显示的时候上下翻页，并通过 less 自带的命令实现更多方便的查阅功能；head 和 tail 则是查看指定的文件头部或尾部内容。

6）用户账号文件

Linux 作为多用户多任务的操作系统，采用了用户账号的权限管理机制，即为系统中的每个用户提供独立的用户账号，用户使用自己的账号和口令登录系统。因此，Linux 系统可以方便地对每个用户进行管理。

（1）passwd 文件：Linux 系统的所有用户账号都保存在 /etc/passwd 文件中，该文件是文本文件，系统中的所有用户都可以读取其内容。但是只有 root 用户才可以修改这个文件。

passwd 文件首部的内容是 Linux 系统安装时设置的用户账号，其中第一个账号是系统管理员 root，其他系统账号都有各自的用途，大多数系统账号不能用于正常的系统登录。系统中新建的普通用户账号则按顺序保存在 passwd 文件的末尾，每一行使用 : 分隔开，共有七个字段，代表的信息分别是用户账号的名称、密码、用户号（UID）、用户组号（GID）、用户全名（信息）、用户宿主目录和用户的登录 Shell 等。

- 名称：就是用户账号名称。
- 密码：早期的 UNIX 系统的密码是放在这个文件中的。由于 passwd 文件对所有用户都是可读的，出于安全性考虑，该文件中没有保存用户的口令，而是用 x 代替了。真正的口令文件为 shadow 文件。
- UID：用户识别码（ID）。当 UID 是 0 时，代表这个账号是系统管理员。当要生成另一个系统管理员账号时，将该账号的 UID 改成 0 即可（如果创建一个账号叫 root，而且只是一个名称叫 root 的用户，并不是系统管理员，他的 UID 为非 0）。也就是说，系统上的系统管理员不见得只有 root。不过，不建议有多个账号的 UID 是 0。另外，系统默认 500 以下的 UID 作为系统的保留账号，500 以上的才是用户自己创建的账号 ID。
- GID：组 ID，与 /etc/group 有关，是用来规范 group 的。
- 家目录：用户的宿主目录。以 root 为例，root 的家目录在 /root，所以当 root 登录后，就会自动进入 /root。如果有个账号的使用空间特别大，想要将该账号的家目录移动到其他的硬盘去，可以在这里进行修改。
- 用户信息说明栏：基本上没有什么重要用途，只是用来解释这个账号的意义，或说明性文字。
- Shell：指定用户登录以后使用的 Shell，默认是 /bin/bash。也可以指定一个命令来代替 Shell，让账号无法登录，比如 /sbin/nologin，这个经常用来制作纯 pop 邮件账号者的数据。

（2）shadow 文件：在早期的 UNIX 操作系统中，用户的账号信息和密码都是保存在 passwd 文件中的，尽管系统已经对密码进行了加密，并且以密文的方式保存在 passwd 文件中，但是 passwd 文件对系统中的所有用户都是可读的，密码比较容易被破解，存在着较大的安全隐患。为了加强 UNIX 系统的安全性，用户密码已经不保存在 passwd 文件中，而是使用独立的 shadow 文件保存用户密码。

Linux 系统中采用了安全的用户账号保存方式，使用 shadow 文件保存密文的用户密码，使用 passwd 文件保存用户账号的其他信息。passwd 文件对 Linux 系统中的所有用户都是可读的，而 shadow 文件只有管理员用户 root 才可以读取其中的内容。例如如下示例。

```
$ ls -1 /etc/passwd/etc/shadow
```

```
$ cat /etc/shadow
cat: /etc/shadow: PermisSion denied
```

这里可以看到，访问被拒绝。

由于 shadow 文件保存的密码密文有可能被破解，因此管理员用户一定不要将 shadow 文件以及文件的内容泄露给他人，否则会造成很大的安全隐患。

7）添加用户命令 adduser

adduser 命令用于添加用户账号，在 adduser 命令中需要指定用户登录名作为必要的参数，即 adduser 命令将建立指定登录名的用户账号，其格式为 adduser [-d home] [-s shell] [-c comment] [-m [-k template]] [-f inactive] [-e expire ] [-p passwd] [-r] name。命令格式中除 name 外的选项都是可选用的。

Linux 系统中还有一个 useradd 命令也是创建用户命令，这个命令和功能 adduser 是一样的，区别只是命令名称不同。

（1）adduser 命令在建立用户账号时进行了以下几项任务：

- 在 passwd 文件和 shadow 文件的末尾建立用户账号的记录。
- 如果 adduser 命令中未指定用户所属的组，adduser 命令将在系统中自动建立与用户名同名的组，在 group 文件的末尾将添加相应的组账号记录；与用户名同名的组建立后，adduser 会自动设置用户属于同名的组，即用户是同名组的成员。关于 Linux 系统的组账号，这里暂不进行详细讲解。
- 在 /home 目录下建立与用户名相同名称的宿主目录，并在该目录中建立用户的初始配置文件。

（2）使用 passwd 命令初始设置用户密码。

adduser 命令在建立用户账号时，默认不设置用户密码，出于安全考虑，没有密码的账号是不能在 Linux 系统中登录的。因此建立的用户账号即使存在，也不能用于系统登录。所以需要使用 passwd 命令对用户账号设置密码后才能够正常登录。

passwd 命令用于为指定用户账号设置密码，命令的基本格式为 # passwd [ 选项 ] 用户账号。

passwd 命令执行时，将提示用户输入需要设置的密码，用户输入密码时是没有字符回显的，因此为了避免用户输入的密码错误，passwd 命令将提示用户连续两次输入要设置的密码，如果两次输入的密码相同，表示用户输入的密码正确，passwd 命令将对密码进行加密，并保存密文的密码到 shadow 文件中。

使用 passwd 命令对用户账号设置密码后，用户就可以使用用户名和对应的密码登录系统了。

另外，/etc/shadow 这个文件和 passwd 文件一样，用“:”作为分隔符，共 9 个字段，最重要的是第二个字段。第二个字段中存放的就是经过加密后的用户密码，虽然这些加密过的密码很难被破解出来，但是“很难”并不代表“不会”。如果密码栏（就是第二个字段）的第一个字符为“*”或者“!”，表示这个账号被禁止登录。因此，如果要临时禁止某个用户登录，可以在这个文件中将密码字段的最前面加一个“*”或者“！”字符。实际上，passwd 命令的作用就是修改 /etc/shadow 这个配置文件。passwd 还可以带一些参数，比如 passwd -l 用户表示暂时禁止用户登录（锁定用户），passwd -u 用户表示解除禁止。

（3）用户登录后的密码更改。用户从管理员手中接收用户账号并成功登录 Linux 系统后的第一件事情应该就是更改用户口令密码，只有这样才能最大限度地保证用户账号的安全。

要特别注意的是，passwd 命令后不接指定的用户，则默认修改当前用户的密码，例如 # passwd 代表修改 root 用户的密码，# passwd test01 代表修改 test01 用户的密码。

为了提高系统的安全性，一般需要设置复杂密码（字母、数字、特殊符合的组合）。普通用户如果设置过于简单的密码，可能会因为 Linux 不接受而导致 passwd 更改密码失败。

8）删除用户命令 userdel

要删除一个账户（必须是 root 用户），可以用 userdel 命令，格式为 userdel [–r] 用户名。

userdel 命令在删除用户时，默认不会删除用户的宿主目录（用户可以手动删除宿主目录），如果需要在删除用户的同时一起删除用户的宿主目录，需要带 -r 参数。

9）修改用户属性命令 usermod

当系统管理员建立了某个用户账号后，可以随时使用 usermod 命令设置用户账号的所有属性，主要参数的具体说明如下：

- -c：账号的说明，即 /etc/passwd 第五栏的说明栏。
- -d：后面接账号的家目录，即修改 /etc/passwd 的第六栏。
- -e：指定账号使用的过期日期，格式是 YYYY-MM-DD。用户账号过期后，将不能进行正常的 Linux 系统登录。

- -g：后面接组名称，即修改 /etc/passwd 的第四个字段（GID 字段）。
- -l：后面接账号名称，即修改账号名称（/etc/passwd 的第一栏）。
- -s：后面接要指定的 Shell，例如 /bin/bash 或 /bin/csh 等。
- -u：后面接 UID，即 /etc/passwd 的第三栏。
- -L：暂时将使用者的密码冻结，让其无法登录。修改 /etc/shadow 的密码栏。
- -U：将 /etc/shadow 密码栏的"!"字符去掉，解禁。

usermod 命令可以配合不同的选项修改用户账号的众多属性，包括用户号（UID）、用户所属组、用户宿主目录、用户 Shell 和用户口令等，这些属性大多保存在 passwd 文件和 shadow 文件中。例如创建了一个普通用户，想将这个用户修改为管理员，可以利用命令 # usermod -u 0 testuser。

usermod 命令最常用的功能之一是禁用和启用用户账号，当某个用户账号由于某种原因需要暂停使用时，可以禁用该账号；当需要使用该账号时，可以重新启用该账号。

10）修改用户模板

在系统管理员添加用户账号时，adduser 命令会在 /home 目录下建立用户的宿主目录，并在用户的宿主目录中建立用户的初始配置文件。这些用户宿主目录中的初始配置文件来源于 /etc/skel 目录，该目录中的文件相当于用户配置文件的模板，在每次新建用户账号时，adduser 命令都会从 /etc/skel 目录中复制配置文件到用户的宿主目录中。

用户宿主目录中的配置文件是用于配置用户环境的 Shell 脚本，用户登录系统后，可以根据自己的需求对配置文件进行相应的修改。

修改 /etc/skel 目录中默认的配置文件模板，这样以后建立的用户账号都将使用新的模板文件复制到宿主目录中。如果要手动添加用户，就需要把这个模板复制到相应用户的宿主目录下。

11）切换用户命令 su

切换用户命令 su 可以让一个普通用户临时拥有超级用户或其他用户的权限，也可以让超级用户以普通用户的身份做一些事情。出于安全考虑，通常是先以一个普通用户的身份登录系统进行管理，如果需要用到管理员的身份权限，再用 su 命令切换到管理员账号进行管理。这样可以保证不会出于某种原因误删某些文件，或进行了某些误操作。su 命令的格式为 # su [ 参数选项 ] [ 使用者账号 ]，参数说明如下：

- -c：执行一个命令后就结束。
- -：加了这个减号参数，则会带环境变量转换，这样比较安全。

- -m：保留环境变量不变。

注意，若没有指定切换账号，则系统默认切换为超级用户 root。

12）用户组管理

在 Linux 系统中，用户的权限由用户账号拥有的权限和用户所属组账号拥有的权限两部分组成，属于同一个组账号中的所有用户可以从用户组中继承相同的组权限。这样，Linux 系统通过用户账号和组账号就可以较好地实现权限的分级管理。

（1）添加用户组：Linux 的用户组文件位于 /etc 目录中，文件名称是 group，该文件用于保存 Linux 系统中的所有用户组账号的信息。

（2）添加用户组命令 groupadd：用于在 Linux 系统中添加用户组，命令的基本格式为 groupadd [-g gid [-o]] [-r] [-f] group。

使用 groupadd 命令建立用户组后，在用户组文件 group 中会存在对应的用户组记录。

（3）删除用户组命令 groupdel：用于用户组的删除，命令的格式为 groupdel group_name。

groupdel 命令的格式比较简单，使用需要删除的组账号名称作为参数，删除指定的用户组，命令其实是通过删除 group 文件中用户组的记录来实现对指定用户组的删除。

（4）更改用户的组账号命令 usermod：可以更改用户所属的用户组，命令格式为 usermod [-g group] name。

usermod 用 -g 选项设置新的组名称，指定用户账号所属的用户组将更新为命令中设定的用户组。

13）文件权限设定

Linux 系统的文件（目录）对不同的用户和用户组提供了独立的访问权限控制。

（1）查看文件权限：用 ls 命令使用 -l 选项，可以查看文件和目录的详细信息。示例如表 3-3 所示。

表 3-3 查看文件和目录的详细信息

| -rwxrw-r-- | 5 | user | group | 1089 | Nov 18 2009 | filename |
|---|---|---|---|---|---|---|
| 存取权限 | 链接数 | 用户 | 组名 | 字节数 | 最后修改时间 | 文件名 |

-rwxrw-r-- 就是这个文件的权限字段。权限字段一共有 10 位数，最前面的 - 代表的是类型，跟在后面的 9 位分为 3 组，每 3 位作为 1 组，第一组 rwx 代表的是所有者（user）的权限，其后紧跟的那一组 rw- 代表的是用户所属组（group）的权限，最后那

一组 r-- 代表的是其他人（other）的权限。

- r：表示文件可以被读（read）。
- w：表示文件可以被写（write）。
- x：表示文件可以被执行（如果它是程序）。
- -：表示相应的权限还没有被授予（没有授予就表示拒绝）。

并且，rwx 也可以用数字来代替，举例如下：

r ------------4

w -----------2

x ------------1

- ------------0

即 rw- 可以用数字 6 表示，r+w+- 的权限换算成数字为 4+2+0=6。

在上述例子中，filename 文件的属主是 user，拥有的权限是可读、可写、可执行；所属组是 group，权限是可读、可写、不可执行；其他用户则只能读。

通过 ls 命令的详细信息输出结果可以清楚地掌握某个文件的属主和属组，以及属主、属组和其他用户这 3 类用户对文件的操作权限。

（2）更改文件权限：chmod 命令用于更改文件对于某类用户的操作权限。chmod 命令的格式相对比较复杂，除了要指定文件名作为参数外，还需要指定文件权限模式，命令格式为：

```
# chmod  [ugoa…]  [+-=]  [rwx]  [数字]  文件
```

权限模式的格式由 [ugoa...]、[+-=] 和 [rwx] 三部分组成。

- ugoa 表示权限设置针对的用户类别，u 代表文件属主，g 代表文件属组，o 代表系统中除属主和属组成员之外的其他用户，a 代表所有用户。
- +-= 表示权限设置的操作动作，+ 代表增加相应权限，- 代表减少相应权限，= 代表赋值权限。
- rwx 是权限的组合形式，分别代表读、写和执行，r、w、x 这 3 种权限可以组合使用。数字是对应用户类别的权限 rwx 相加的和。例如，r=4，w=2，x=1，则属主权限为 rwx（4+2+1=7）；所属组权限为 r-x（4+0+1=5）；其他用户权限为 --x（0+0+1=1）。

使用 chmod 命令可以完成以下权限设置，并查看设置结果。

- 查看文件初始权限。
- 将文件属主权限增加执行权限。

- 将文件属组权限撤销可读权限。
- 设置其他用户权限为可执行。

（3）更改文件的属主和属组：chown 命令用于更改文件的属主和属组，要注意的是，更改的使用者必须是已经存在于系统中的用户。命令的基本格式如下：

[root@Linux ~]# chown [-R] 账号名称文件或目录

[root@Linux ~]# chown [-R] 账号名称 : 属组名称文件或目录

- -R 表示进行递归（recursive）的持续更改，即连同此目录下的所有文件、目录都更新成为这个用户或群组。常常用在变更某一目录的情况。
- chown 命令可以单独设置文件的属主或属组。

14）使用图形界面管理用户和组

统信 UOS 的桌面环境中还提供了图形界面的用户和组管理工具，大大简化了对用户和组管理的复杂度，可以作为用户和组管理的辅助手段。用户管理图形程序允许查看、修改、添加以及删除本地用户和组，同时需要 root 用户或使用 root 认证。

用户和组管理程序可以在 Linux 图形界面下使用命令行和菜单两种启动方式进行启动，两种方式的效果相同，选择使用其中一种即可。

（1）命令行启动：在桌面的虚拟终端程序中输入如下命令可以启动用户和组的图形界面管理程序，例如 #system-config-users。

（2）菜单启动：在桌面环境中，可以通过菜单启动方式启动用户和组管理程序。具体提供以下管理功能：

- 查看当前系统中用户和组的信息。
- 添加用户和组到当前系统。
- 更改系统中的用户和组的设置状态。
- 删除当前系统中的用户和组。

### 3.7.3 统信UOS操作系统的基本网络配置

统信 UOS 操作系统作为网络服务器已经得到了大量的应用，作为深度 deepin 操作系统网络管理员，首先必须掌握基础的网络配置。

网络的基本配置在系统安装时就已经完成了，所有配置数据都以文本文件的形式保存在目录 /etc 中。Linux 和其他 UNIX 系统一样，可以在运行中进行重新配置。也就是说，几乎所有参数都可以在系统运行时进行更改，且不用重新启动。

常见的网络基本配置就是 IP 地址、网关、DNS 配置等。

1）ifconfig 命令

程序 /sbin/ifconfig 用来查看和配置主机网络接口，包括基本的配置、如 IP 地址、掩码和广播地址，以及高级的选项。

ifconfig 命令的基本形式为 ifconfig <interface><IP-address>[netmask<netmask>][broadcast-address]。命令是怎么写的，ifconfig 就怎么执行，它不会检测广播地址是否与 IP 地址和掩码相对应，所以使用时一定要小心。一个接口可以在不进行重新配置的情况下临时地变为不可用和再变为可用。

例 1：禁用和启用一个接口，命令如下。

```
#ifconfig interface down
#ifconfig interface up
```

例 2：查看、检测接口状态，命令如下。

输入 ifconfig 就可以得到网络接口的状态信息。使用 ifconfig -a 命令可以得到所有激活的接口的状态信息。

所有用户都可以使用 ifconfig 命令查看接口，但是如果用 ifconfig 命令修改接口参数，就必须是 root 用户才有权限执行。ifconfig 命令显示接口的所有配置信息，包括接口自己的 IP 地址、子网掩码、广播地址和物理（硬件）地址（硬件地址是由网卡的生产厂商设置的），也显示接口的状态，如接口是否被使用和是否为回送接口，还可以显示其他信息，如最大传输单元（通过这个接口可以传输的最大数据包的大小）、网卡 I/O 地址和 IRQ 号、接收和发出数据包的数量和冲突。

有时会有一个接口对应多个 IP 地址的情况。例如，对于运行多个服务的服务器来讲，可以让客户通过不同的 IP 地址来访问每个服务，这使得将来对接口的重新配置变得容易（比如将一些服务转移到别的服务器中去）。

注意：ifconfig 命令进行的配置只在当次有效，重新启动后就没有了，如果要永久生效必须修改 /etc/sysconfig/network-script/ifcfg-enoxxx 配置文件。

2）ping 命令

在 Linux 系统下，ping 命令也是最常用的一个网络命令。其最常用的方法是在命令后跟主机名或地址。经常使用的参数如下：

- -c：count 只是发送一定数量的数据包，而不是一直运行。
- -n：不将 IP 地址转换成主机名。
- -r：记录路由。在每一个数据包中加入一个选项指示在源和目标之间的所有主机，将它们的 IP 地址加到数据包中，这样可以得知数据包通过了哪些主机。数据包的大小限制了只能记录 9 个主机。而一些系统并不考虑这个选项，正因为如此，使用 traceroute 更好。

- -q：禁止输出，只显示最终的统计结果。
- -v：详细显示接收的所有数据包，不仅仅是对 ping 命令的回应。

当检查网络问题时，首先 ping 主机自己的 IP 地址。这可以检测始发的网络接口的设置是否正确。在这之后，可以试着 ping 默认网关等，直到达到自己的目的主机。这样可以很容易地判断出问题所在。当然，一旦检测到可以到达默认网关，最好使用 traceroute 程序自动地进行这个进程。

Linux 的 ping 命令和 Windows 下稍有区别，Linux 下的 ping 不会自己停止，除非按 Ctrl+C 组合键中断，而且丢包不会出现超时（timeout）提示，只能根据序列号（seq number）判断是否丢包；Windows 下的 ping -l 等同于 Linux 下的 ping -s，表示指定包大小。

3）traceroute 测试网络连接路径

traceroute 是 TCP/IP 查找并排除故障的主要工具，它不断用更大的 TTL 发送 UDP 数据包，并探测数据经过的网关的 ICMP 回应，最后得到数据包从源主机到目标主机的路由信息。

traceroute 的工作原理是，traceroute 首先发送 TTL 为 1 的数据包，数据到达一个网关，可能为目标主机，也可能不是。如果为目标主机，这个网关发送一个回应数据包；如果不是目标主机，网关将递减 TTL。因为 TTL 现在为 0，网关删除数据包并返回一个数据包声明此事。不管发生了什么，traceroute 程序都会探测到回复数据包。如果数据已经到达目标主机，它的任务就完成了。如果并没有到达目标主机，它会将 TTL 递增 1（这时为 2）并发送另一个数据包。这一次第一个网关递减 TTL（到 1）并将数据包传送到下一个网关，这个网关将做同样的事，就是确认是否为目标主机并递减 TTL。这个过程将一直进行，直到到达目标主机或 TTL 到达它的最大值（默认为 30，可以使用 -mmax_ttl 选项进行修改）。对于每个 TTL，traceroute 将发送 3 个数据包，并报告每个数据包所花费的往返时间。这个功能可以用来检测网络瓶颈。 traceroute 通常使用和 ping 一样的方式，将目标地址作为命令参数，例如 # traceroute 192.168.1.1。

4）route 命令

/sbin/route 命令控制着内核中的路由表，这个表使内核了解到，在数据包离开主机后将会完成什么操作（直接发送到目标主机或到某网关），以及数据包要发送到的网络接口。

route 命令的一般形式为 route [options] [command [parameters] ]。

（1）浏览路由表：route 命令的最简单形式（不带选项或参数）是用来显示路由表。所有用户都可以使用这种形式的命令，输出信息共包含如下所述的 8 列。

第 1 列（Destination）：表明路由的终点。如果在文件 /etc/hosts 或 /etc/networks 中包含对应的项，则名称将会被替换。default 表示默认网关。

第 2 列（Gateway）：表明数据包传送到目标要经过的网关。星号（*）表明数据包直接发送到了目标主机上。

第 3 列（Genmask）：表明应用于这条路由的掩码，这个掩码作用于 Destination 列中的值。

第 4 列（Flags）：可能含有多个值，常用的标志如下。

- U：路由是可用的。
- H：目标为一主机。这是到指定主机的静态路由。
- G：使用网关。数据包不会被直接送到目标主机，而是使用网关代替。

第 5 列（Metric）：表明到目标的距离。由一些路由守护程序来自动计算出到达目标的最佳路由。

第 6 列（Ref）：在 Linux 中并没有使用。在其他 UNIX 系统中，它表示这个路由引用的数量。

第 7 列（Use）：表明内核寻找路由所使用的时间量。

第 8 列（Iface）：表明数据包进行传输的接口。

（2）数字格式输出：可以使用 -n 选项，它将不做主机或网络名称的查找，只是显示数字地址。

可以看出，default 目标和 * 网关被地址 0.0.0.0 代替。这种输出格式比标准的输出格式更实用，因为这里对数据的去向没有不明确的表示。

（3）route 命令可以在路由表中加入或删除路由，使用 add|del 参数就可以实现。add 和 del 命令分别表示增加或删除一个路由。还有可选的选项 -net 或 -host，表明是使操作在一个网络路由中进行还是对一个主机路由。

5）检测 DNS 解析状态

nslookup 可用来诊断域名系统（DNS）基础的信息。当然，只有在已安装 TCP/IP 协议的情况下才能使用 nslookup 命令行工具。

nslookup 有交互式和非交互式两种模式。如果仅需要查询某个域名的解析，可使用非交互式模式。如果需要查找多个域名解析或更详细的信息，可使用交互式模式。

使用 nslookup 交互模式进行域名查询，有以下几个提示：

- 要随时中断交互式命令，按 Ctrl+B 组合键。
- 要退出，输入 exit。
- 要将内置命令当作计算机名，在该命令前面放置转义字符（\）。

如果查找请求失败，nslookup 将打印错误消息。

# 第 4 章　Web网站建设

## 4.1　使用 HTML 制作网页

### 4.1.1　HTML文档组成

HTML（Hyper Text Markup Language）即超文本标记语言，目前 Internet 上绝大多数网页都采用 HTML 文件格式存储。HTML 是标准通用型标注语言（Standard Generalized Markup Language，SGML）的一个应用，是一种对文档进行格式化的标注语言。HTML 文档的扩展名为 .html 或 .htm，包含大量标记，用以对网页内容进行格式化和布局，定义页面在浏览器中查看时的外观。例如，<B> </B> 标记表示文本使用加粗字体。HTML 文档中的标记也可以用来指定超文本链接，使得用户单击该链接时会被引导到另一个页面。

HTML 文档的基本结构如下。

```
<html>
<head>
    <title> 文档的标题 </title>
   文档头部
</head>
<body>
   文档主体
</body>
</html>
```

HTML 文档以 <html> 标记开始，以 </html> 结束，由文档头部和文档主体两部分构成。文档头部由元素 <head></head> 标记，文档主体由元素 <body></body> 标记。

1. 头部

头部主要包含页面的标题、样式定义等内容，它本身不作为内容来显示，但影响网页显示的效果。头部中最常用的标记符是标题标记符和 meta 标记符，其中，标题标记符用于定义网页的标题，它的内容显示在网页窗口的标题栏中。文档头部可以包含以下元素。

（1）窗口标题：<title> 提供对 HTML 文档的简单描述，出现在浏览器的标题栏，用户在收藏页面时显示的就是标题。

（2）脚本语言：<script> 定义一组由浏览器解释执行的脚本语句。

```
<script language="JavaScript" type="text/JavaScript">
 alert("HTML 头部演示！ ");
</script>
```

以上代码定义了 JavaScript 脚本，在页面被打开时执行，弹出提示信息。

（3）样式定义：<style> 用来定义页面显示样式，此处定义样式后，在主体中可以直接引用并显示该样式效果。

```
<style type="text/css">
<!--
.style1 {color: #336699}
.style2 {font-size: 14px}
.style3 {
   font-size: 12px;
   color: #336699;
}
```

以上代码定义了 3 个样式，分别定义了显示颜色、字体大小等样式。

（4）元数据：<meta> 提供有关文档内容和主题的信息，常用属性有 charset、content、http-equiv、name、scheme，具体如表 4-1 所示

**表 4-1　<meta> 常用属性表**

| 属性 | 值 | 描述 |
| --- | --- | --- |
| charset | character_set | 规定 HTML 文档的字符编码 |
| content | text | 给出了与 http-equiv 或 name 属性相关的值 |
| http-equiv | content-security-policy<br>content-type<br>default-style<br>refresh | 设定标头属性的名称，向浏览器传回一些有用的信息，以帮助正确和精确地显示网页内容，与之对应的属性值为 content，content 中的内容就是各个参数的变量值 |
| name | application-name<br>author<br>description<br>generator<br>keywords<br>viewport | 主要用于描述网页，对应于 content（网页内容），以便于搜索引擎机器人查找和分类，其中 description（告诉搜索引擎网页的主要内容）和 keywords（向搜索引擎说明网页的关键词）最为重要，合理的配置可以让搜索引擎更方便地收录你的网页 |
| scheme | format/URI | 用于定义 content 属性内部值的格式（或指向包含信息的 URI） |

具体应用如下所示：

```
<head>
<meta http-equiv="Content-Type" content="text/html; charset=utf-8" />
<meta name="description"  content="meta examples">
<meta name="keywords"  content="HTML, 网络管理员 , 软件资格考试 ">
</head>
```

## 2. 主体

主体是 HTML 文档中最大的部分，可以是文本、图像、音频、视频、表单及其他交互式内容，它们才是真正要在浏览器中显示并让访问者看到的内容。

主体代码片段：

```
<body>
<table width="300"  border="1" cellpadding="0" cellspacing="0" 
align="center" >
<td height="200">
<table border="0" align="center" >
<form name="form" method="post " action="">
<tr><td colspan=2 class="style1" > 学生登录 </td></tr>
<tr><td width="100" class=" style2"> 学号 </td>
<td><input type="text" name="stu_code"></td></tr>
<tr><td class="style2"> 密码 </td>
<td><input type="password" name="stu_psd"></td></tr>
<tr><td colspan=2 class="style2"><input type="submit" name="button" 
value=" 登录 " onclick=" check();">      
<input type=" button " name="reset" value=" 重置 "  onclick="reset();"></
td></tr>
</form>
</table>
</td>
  </table>
</body>
<script language="JavaScript" type="text/JavaScript">
function check(){
  if(form.stu_code.value==""){
alert(" 学号不能为空，请输入！ "); }
return false;
```

```
}
</script>
```

如图 4-1 所示为上述代码在浏览器中的显示效果，代码中 <table> 标签绘制表格，<input> 标签实现用户输入，JavaScript 函数 check() 实现数据校验，整体实现了系统登录的功能。

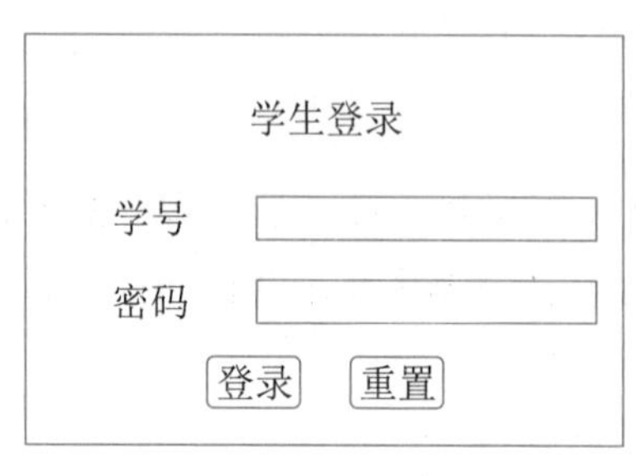


图 4-1　代码显示效果

### 4.1.2　HTML常用标签

#### 1. <a> 标签

<a> 标签的功能和用法如表 4-2 所示

表 4-2　<a> 标签的功能和用法

| 功能 | 定义超链接 | |
|---|---|---|
| 用法 | <a href="http://www.baidu.com"> 百度 </a> | |
| **主要属性** | **值** | **描述** |
| href | URL | 链接所指向的 URL 地址 |
| target | _blank | 在新窗口打开链接 |
| | _parent | 在当前框架中打开链接，默认值 |
| | _self | 在父框架打开链接 |
| | _top | 在整个窗口中打开链接 |
| | framename | 在指定框架中打开链接 |

#### 2. <div> 标签

<div> 标签的功能和用法如表 4-3 所示。

表 4-3　<div> 标签的功能和用法

<table>
<tr><td>功能</td><td colspan="2">定义文档中的分区或者节，把文档分隔成独立的部分</td></tr>
<tr><td>用法</td><td colspan="2"><div style="color:#00FF00"><br>  <p>DIV 示例 </p><br></div><br>上述代码将会显示绿色的“DIV 示例”文本</td></tr>
<tr><td>主要属性</td><td>值</td><td>描述</td></tr>
<tr><td>id</td><td>文本</td><td>定义 div 的唯一标识符，CSS 和 JavaScript 可以使用此 id 操作指定的 div 元素</td></tr>
<tr><td>class</td><td>CSS 样式</td><td>通过指定或者定义 CSS 样式，控制 div 的显示</td></tr>
</table>

### 3. <form> 标签

<form> 标签的功能和用法如表 4-4 所示。

表 4-4　<from> 标签的功能和用法

<table>
<tr><td>功能</td><td colspan="2">定义 html 表单，通过表单向服务器端传输数据</td></tr>
<tr><td>用法</td><td colspan="2"><form name="form" method="post" action="loginCheck.asp"><br><tr><td colspan=2 class="style1" > 学生登录 </td></tr><br><tr><td width="100" class=""> 学号 </td><br><td><input type="text" name="stu_code"></td></tr><br><tr><td  class="style2"> 密码 </td><br><td><input type="password" name="stu_psd"></td></tr><br><tr><td  colspan=2 class="style2"><input type="submit" name="button" value=" 登录 " onclick="">      <br><input type="" name="reset" value=" 重置 "  onclick="reset();"></td></tr><br></form><br>上述代码定义了学生使用学号和密码进行登录的页面，点击登录按钮会将输入的数据提交到服务器端进行验证</td></tr>
<tr><td>主要属性</td><td>值</td><td>描述</td></tr>
<tr><td>action</td><td>URL</td><td>定义了 form 表单提交到哪里</td></tr>
<tr><td rowspan="2">method</td><td>post</td><td>post 表示通过 form 表单向服务器端传递数据</td></tr>
<tr><td>get</td><td>get 表示通过 URL 参数的形式来向服务器端传递数据</td></tr>
<tr><td>name</td><td>form_name</td><td>定义表单的名称</td></tr>
</table>

### 4. <input> 标签

<input> 标签的功能和用法如表 4-5 所示。

表 4-5 <input> 标签的功能和用法

| 功能 | 接收用户输入，输入可以是文本、带 * 号的密码、复选框、单选按钮、按钮等 | |
| --- | --- | --- |
| 用法 | 详见 tpye 属性处示例 | |
| **主要属性** | **值** | **描述** |
| checked | checked | input 标签首次被加载时被选中，常用于复选框和单选按钮需要被默认选中时 |
| disabled | disabled | input 标签首次被加载时处于禁用状态，即禁止用户操作 |
| maxlength | number | 规定 input 标签输入字段的最大字符长度<br><p> 手机 <input type="text" name="mobile" maxlength="11"/></p> 表示该文本输入框最大输入 11 位长度的字符 |
| name | 文本 | name 属性规定 input 元素的名称，用于对提交到服务器后的表单数据进行标识，或者在客户端通过 JavaScript 引用表单数据 |
| readonly | readonly | 规定 input 标签为只读，不可被修改 |
| type | button | 定义可被单击的按钮<br>示例：<br><input type="button" value=" 校验 " onclick="check()"/><br>上述代码定义了一个显示“校验”字样的按钮，单击按钮后，会执行 JavaScript 函数 check() |
| | checkbox | 定义复选框<br>示例：<br>我喜欢的体育运动：<br><input type="checkbox" name="Sports" value="swimming"> 游泳<br><input type="checkbox" name="Sports" value="badminton"> 羽毛球<br><input type="checkbox" name="Sports" value="basketball"> 篮球<br>上述代码定义了一组包含 3 个选项的复选框 |
| | file | 定义文件上传功能，包括输入字段和“浏览”按钮 |
| | hidden | 定义隐藏的输入字段 |
| | image | 定义图像形式的提交按钮 |
| | password | 定义密码字段，该字段中的字符被掩码，以 * 显示 |
| | radio | 定义单选按钮<br>示例：<br><input type="radio" name="s_status" value="1"> 已派单<br><input type="radio" name="s_status" value="2"> 已办结<br>上述代码定义了一组包含 2 个单选项的单选按钮，一组单选按钮的 name 属性必须相同，否则会变成两组相互独立的单选按钮 |
| | reset | 定义重置按钮，单击重置按钮会清除表单中的所有数据 |
| | submit | 定义提交按钮，单击提交按钮会把表单数据发送到服务器 |
| | text | 定义单行的输入字段，用户可在其中输入文本<br>示例：<br>学号：<input type="text" name="stu_code"><br>上述代码定义了一个文本输入框 |
| value | value | 定义 input 标签的值 |

### 5. <select> 标签

<select> 标签的功能和用法如表 4-6 所示。

表 4-6 <select> 标签的功能和用法

<table>
<tr><th>功能</th><td colspan="2">定义下拉列表</td></tr>
<tr><th>用法</th><td colspan="2"><select name="s_name" multiple="multiple" size="2" ><br><option value=" 张工 "> 张工 </option><br><option value=" 李工 "> 李工 </option><br><option value=" 王工 "> 王工 </option><br></select><br>上述代码定义了有 3 个选项的下拉列表，其中可见选项为 2 行，其他选择可以通过拖动滚动条查看，该下拉列表可以选择多个选项</td></tr>
<tr><th>主要属性</th><th>值</th><th>描述</th></tr>
<tr><td>name</td><td>name</td><td>定义下拉列表的名称</td></tr>
<tr><td>disabled</td><td>disabled</td><td>禁止对该下拉列表操作</td></tr>
<tr><td>multiple</td><td>multiple</td><td>定义下拉列表可以选择多个选项，如不定义该属性，则默认只能选择一个选项，在 Windows 系统中按 Ctrl+ 鼠标左键可以选择多个选项</td></tr>
<tr><td>size</td><td>number</td><td>定义下拉列表可见选项数</td></tr>
</table>

### 6. <option> 标签

<option> 标签的功能和用法如表 4-7 所示。

表 4-7 <option> 标签的功能和用法

<table>
<tr><th>功能</th><td colspan="2">定义下拉列表的一个选项</td></tr>
<tr><th>用法</th><td colspan="2"><select name="s_name" multiple = "multiple" size="2" ><br><option value=" 张工 " disabled > 张工 </option><br><option value=" 李工 " selected > 李工 </option><br><option value=" 王工 "> 王工 </option><br></select><br>上述代码定义了有 3 个选项的下拉列表，其中选项张工不可被选中，默认选项李工被选中</td></tr>
<tr><th>主要属性</th><th>值</th><th>描述</th></tr>
<tr><td>disabled</td><td>disabled</td><td>该选项首次加载时被禁用</td></tr>
<tr><td>selected</td><td>selected</td><td>该选项首次加载时被选中</td></tr>
<tr><td>value</td><td>text</td><td>定义该选项被选中后，select 标签向服务器传递的数据</td></tr>
</table>

### 7. <table> 标签

<table> 标签的功能和用法如表 4-8 所示。

**表 4-8 <table> 标签的功能和用法**

<table>
<tr><th>功能</th><td colspan="2">定义 HTML 表格</td></tr>
<tr><th>用法</th><td colspan="2">表格一般由 <table>、<tr>、<td> 组成<br><table border="1" width="300" cellpadding="0" cellspacing="0"><br><tr><br><td width="120"> 姓名 </td ><br><td width="90" align=center> 性别 </td ><br><td width="90"> 年龄 </td ><br></tr><br><tr><br><td> 张三 </td><td align=center> 男 </td ><td>25</td ><br></tr><br><tr><br><td> 李四 </td ><td align=center> 女 </td ><td>23</td ><br></tr><br></table><br>在浏览器页面的显示效果：<br><table><tr><td>姓名</td><td>性别</td><td>年龄</td></tr><tr><td>张三</td><td>男</td><td>25</td></tr><tr><td>李四</td><td>女</td><td>23</td></tr></table></td></tr>
<tr><th>主要属性</th><th>值</th><th>描述</th></tr>
<tr><td>border</td><td>pixels</td><td>定义表格边框的宽度</td></tr>
<tr><td>cellpadding</td><td>pixels 或 %</td><td>定义单元格边框与其内容之间的空白距离</td></tr>
<tr><td>cellspacing</td><td>pixels 或 %</td><td>定义单元格与单元格之间的空白距离</td></tr>
<tr><td>width</td><td>pixels 或 %</td><td>定义表格的宽度</td></tr>
</table>

### 8. <tr> 标签

<tr> 标签的功能和用法如表 4-9 所示。

**表 4-9 <tr> 标签的功能和用法**

<table>
<tr><th>功能</th><td colspan="2">定义 HTML 表格中的行</td></tr>
<tr><th>主要属性</th><th>值</th><th>描述</th></tr>
<tr><td>align</td><td>right<br>left<br>center<br>justify<br>char</td><td>定义表格行内容的水平对齐方式</td></tr>
<tr><td>valign</td><td>top<br>middle<br>bottom<br>baseline</td><td>定义表格行内容的垂直对齐方式</td></tr>
</table>

### 9. <td> 标签

<td> 标签的功能和用法如表 4-10 所示。

**表 4-10 <td> 标签的功能和用法**

| 功能 | 定义 HTML 表格中的单元格 | |
|---|---|---|
| 主要属性 | 值 | 描述 |
| align | right<br>left<br>center<br>justify<br>char | 定义单元格内容的水平对齐方式 |
| valign | top<br>middle<br>bottom<br>baseline | 定义单元格内容的垂直对齐方式 |
| colspan | number | 定义单元格可以横跨的列，常用于行内合并单元格 |
| rowspan | number | 定义单元格可以横跨的行，常用于列内合并单元格 |
| width | pixels 或 % | 定义单元格的宽度，建议使用样式控制 |
| height | pixels 或 % | 定义单元格的高度，建议使用样式控制 |

### 10. <textarea> 标签

<textarea> 标签的功能和用法如表 4-11 所示。

**表 4-11 <textarea> 标签的功能和用法**

| 功能 | 定义多行文本输入 | |
|---|---|---|
| 用法 | <textarea rows="5" cols="40"><br>html 多行文本输入框，可拖动改变大小<br></textarea><br>上述代码定义了初始可见高度为 5 行、宽度为 40 的文本框<br>在浏览器页面的显示效果：<br>html 多行文本输入框，可拖动改变大小 | |
| 主要属性 | 值 | 描述 |
| cols | number | 定义文本框的可见宽度 |
| rows | number | 定义文本框的可见行数 |
| disabled | disabled | 禁用文本框，被禁用的文本框既不可用，也不可点击 |
| readonly | readonly | 设置该文本框不可编辑 |
| name | 文本 | 定义文本框的名称 |

### 4.1.3　HTML常用方法

HTML 的方法有 GET、POST、HEAD、PUT、DELETE、PATCH、OPTIONS，最常用的是 GET 方法和 POST 方法。

#### 1. GET 方法

通过 URL 向服务器端发送数据，示例如下：

```
http://www.a.com/test/a.asp?name=test&passwd=123456
```

上述 URL 将向服务器发送参数 name 和 passwd 的值 test 和 123456。

#### 2. POST 方法

由 form 表单接收用户输入数据，通过 POST 请求的 HTTP 消息主体向服务器发送数据，示例如下：

```
<form name="form" method="post" action="b.asp">
<tr><td> 姓名 </td><td><input type="text" name="name"></td></tr>
<tr><td> 密码 </td><td><input type="password" name="passwd"></td></tr>
<tr><td colspan=2><input type="submit" name="button" value=" 登录 " onclick=""></
td></tr>
</form>
```

当用户在姓名处输入“test”、在密码处输入“123456”，单击“登录”按钮后，用户输入的数据通过 POST 请求的 HTTP 消息主体向服务器发送，而不是通过 URL 发送。

#### 3. GET 和 POST 的区别

GET 和 POST 的区别如表 4-12 所示

表 4-12　GET 和 POST 对比表

| 项目 | GET | POST |
|---|---|---|
| 后退 / 刷新 | 无影响 | 数据会被重新提交 |
| 书签 | 可收藏为书签 | 不可收藏为书签 |
| 缓存 | 可被缓存 | 不能缓存 |
| 编码类型 | application/x-www-form-urlencoded | application/x-www-form-urlencoded 或 multipart/form-data |
| 历史 | 参数保留在浏览器历史中 | 参数不会保留在浏览器历史中 |
| 对数据长度的限制 | 受 URL 的最大长度 2048 个字符限制 | 无限制 |

续表

| 项目 | GET | POST |
|---|---|---|
| 对数据类型的限制 | 只允许 ASCII 码字符 | 无限制，二进制数据也可以 |
| 安全性 | GET 的安全性较差，在发送密码或其他敏感信息时不建议使用 | 参数不会被保留在浏览器历史或 Web 服务器日志中，不可见，故比 GET 安全 |
| 可见性 | 数据在 URL 中对所有人都是可见的 | 数据不会显示在 URL 中 |

### 4.1.4　HTML常用事件

HTML 通过众多的事件对象来捕获用户动作或者行为，例如用户鼠标的单击、双击、滚轮操作，捕获到这些动作或行为后，就可以在动作或行为发生时执行指定的脚本或程序，实现一定的功能。常用事件有窗口事件、form 表单事件、鼠标事件、键盘事件等。

#### 1. 窗口事件

常用窗口事件如表 4-13 所示。

表 4-13　常用 window 事件

| 事件 | 事件描述 |
|---|---|
| onbeforeprint | 在文档打印之前触发 |
| onafterprint | 在文档打印之后触发 |
| onload | 在页面结束加载之后触发 |
| onresize | 在浏览器窗口被调整大小时触发 |
| onunload | 用户离开页面（通过单击链接、提交表单或关闭浏览器窗口等）时触发 |

#### 2. form 表单事件

常用 form 表单事件如表 4-14 所示。

表 4-14　常用 form 表单事件

| 事件 | 事件描述 |
|---|---|
| onblur | 当元素失去焦点时触发 |
| onchange | 在元素值被改变时触发 |
| onfocus | 当元素获得焦点时触发 |
| onselect | 当元素中文本被选中后触发 |
| onsubmit | 在提交表单时触发 |

form 表单事件是 HTML 表单内各元素的动作触发的事件，通过事件触发而调用

JavaScript 脚本可以实现表单数据校验等功能。

### 3. 鼠标事件

常用鼠标事件如表 4-15 所示。

表 4-15 常用鼠标事件

| 事件 | 事件描述 |
| --- | --- |
| onclick | 当元素上发生鼠标单击时触发 |
| ondblclick | 当元素上发生鼠标双击时触发 |
| onmousedown | 当元素上按下鼠标按钮时触发 |
| onmousemove | 当鼠标指针移动到元素上时触发，只在元素上移动但是没有移出元素，触发次序比 onmouseover 晚 |
| onmouseout | 当鼠标指针移出元素时触发 |
| onmouseover | 当鼠标指针移动到元素上时触发，在元素上有移入和移出，仅在刚移入元素区域时触发，触发次序比 onmousemove 早 |
| onmouseup | 当在元素上释放鼠标按钮时触发 |

可以在 HTML 标签中添加事件属性，通过事件触发调用 JavaScript 脚本实现一定功能。

### 4. 键盘事件

常用键盘事件包括：

（1）onkeydown：用户按下键盘上的某个按键均会触发该事件，当按键被按下但输入流还没被系统接收时触发，如果一直按住该键不松手，则会一直触发该事件。

示例：

```
<input type="text" onkeydown="test();">
<script language="JavaScript" type="text/JavaScript">
function test(){
   alert(" 您正在按下键盘按键 ");
}
</script>
```

在上述代码中，文本框中按下键盘上的某个键均会触发该事件，调用 JavaScript 脚本 test() 并执行，会弹出提示信息。

（2）onkeypress：用户按下键盘上的某个按键时会触发该事件，仅支持字母键和数字，不支持功能键和箭头键。

（3）onkeyup：用户按下键盘上的某个按键并松手后会触发该事件，如果一直按住该键不松手，则该事件不会被触发。触发 onkeyup 时，输入流已经被系统接收。

示例：

```
<input type="text" onkeyup ="test();">
<script language="JavaScript" type="text/JavaScript">
function test(){
   alert(" 您已松开键盘按键 ");
}
</script>
```

在上述代码中，文本框中按下键盘上的某个键并松手后会触发该事件，调用 javascript 脚本 test() 并执行，会弹出提示信息。

上述 3 个键盘事件的区别：执行的先后顺序依次是 onkeydown、onkeypress、onkeyup。如果 3 个事件同时发生的话，比如当用户快速连续按下按键时，onkeyup 要等所有按键都弹起以后才会执行。onkeydown 事件是在按键被按下但输入流还没被系统接收时触发；onkeypress 事件则是在输入流进入系统后触发的，但输入流暂未被系统处理；而 onkeyup 则是输入流被系统处理后触发的。由此可知，通过 onkeydown 事件可以改变用户的实际按键。

## 4.2　XML 简介

Web 上的文档组织包含了服务器端文档的存储方式、客户端页面的浏览方式以及传输方式，下一代 Web 对文档组织在数据表达能力、扩展能力、安全性方面都提出了新的要求。HTML 已经不能满足当前网络数据描述的需要。1998 年 2 月 10 日，W3C（World Wide Web Consortium）正式公布了 XML 1.0 版本。XML（eXtensible Markup Language，可扩展标记语言）是用于标记电子文件的结构化语言。与 HTML 相比，XML 是一种真正的数据描述语言，它没有固定的标记符号，允许用户自己定义一套适合于应用的文档元素类型，因而具有很强的灵活性。XML 包含了大量自解释型的标识文本，每个标识文本又由若干规则组成，这些规则可用于标识，能够使不同的应用系统理解相同的含义。正是由于这些标识的存在，XML 能够有效地表达网络上的各种知识，也为网上信息交换提供了载体。

### 1. XML 的特点

XML 与 HTML 相比主要有以下特点：

（1）XML是元标记语言。HTML定义了一套固定的标记，每一种标记都有其特定的含义。XML与之不同，它是一种元标记语言，用户可以自定义所需的标记。

（2）XML描述的是结构和语义。XML标记描述的是文档的结构和意义，而不是显示页面元素的格式。简单地说就是文档本身只说明文档包括什么标记，而不说明文档看起来是什么样的。

（3）XML文档的显示使用特有的技术来支持。例如，通过使用样式表为文档增加格式化信息。

### 2. XML的基本语法

一个格式正规的XML文档由3个部分组成，分别为可选的序言（prolog）、文档的主体（body）和可选的尾声（epilog）。一个XML文件通常以一个XML声明开始，后面通过XML元素来组织XML数据。XML元素包括标记和字符数据。标记用尖括号括起来，以便与数据区分开，尖括号中可以包含一些属性。为了组织数据更加方便、清晰，还可以在字符数据中引入CDATA数据块，并可以在文件中引入注释。此外，由于有时需要给XML处理程序提供一些指示信息，所以XML文件中可以包含处理指示。

通常将一个符合XML文档语法规范的XML文档称为“格式正规”的XML文档，如下是一份格式正规的XML文档。

```
<?xml version="1.0" encoding="GB2312"?>
<?xml-stylesheet href="style.xsl" type="text/xsl"?>
<!--  以上是 XML 文档的序言部分  -->

<COLLEGE>
     <TITLE> 计算机学院 </TITLE>
     <LEADER> 王志东 </LEADER>
     <STU_NUMBER unit=" 人 ">3</STU_NUMBER>

     <STUDENT>
        <NAME> 李文 </NAME>
        <AGE>21</AGE>
        <SEX> 男 </SEX>
        <CLASS>9902</CLASS>
    </STUDENT>
    <STUDENT>
        <NAME> 张雨 </NAME>
        <AGE>20</AGE>
        <SEX> 女 </SEX>
```

```
        <CLASS>9901</CLASS>
    </STUDENT>
    <STUDENT>
        <NAME> 刘鹏 </NAME>
        <AGE>19</AGE>
        <SEX> 女 </SEX>
        <CLASS>9903</CLASS>
    </STUDENT>
</COLLEGE>
<!--  以上是文档的主体部分，以下是文档的尾声部分 -->
```

可以看出，XML 文档的序言部分从文档的第一行开始，它可以包括 XML 声明、文档类型声明、处理指令等；文档的主体则是文档根元素所包含的那一部分；XML 尾声部分在文档的末尾，它可以包含注释、处理指令或空白。

组成文档的各种要素如下所述。

1）声明

一个 XML 文件通常以一个 XML 声明作为开始，XML 声明在文件中是可选内容，可加可不加，但 W3C 推荐加入这一行声明。因此，作为一个良好的习惯，通常把 XML 声明作为 XML 文件的第一行。

XML 声明的作用就是告诉 XML 处理程序“下面这个文件是按照 XML 文件的标准对数据进行置标的”。如下即为一个最简单的 XML 声明。

```
<?xml version = "1.0"?>
```

可以看到，XML 声明由“<?”开始，由“?> ”结束。在“<?”后面紧跟着处理指示的名称，这里是“xml”，“xml”这 3 个字母不区分大小写。

XML 声明中要求必须指定 version 的属性值。同时，声明中还有两个可选属性 standalone 和 encoding。因此，一个完整的 XML 声明应该如下：

```
<?xml version = "1.0" encoding= "GB2312" standalone = "no"?>
```

（1）version 属性。

version 属性指明所采用的 XML 的版本号，而且，它必须在属性列表中排在第一位。上述声明中表明 XML 的版本为 1.0。

（2）encoding 属性。

所有 XML 语法分析器都要支持 8 位和 16 位的编码标准，不过 XML 可能支持一个更庞大的编码集合。XML 规范中列出了很多编码类型，但一般用不了这么多编码，只要知道常见的编码 GB2312（简体中文码）、BIG5（繁体中文码）、UTF-8（西欧字符）就可以了。

XML 的字符编码标准是 Unicode，因此所有 XML 解析器都应该提供对 Unicode 编码标准的支持。该字符编码标准中每个字符用 16 比特表示，可以表示 65 536 个不同的字符。与之前被广泛使用的 ASCII 码相比，Unicode 码最大的好处是能够处理多种语言字符。采用哪种编码取决于文件中用到的字符集，如果标记是采用中文书写的，则必须要在声明中加上 encoding = "GB2312" 的属性。

（3）standalone 属性。

standalone 属性表明该 XML 文件是否需要从其他外部资源获取有关标记定义的规范说明，并据此检查当前 XML 文档的有效性。这个属性的默认值为 no，表示可能有也可能没有这样一个文件。如果该属性置为 yes，说明没有另外一个配套的文件来进行置标声明。

2）元素

写好一个 XML 声明后，一个新的 XML 文档就宣告诞生了。文档的主体由一个或多个元素组成，元素是 XML 文件内容的基本单元。从语法上讲，元素用标记（tag）进行分隔，一个元素包含一个起始标记和一个结束标记。元素可以包含其他元素、字符数据、实体引用、处理指令、注释和 CDATA 部分，这些统称为元素内容（Element Content）。位于文档最顶层的一个元素包含了文档中其他所有元素，称为根元素。另外，元素中还可以再嵌套别的元素。需要说明的是，元素之间应正确嵌套，不能互相交叉。所有元素构成一个简单的层次树，元素和元素之间唯一的直接关系就是父子关系。XML 文档的层次结构如图 4-2 所示。

XML 对于标记的语法规定比 HTML 要严格得多，具体如下所述。

（1）标记命名要合法。XML 规范中的标识符号命名规则为标记必须以字母、下画线（_）或冒号（:）开头，后跟有效标记命名符号，包括字母、数字、句号（.）、冒号（:）、下画线（_）或连字符（-），但是中间不能有空格，而且任何标记不能以“xml”起始。另外，最好不要在标记的开头使用冒号，尽管它是合法的，但可能会带来混淆。在 XML 1.0 标准中允许使用任何长度的标记，不过，现实中的 XML 处理程序可能会要求标记的长度限制在一定范围内。

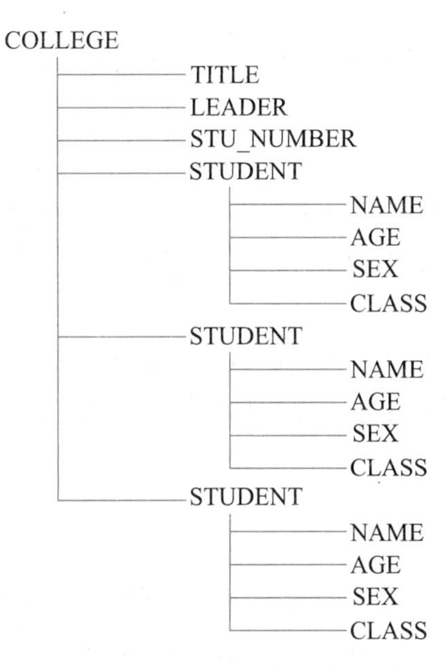


图 4-2　XML 元素间的层次关系树

（2）区分大小写。在标记中必须注意区分大小写。在 HTML 中，标记 <HELLO> 和 <hello> 是一回事，但在 XML 中，它们是两个截然不同的标记。

（3）必须有正确的结束标记。结束标记除了要和开始标记在拼写和大小写上完全相同，还必须在前面加上一个斜杠“/”。因此，如果开始标记是 <HELLO>，结束标记应该写作 </HELLO>。XML 要求标记必须配对出现。不过，为了简便起见，当一对标记之间没有任何文本内容时，可以不写结束标记，而在开始标记的最后以斜杠“/”来确认。这样的标记称为“空标记”，如 <emptytag/>。

（4）标记间要正确嵌套。一个 XML 元素中允许包含其他 XML 元素，但这些元素之间必须满足嵌套性，标记不能相互交叉。例如，下面这个最常见的 HTML 标记重叠示例，它可以在大多数浏览器中使用，但在 XML 中却是非法的。

```
<B>bold text<I>bold-italic</B>plain italic text...</I>
```

3）属性

标记中可以包含任意多个属性。在标记中，属性以“名称 / 取值”对的形式出现，属性名不能重复，名称与取值之间用等号“=”分隔，且取值用引号引起来。示例如下。

```
<commodity type = "服装"  color= "黄色">
```

在这个例子中，type和color是commodity标记的属性，“服装”是type属性的取值，“黄色”是color属性的取值。

属性命名的规范与标记命名规范大体相似，需要注意有效字母、大小写等一系列问题。不过，在必要的时候，属性中也可以包含空格符、标点和实体引用。需要特别注意的是，在XML中，属性的取值必须用引号引起来，但在HTML中这一点并不严格要求。

最后要说明一点，属性的所有赋值都被看作字符串类型。因此，如果处理程序读到下面这段XML标记，应用程序应该能够把字符串“10”和“13”转化为它们所代表的数字。

```
<圆柱体 半径="10" 高="13">
```

属性和子元素常常能够表述相同的内容，如何判断是使用属性还是子元素有一定难度。一般来说，属性较为简洁、直接，而且有较好的可读性。相反，使用过多的子元素则会使XML充斥着大量的开始和结束标记，降低其可读性。在如下几种情况下，宜采用子元素代替属性。

（1）属性不能包含子属性，对于一些复杂的信息，宜采用复合的子元素来说明。

（2）若元素的开始标记中包含了过多属性，或标记中的元素名称、属性名称、属性取值过长，造成整个开始标记过长而降低了程序的可读性，则可以考虑使用子元素替代属性。

空格属性和语言属性是XML系统提供的两个特殊属性，使用它们可以说明具体XML元素中的空格和语言特性。

空格属性名为xml:space，它用来说明是否需要保留XML元素数据内容中的空格字符。空格属性只有两个可能的取值，即default和preserve。在有些情况下，为了保证XML文档具有较好的可读性，书写时会引入一些空格和回车符，使用default属性值可自动去除这些空格和回车符，还原XML元素内容原有的格式；使用preserve属性值可保留XML元素中的所有空格和回车符。

空格属性是可继承属性，指定一个元素的空格属性后，该元素所包含的所有子元素，除非定义了自己的空格属性，否则将继承使用父元素指定的空格属性。

语言属性用来说明XML元素使用何种语言。语言属性的取值较多，多以国际标准ISO 639中的编码为标准，如英语的编码是en，法语的编码为fr。语言属性的取值也可以使用 IANA（Internet Assigned Numbers Authority）中定义的编码，不过必须增加“I-”或“i-”前缀。用户自定义语言编码应该以“X-”或“x-”开始。在 ISO 639 编码中，除了说明语种之外，还可以说明区域，例如“en-GB”指英国英语，而“en-US”指美国英语。使用语言属性有助于开发多语种的应用。与空格属性一样，语言属性也是可继承属性。

4）注释

有时候，用户希望在 XML 文件中加入一些用作注释的字符数据，并且希望 XML 解析器不对它们进行任何处理，这种类型的文本称作注释（comment）文本。

在 HTML 中，注释是用“<!--”和“-->”引起来的。在 XML 中，注释的方法完全相同。不过，在 XML 文件中使用注释时，要遵守如下几个规则。

（1）在注释文本中不能出现字符“-”或字符串“--”，XML 解析器可能把它们和注释结尾标志“-->”相混淆。

（2）不要把注释放在标记之中，否则它就不是一个“格式正规”的 XML 文档，例如如下代码。

```
<错误注释 <!-- 注释文本 --> >  </错误注释>
```

类似地，不要把注释文本放在实体声明中，也不要放在 XML 声明之前。记住，永远用 XML 声明作为 XML 文件中的第一行。

（3）注释不能被嵌套。在使用一对注释符号表示注释文本时，要保证其中不再包含另一对注释符号。例如如下示例是不合法的。

```
<!--  错误 XML 注释嵌套的例子  <!-- 一个注释 -->    -->
```

使用注释时要确保文件在去掉全部注释之后遵守所有“格式正规”文档的要求。

5）内嵌的替代符

字符 <、>、&、' 和“是 XML 的保留字符，XML 利用它们定义和说明元素、标记或属性等。XML 的解析器也将这些字符视为特殊字符，并利用它们来解释 XML 文档的层次内容结构。这样一来，当 XML 内容中包含这些字符，并且需要显示它们的时候，就可能会带来混乱和错误。为了解决这个问题，XML 使用内嵌的替代符来表示这些系统保留字符，如表 4-16 所示。

表 4-16　XML 中的内嵌替代符

| 替代符 | 含　义 | 例　子 | 解析结果 |
|---|---|---|---|
| < | < | 3<5 | 3<5 |
| > | > | 5>3 | 5>3 |
| & | & | A&B | A&B |
| ' | ' | Joe's | Joe's |
| " | " | "yes" | "yes" |

其中，“'”和“"”只用在属性说明中，在开始标记之外的 XML 正文中可以直接使用单引号和双引号。

利用内嵌的替代符还可以通过指明字符的 Unicode 码值来直接说明字符。例如，内嵌替代符“£”或“£”代表了码值为 163 的 Unicode 字符，即英镑货币符号。

上述 5 种内嵌的替代符属于标准的 XML 实体，是 XML 实体中最简单的一类，其他复杂的实体将在后面陆续介绍。

6）处理指示

处理指示（Processing Instruction，PI）用来给处理 XML 文件的应用程序提供信息。也就是说，XML 解析器可能并不处理它，而是把这些信息原封不动地传给 XML 应用程序来解释这个指示，并遵照它所提供的信息进行处理。其实，XML 声明就是一个处理指示。

所有处理指示应该遵循如下格式。

```
<? 处理指示名 处理指示信息 ?>
```

处理指示名需要服从 XML 语言的标识符命名规则。要定义处理指示，需要把所定义的处理指示名放在尖括号组成的括号对中，定义处理指示还可以定义若干属性。

由于 XML 声明的处理指示名是 xml，因此其他处理指示名不能再用 xml。例如，在本章的举例中，我们使用一个处理指示来指定与这个 XML 文件配套使用的样式表的类型及文件名，代码如下。

```
<?xml-stylesheet type="text/xsl" href="mystyle.xsl"?>
```

处理指示为 XML 开发人员提供了一种跨越各种元素层次结构的指令表达方式，从而使得应用程序能够按照指示所代表的意义来处理文档。例如如下文档，即希望将标题和段落的前 4 个汉字用黑体表示，当然这种效果也可以通过设置元素属性的方式来实现。

```
<article>
  <title><?beginUseBold?> 节约能源
  </title>
  <content> 能源危机 <?endUseBold?> 早已经不是陌生的话题
  </content>
</article>
```

7）CDATA

有时用户希望 XML 解析器能够把在字符数据中引入的标记当作普通数据而非真正的标记来看待，这时，CDATA 标记可以帮用户实现这一想法。在标记 CDATA 下，所有标记、实体引用都被忽略，而被 XML 处理程序一视同仁地当作字符数据看待。CDATA 的基本语法如下。

```
<![CDATA[ 文本内容 ]]>
```

很显然，CDATA 的文本内容中是不能出现字符串“]]>”的，因为它代表了 CDATA 数据块的结束标志。前文讲过 XML 内嵌的替代符，但是当用户的文本数据中包含大量特殊符号时，通篇地使用替代符，会把本来很清晰的一段文字变得很混乱。为了避免这种不便，可以把这些字符数据放在一个 CDATA 数据块中，这样不管它是否含有元素标签符号和实体引用，这些数据统统被当作没有任何结构意义的普通字符串，例如下面这个示例。

```
<Address>
     <![CDATA[
            < 联系人 >
            < 姓名 >Jack</ 姓名 >
            <EMAIL>Jack@edu.cn</EMAIL>
            </ 联系人 >
            ]]>
</Address>
```

只要有字符出现的地方，都可以出现 CDATA 部分，但它们不能嵌套。在 CDATA 部分中，唯一能够被识别的字符串就是它的结束分隔符“]]>”。

## 4.3　网页制作工具

在大多数情况下，在创建站点时并不需要开发人员使用 HTML 标记进行设计，因为在网页制作工具软件中，可以通过“所见即所得”的技术对 HTML 进行处理，开发人员只需简单地进行界面操作，就能完成网页制作。本节将介绍几款常用的网页及素材制作工具软件。

（1）Dreamweaver 是一款“所见即所得”的主页编辑工具，具有强大的功能和简洁的界面，几乎所有简单对象的属性都可以在属性面板上进行修改。

（2）Adobe Photoshop 是最优秀的数字图像处理软件之一，它可以任意设计、处理、润饰各种图像，是网页美术设计理想的数字图像处理软件。

### 4.3.1 Dreamweaver简介

#### 1. Dreamweaver 概述

Dreamweaver 是 Macromedia 公司推出的一款“所见即所得”的主页编辑工具，以简洁的界面和强大的功能著称。2005 年 Macromedia 公司被美国 Adobe 公司收购，因此 Dreamweaver 改名为 Adobe Dreamweaver，当前最新版本为 2022 年 6 月版（版本 21.3）。在 Dreamweaver 中，翻转图片、导航按钮、E-mail 链接、日期、Flash 动画、Shockwave 动画、JavaApplet 及 ActiveX 等对象可以通过对象面板插入 Dreamweaver 中，设计人员可以用鼠标单击的方式插入图像、表格、表单、APPLET、脚本语言等各种对象，它集网页制作与网站管理于一身，提供了“所见即所得”的可视化界面操作方式，在网站设计与部署方面极为出色，并且拥有超强的编码环境，可以帮助网页设计者轻松地制作出跨越平台和浏览器限制并且充满动感的网站。

#### 2. Dreamweaver 的特点

Dreamweaver 具有以下特点。

（1）Dreamweaver 提供了可视化网页开发，同时不会降低 HTML 原码的控制。Dreamweaver 提供的 Roundtrip HTML 功能，可以准确无误地切换于视觉模式与惯用的原码编辑器。当编辑既有的网页时，Dreamweaver 会尊重在其他编辑器做出的原码，不会任意地改变它。而在使用 Dreamweaver 的视觉性编辑环境时，可以在 HTML 监视器上同步地看到 Dreamweaver 产生的原始码，而若想要在视觉式编辑模式和原始码编辑模式之间转换，只需按一下相应窗口的按钮即可。

（2）Dreamweaver 支持跨浏览器的 Dynamic HTML、阶层式样式窗体、绝对坐标定位以及 JavaScript 的动画。Dreamweaver 利用 JavaScript 和 DHTML 语言代码实现网页元素的动作和交互操作，在这方面超过了 FrontPage、Hotdog、Homesite 等著名的网页编写软件。Dynamic HTML、直觉式时间轴接口以及JavaScript行为库可在不需要程序的情况下让HTML组件运动起来，全网站内容管理的方式克服了逐页更新管理的缺点。

（3）Dreamweaver提供了行为和时间线两种控件来进行动画处理和产生交互式响应，这也是这款软件的优势所在。行为控件提供了交互式操作，时间线控件使设计人员可以像制作视频一样来编辑网页。

### 4.3.2 Photoshop简介

#### 1. Photoshop概述

Adobe Photoshop是最优秀的数字图像处理软件之一，它可任意设计、处理、润饰各种图像，是美术设计、摄影和印刷专业人员理想的数字图像处理工具软件。Photoshop被誉为目前最强大的图像处理软件之一，具有十分强大的图像处理功能。而且，Photoshop具有广泛的兼容性，采用开放式结构，能够外挂其他图像处理软件和输入输出设备。

Photoshop为美术设计人员提供了无限创意空间，可以从一幅现成的图像开始，通过各种图像组合，在图像中任意添加图像，为作品增添艺术魅力。Photoshop的所有绘制成果均可以输出到彩色喷墨打印机、激光打印机上。

对于印刷人员，Adobe Photoshop提供了高档专业印刷前期作业系统，通过扫描、修改图像，在RGB模式中预览CMYK四色印刷图像，在CMYK模式中对颜色进行编辑，进而产生高质量的单色、双色、三色和四色调图像。

#### 2. Photoshop的特点

Photoshop具有以下特点。

（1）支持多种图像格式。Photoshop支持的图像格式包括PSD、EPS、DCS、TIF、JEPG、BMP、PCX、FLM、PDF、PICT、GIF、PNG、IFF、FPX、RAW和SCT等20多种。利用Photoshop可以将某种格式的图像另存为其他格式，以达到特殊的需要。

（2）支持多种色彩模式。Photoshop支持的色彩模式包括位图模式、灰度模式、RGB模式、CMYK模式、Lab模式、索引颜色模式、双色调模式和多通道模式等，并且可以实现各种模式之间的转换。另外，利用Photoshop还可以任意调整图像的尺寸、分辨率及画布的大小。既可以在不影响分辨率的情况下改变图像尺寸，又可以在不影响图像尺寸的情况下增减分辨率。

（3）提供了强大的选取图像范围的功能。利用矩形、椭圆面罩和套索工具，可以选取一个或多个不同尺寸、不同形状的选取范围。磁性套索工具可以根据选择边缘的像素反差，使选取范围紧贴要选取的图像。利用魔术棒工具或“颜色范围”命令可以根据颜色来自动选取所要部分。配合使用快捷键，可以实现选取范围的相加、相减、交叉和反选等效果。

（4）可以对图像进行各种编辑，如移动、复制、粘贴、剪切、清除等。如果在编辑时出了错误，还可以进行无限次的撤销和恢复。Photoshop 可以对图像进行任意的旋转和变形操作，例如按固定方向翻转和旋转，或对图像进行拉伸、倾斜、扭曲和制造透视效果等。

（5）可以对图像进行色调和色彩的调整，使色相、饱和度、亮度、对比度的调整变得简单。Photoshop 可以单独对某一选取范围进行调整，也可以对某一种选定颜色进行调整。使用“色彩平衡”命令可以在彩色图像中改变颜色的混合。使用“色阶”和“曲线”命令可以分别对图像的高光、暗调和中间调部分进行调整，这是传统的绘画技巧难以达到的效果。

（6）提供了绘画功能。使用喷枪工具、笔刷工具、铅笔工具、直线工具可以绘制各种图形。通过自行设定的笔刷形状、大小和压力，可以创建不同的笔刷效果。使用渐变工具可以产生多种渐变效果。使用加深和减淡工具可以有选择地改变图像的曝光度。使用海绵工具可以选择性地增减色彩的饱和程度。使用模糊、锐化和涂抹工具可以产生特殊效果的图像作品。使用图章工具可以修改图像，并可复制图像中的某一部分内容到其他图像的指定位置。

（7）使用 Photoshop，用户可以建立普通图层、背景层、文本层、调节层等多种图层，并且方便地对各个图层进行编辑。用户可以对图层进行任意的复制、移动、删除、翻转、合并和合成操作，可以实现图层的排列，还可以应用添加阴影等操作制造特技效果。调整图层可在不影响图像的同时控制图层的透明度和饱和度等图像效果。文本层可以随时编辑图像中的文本。用户还可以对不同的色彩通道分别进行编辑。利用蒙版可以精确地选取范围，进行存储和载入操作。

（8）Photoshop 共提供了将近 100 种滤镜，每种滤镜的效果各不相同。用户可以利用这些滤镜实现各种特殊效果，如利用“风”滤镜可以增加图像动感，利用“浮雕”滤镜可以制作浮雕效果，利用“水波”滤镜可以模拟水波中的倒影。另外，Photoshop 还可以使用很多与之配套的外挂滤镜。

## 4.4　动态网页的制作

早期的 Web 主要是静态页面的浏览，由 Web 服务器使用 HTTP 协议将 HTML 文档从 Web 服务器传送到用户的 Web 浏览器上。它适合于组织各种静态的文档类型元素（如图片、文字及文档）间的链接。

Web 技术发展的第二阶段是生成动态页面。随着三层结构和 CGI 标准、ISAPI 扩展、动态 HTML 语言、Java/JDBC 等技术的出现，产生了可以供用户交互的动态 Web 文档，HTML 页除了能显示静态信息外，还能够作为信息管理中客户与数据库交互的人机界面。动态网页技术主要依赖服务器端编程。

服务器端脚本编程方式试图使编程和网页联系更为紧密，并使它以相对更简单、更快速的方式运行。服务器端脚本的思想是创建与 HTML 混合的脚本文件或模板，当需要的时候由服务器来读它们，然后服务器分析处理脚本代码，并输出由此产生的 HTML 文件。图 4-3 显示了这个过程。

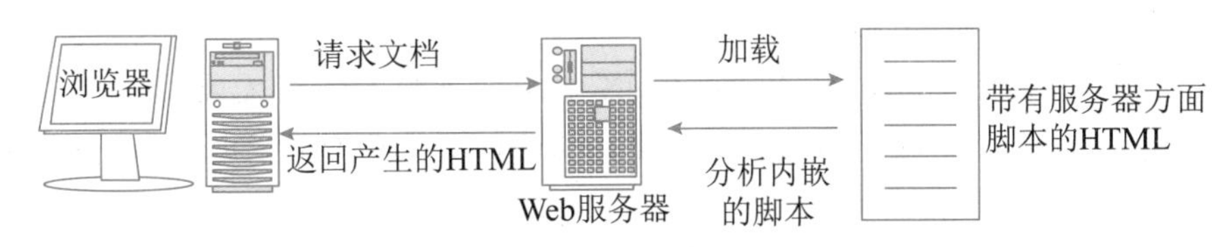


图 4-3　服务器端脚本的分析过程

服务器脚本环境有很多，常见的有 ASP（Active Server Pages）、JSP（Java Server Pages）、PHP 等，其中 ASP 最为简单易用，本书主要介绍 ASP 的用法。

### 4.4.1　ASP简介

1）什么是 ASP

ASP 是 Microsoft 公司开发的服务器端脚本环境，使用 IIS 部署，可用来创建动态交互式网页并建立 Web 应用程序。当服务器收到对 ASP 文件的请求时，它会处理包含在浏览器的 HTML 网页文件中的服务器端脚本代码，除服务器端脚本代码外，ASP 文件也可以包含文本、HTML 和 com 组件调用。ASP 使用了 Microsoft 的 ActiveX 技术，采用封装程序调用对象的技术，以简化编程和加强程序间合作，运行在服务器端，支持 VBScript 和 JavaScript 脚本。

2）ASP的特点

ASP具有以下特点。

（1）使用VBScript、JScript等简单易懂的脚本语言，结合HTML代码，即可快速完成网站的应用程序。

（2）使用普通的文本编辑器，如Windows记事本，即可进行编辑设计。

（3）无须编译，可在服务器端直接执行。

（4）与浏览器无关（Browser Independence），用户端只要使用可执行HTML码的浏览器，即可浏览ASP所设计的网页内容。

（5）ASP能与任何ActiveX Scripting语言兼容。除了可使用VBScript或JavaScript语言来设计外，还可通过plug-in的方式使用由第三方提供的其他脚本语言，如REXX、Perl、Tcl等。脚本引擎是处理脚本程序的COM（Component Object Model）对象。

（6）ASP的源程序不会被传到客户浏览器，提高了程序的安全性。

（7）可使用服务器端的脚本来产生客户端的脚本。

（8）面向对象（Object-Oriented）。

（9）ActiveX Server Components（ActiveX服务器元件）具有无限可扩充性。可以使用Visual Basic、Java、Visual C++、COBOL等编程语言来编写需要的ActiveX Server Component。

3）ASP编程环境

ASP程序无须编译，当执行ASP程序时，脚本程序会将一整套命令发送给脚本解释器（即脚本引擎），由脚本解释器进行翻译，并将其转换成服务器所能执行的命令。ASP程序是以扩展名为.asp的纯文本形式存在于Web服务器上的，所以可以用任何文本编辑器打开它，ASP程序中可以包含纯文本、HTML标记以及脚本命令。只需将.asp程序放在Web服务器的虚拟目录下（该目录必须要有可执行权限），即可通过WWW的方式访问ASP程序。

### 4.4.2 ASP内嵌对象

ASP提供了可在脚本中使用的内嵌对象。这些对象使用户更容易收集那些通过浏览器请求发送的信息，响应浏览器以及存储用户信息，从而使对象开发摆脱了很多烦琐的工作。内嵌对象不同于正常的对象，在利用内嵌对象的脚本时，不需要首先创建一个它的实例。在整个网站应用中，内嵌对象的所有方法、集合以及属性都是自动可访问的。

一个对象由方法、属性和集合构成，其中对象的方法决定了这个对象可以做什么。

对象的属性可以读取，它描述对象状态或者设置对象状态。对象的集合包含了很多和对象有关系的键和值的配对。例如，书是一个对象，这个对象包含的方法决定了可以怎样处理它。书这个对象的属性包括页数、作者等。对象的集合包含了许多键和值的配对，对书这个对象而言，每一页的页码就是键，值就是对应于该页的内容。

### 1. Request 对象

Request 对象为脚本提供了当客户端请求一个页面或者传递一个窗体时，客户端提供的全部信息，包括能指明浏览器和用户的 HTTP 变量、在这个域名下存放在浏览器中的 Cookie、任何作为查询字符串而附于 URL 后面的字符串或页面的 <form> 段中的 HTML 控件的值，同时也提供使用 Secure Socket Layer（SSL）或其他加密通信协议的授权访问，以及有助于对连接进行管理的属性。

Request 对象提供了 5 个集合，可以用来访问客户端对 Web 服务器请求的各类信息，如表 4-17 所示。

**表 4-17　Request 对象的集合及说明**

| 集合名称 | 说　明 |
|---|---|
| Client Certificate | 当客户端访问一个页面或其他资源时，用来向服务器表明身份的客户证书的所有字段或条目的数值集合，每个成员均是只读 |
| Cookies | 根据用户的请求，用户系统发出的所有 Cookie 的值的集合，这些 Cookie 仅对相应的域有效，每个成员均为只读 |
| Form | METHOD 的属性值为 POST 时，所有作为请求提交的 <form> 段中的 HTML 控件单元的值的集合，每个成员均为只读 |
| QueryString | 依附于用户请求的 URL 后面的名称 / 数值对或者作为请求提交的且 METHOD 属性值为 GET（或者省略其属性）的，或 <form> 中所有 HTML 控件单元的值，每个成员均为只读 |
| ServerVariables | 随同客户端请求发出的 HTTP 报头值，以及 Web 服务器的几种环境变量的值的集合，每个成员均为只读 |

Request 对象唯一的属性及说明如表 4-18 所示，它提供关于用户请求的字节数量的信息，很少用于 ASP 页。用户通常关注指定值，而不是整个请求字符串。

**表 4-18　Request 对象的属性及说明**

| 属　性 | 说　明 |
|---|---|
| Total Bytes | 只读，返回由客户端发出的请求的整个字节数量 |

Request 对象唯一的方法及说明如表 4-19 所示，它允许访问从一个 <form> 段中传递给服务器的用户请求部分的完整内容。

表 4-19 Request 对象的方法及说明

| 方 法 | 说 明 |
| --- | --- |
| Binary Read (count) | 当数据作为 POST 请求的一部分发往服务器时，从客户请求中获得 count 字节的数据，返回一个 Variant 数组。如果 ASP 代码已经引用了 Request.Form 集合，这个方法就不能用。同样，如果用了 Binary Read 方法，就不能访问 Request.Form 集合 |

### 2. Response 对象

Response 对象用来访问服务器端所创建的并发回到客户端的响应信息，为脚本提供 HTTP 变量，指明服务器、服务器的功能、关于发回浏览器的内容的信息以及任何将为这个域而存放在浏览器里的新的 Cookie。它也提供了一系列的方法用来创建输出，如 Response.Write 方法。

Response 对象只有一个集合，如表 4-20 所示，该集合设置希望放置在客户系统上的 Cookie 的值，它直接等同于 Request.Cookie 集合。

表 4-20 Response 对象的集合及说明

| 集 合 | 说 明 |
| --- | --- |
| Cookie | 在当前响应中，发回客户端的所有 Cookie 的值。这个集合为只写 |

Response 对象提供了一系列的属性，可以读取和修改，使响应能够适应请求。这些由服务器设置，用户不需要设置它们。需要注意的是，当设置某些属性时，使用的语法可能与通常所使用的有一定的差异。Response 对象的属性及说明如表 4-21 所示。

表 4-21 Response 对象的属性及说明

| 属 性 | 说 明 |
| --- | --- |
| Buffer=True\|False | 读 / 写，布尔型，表明由一个 ASP 页所创建的输出是否一直存放在 IIS 缓冲区，直到当前页面的所有服务器脚本处理完毕或 Flush、End 方法被调用。在任何输出（包括 HTTP 报头信息）送往 IIS 之前，这个属性必须设置。因此在 .asp 文件中，这个设置应该在 <%@ LANGUAGE=...%> 语句后面的第一行 |
| CacheControl "setting" | 读 / 写，字符型，若设置这个属性为 Public，则允许代理服务器缓存页面；如为 Private，则禁止代理服务器缓存的发生 |
| Charset="value" | 读 / 写，字符型，在由服务器为每个响应创建的 HTTP Content-Type 报头中附上所用字符集名称 |
| Content Type ="MIME-type" | 读 / 写，字符型，指明响应的 HTTP 内容类型为标准的 MIME 类型（例如 text/xml 或者 Image/gif）。假如省略，表示使用 MIME 类型 text/html。内容类型告诉浏览器所期望内容的类型 |

续表

| 属　　性 | 说　　明 |
|---|---|
| Expires minutes | 读 / 写，数值型，指明页面有效的以分钟计算的时间长度。假如用户请求其有效期满之前的相同页面，将直接读取显示缓存中的内容，这个有效期过后，页面将不再保留在私有（用户）或公用（代理服务器）缓存中 |
| Expires Absolute # date [time]# | 读 / 写，日期 / 时间型，指明一个页面过期和不再有效时的绝对日期和时间 |
| Is Client Connected | 只读，布尔型，返回客户是否仍然连接和下载页面的状态标志。在当前的页面已执行完毕之前，假如一个客户转移到另一个页面，这个标志可用来中止处理 |
| PICS ("PICS-Label -string") | 只写，字符型，创建一个 PICS 报头，并将之加到响应中的 HTTP 报头中。PICS 报头定义页面内容中的词汇等级，如暴力、性、不良语言等 |
| Status="Code message" | 读 / 写，字符型，指明发回客户的响应的 HTTP 报头中表明错误或页面处理是否成功的状态值和信息。例如 200 OK 和 404 Not Found |

Response 对象提供了一系列的方法，如表 4-22 所示，允许直接处理为返给客户端而创建的页面内容。

**表 4-22　Response 对象的方法及说明**

| 方　　法 | 说　　明 |
|---|---|
| AddHeader("name", "content") | 通过使用 name 和 content 值，创建一个定制的 HTTP 报头，并增加到响应之中。不能替换现有的相同名称的报头。一旦已经增加了一个报头，就不能被删除。这个方法必须在任何页面内容（即 text 和 HTML）被发往客户端前使用 |
| AppendToLog("string") | 当使用 W3C Extended Log File Format 文件格式时，对于用户请求的 Web 服务器的日志文件增加一个条目。至少要求在包含页面的站点的 Extended Properties 页中选择 URI Stem |
| BinaryWrite(SafeArray) | 在当前的 HTTP 输出流中写入 Variant 类型的 SafeArray，而不经过任何字符转换。对于写入非字符串的信息，例如定制的应用程序请求的二进制数据或组成图像文件的二进制字节，是非常有用的 |
| Clear() | 当 Response.Buffer 为 True 时，从 IIS 响应缓存中删除现存的缓存页面内容，但不删除 HTTP 响应的报头，可用来放弃部分完成的页面 |
| End() | 让 ASP 结束处理页面的脚本，并返回当前已创建的内容，然后放弃页面的任何进一步处理 |
| Flush() | 发送 IIS 缓存中的所有当前缓存页给客户端。当 Response.Buffer 为 True 时，可以用来发送较大页面的部分内容给个别用户 |
| Redirect("URL") | 通过在响应中发送一个“302 Object Moved”HTTP 报头，指示浏览器根据字符串 URL 下载相应地址的页面 |
| Write("string") | 在当前的 HTTP 响应信息流和 IIS 缓存区写入指定的字符，使之成为返回页面的一部分 |

### 3. Application 对象

Application 对象是在为响应一个 ASP 页的首次请求而载入 ASP DLL 时创建的，它提供了存储空间用来存放变量和对象的引用，可用于所有页面，任何访问者都可以打开它们。

Application 对象提供了两个集合，可以用来访问存储于全局应用程序空间中的变量和对象。集合及说明如表 4-23 所示。

**表 4-23 Application 对象的集合及说明**

| 集　合 | 说　明 |
|---|---|
| Contents | 没有使用 <OBJECT> 元素定义的存储于 Application 对象中的所有变量（及它们的值）的一个集合，包括 Variant 数组和 Variant 类型对象实例的引用 |
| StaticObjects | 使用 < OBJECT > 元素定义的存储于 Application 对象中的所有变量（及它们的值）的一个集合 |

Application 对象的方法允许删除全局应用程序空间中的值，控制在该空间内对变量的并发访问。Application 对象的方法及说明如表 4-24 所示。

**表 4-24 Application 对象的方法及说明**

| 方　法 | 说　明 |
|---|---|
| Contents.Remove("variable_name" ) | 从 Application.Content 集合中删除一个名为 variable_name 的变量 |
| Contents.RemoveAll() | 从 Application.Content 集合中删除所有变量 |
| Lock() | 锁定 Application 对象，使得只有当前的 ASP 页面对内容能够进行访问。用于确保通过允许两个用户同时读取和修改该值的方法而进行的并发操作不会破坏内容 |
| Unlock() | 解除对在 Application 对象上的 ASP 网页的锁定 |

Application 对象提供了在它启动和结束时触发的两个事件，如表 4-25 所示。

**表 4-25 Application 对象的事件及说明**

| 事　件 | 说　明 |
|---|---|
| OnStart | 当 ASP 启动时触发，在用户请求的网页执行之前以及任何用户创建 Session 对象之前发生，用于初始化变量、创建对象或运行其他代码 |
| OnEnd | 当 ASP 应用程序结束时触发，在最后一个用户会话已经结束并且该会话的 OnEnd 事件中的所有代码已经执行之后发生。其结束时，应用程序中存在的所有变量被取消 |

### 4. Session 对象

独特的 Session 对象是在每一位访问者从 Web 站点或 Web 应用程序中首次请求一个 ASP 页时创建的，它将保留到默认的期限结束（或者由脚本决定终止的期限）。它与

Application 对象一样，提供一个空间用来存放变量和对象的引用，但只能供目前的访问者在会话的生命期内打开的页面使用。

Session 对象提供了两个集合，可以用来访问存储于用户的局部会话空间中的变量和对象。这些集合及说明如表 4-26 所示。

**表 4-26　Session 对象的集合及说明**

| 集　合 | 说　明 |
| --- | --- |
| Contents | 存储于这个特定 Session 对象中的所有变量和其值的一个集合，并且这些变量和值没有使用 <OBJECT> 元素进行定义，包括 Variant 数组和 Variant 类型对象实例的引用 |
| StaticObjects | 通过使用 <OBJECT> 元素定义的、存储于这个 Session 对象中的所有变量的一个集合 |

Session 对象提供了 4 个属性，如表 4-27 所示。

**表 4-27　Session 对象的属性及说明**

| 属　性 | 说　明 |
| --- | --- |
| CodePage | 读 / 写，整型，定义用于在浏览器中显示页内容的代码页（Code Page）。代码页是字符集的数字值，不同的语言和场所可能使用不同的代码页。例如，ANSI 代码页 1252 用于美国英语和大多数欧洲语言，代码页 932 用于日文字 |
| LCID | 读 / 写，整型，定义发送给浏览器的页面地区标识（LCID）。LCID 是标识地区的唯一的国际标准缩写，例如，2057 定义当前地区的货币符号是 ' £ ' 。LCID 也可用于 Format Currency 等语句中，只要其中有一个可选的 LCID 参数。LCID 也可在 ASP 处理指令 <%...%> 中设置，并优先于会话的 LCID 属性中的设置 |
| Session ID | 只读，长整型，返回这个会话的会话标识符。创建会话时，该标识符由服务器产生。它在父 Application 对象的生存期内是唯一的，因此当一个新的应用程序启动时可重新使用 |
| Timeout | 读 / 写，整型，为这个会话定义以分钟为单位的超时周期。如果用户在超时周期内没有进行刷新或请求一个网页，该会话结束。在各网页中可以根据需要修改。默认值是 10min，在使用率高的站点上该时间应更短 |

Session 对象允许从用户级的会话空间删除指定值，并根据需要终止会话。Session 对象的方法及说明如表 4-28 所示。

**表 4-28　Session 对象的方法及说明**

| 方　法 | 说　明 |
| --- | --- |
| Contents.Remove ("variable_name") | 从 Session.Content 集合中删除一个名为 variable_name 的变量 |
| Contents.RemoveAll() | 从 Session.Content 集合中删除所有变量 |
| Abandon() | 当网页的执行完成时，结束当前用户会话并撤销当前 Session 对象。但即使在调用该方法以后，仍可访问该页中的当前会话的变量。当用户请求下一个页面时将启动一个新的会话，并建立一个新的 Session 对象 |

Session 对象提供了在启动和结束时触发的两个事件，如表 4-29 所示。

表 4-29 Session 对象的事件及说明

| 事　件 | 说　明 |
| --- | --- |
| OnStart | 在用户请求的网页执行之前，当 ASP 用户会话启动时触发，用于初始化变量、创建对象或运行其他代码 |
| OnEnd | 当 ASP 用户会话结束时触发。从用户对应用程序的最后一个页面请求开始，如果已经超出预定的会话超时周期，则触发该事件。当会话结束时，取消该会话中的所有变量。在代码中使用 Abandon 方法结束 ASP 用户会话时，也触发该事件 |

### 5. Server 对象

Server 对象提供了一系列方法和属性，在使用 ASP 编写脚本时是非常有用的。最常用的是 Server.CreateObject 方法，它允许在当前页的环境或会话中在服务器上实例化其 COM 对象。还有一些方法能够把字符串翻译成在 URL 和 HTML 中使用的正确格式，这通过把非法字符转换成正确、合法的等价字符来实现。

Server 对象是专为处理服务器上的特定任务而设计的，特别是与服务器的环境和处理活动有关的任务。因此提供信息的属性只有一个，却有 7 种方法用来以服务器特定的方法格式化数据、管理其他网页的执行、管理外部对象和组件的执行以及处理错误。

Server 对象的唯一属性用于访问一个正在执行的 ASP 网页的脚本超时值，如表 4-30 所示。

表 4-30 Server 对象的属性及说明

| 属　性 | 说　明 |
| --- | --- |
| ScriptTimeout | 整型，默认值为 90，设置或返回页面的脚本在服务器退出执行和报告一个错误之前可以执行的时间（秒数）。达到该值后将自动停止页面的执行，并从内存中删除包含可能进入死循环的错误的页面或者那些长时间等待其他资源的网页。这能防止服务器因存在错误的页面而过载。对于运行时间较长的页面需要增大这个值 |

Server 对象的方法用于格式化数据、管理网页执行和创建其他对象实例，如表 4-31 所示。

表 4-31 Server 对象的方法及说明

| 方　法 | 说　明 |
| --- | --- |
| CreateObject("identifier") | 创建由 identifier 标识的对象（一个组件、应用程序或脚本对象）的一个实例，返回可以在代码中使用的一个引用，可以用于一个虚拟应用程序（global.asa 页）创建会话层或应用程序层范围内的对象。该对象可以用其 ClassID（如“{clsid：BD96C556-65A3 . . . 37A9}”）或一个 ProgID 串（如“ADODB.Connection”）来标识 |

续表

| 方　　法 | 说　　明 |
|---|---|
| Execute("URL") | 停止当前页面的执行，把控制转到在 URL 中指定的网页。用户的当前环境（即会话状态和当前事务状态）也传递到新的网页。在该页面执行完成后，控制传递回原先的页面，并继续执行 Execute 方法后面的语句 |
| GetLastError() | 返回 ASP ASPError 对象的一个引用，这个对象包含该页面在 ASP 处理过程中发生的最近一次错误的详细数据。这些由 ASP Error 对象给出的信息包含文件名、行号、错误代码等 |
| HTML Encode("string") | 返回一个字符串，该串是输入值 string 的副本，但去掉了所有非法的 HTML 字符，如“<”“>”“&”和双引号，并转换为等价的 HTML 条目，即“<”“>”“&”“"”等 |
| MapPath("URL") | 返回在 URL 中指定的文件或资源的完整物理路径和文件名 |
| Transfer("URL") | 停止当前页面的执行，把控制转到 URL 中指定的页面，用户的当前环境（即会话状态和当前事务状态）也传递到新的页面。与 Execute 方法不同，当新页面执行完成时，不回到原来的页面，而是结束执行过程 |
| URL Encode("string") | 返回一个字符串，该串是输入值 string 的副本，但是在 URL 中无效的所有字符，如“？”“&”和空格，都转换为等价的 URL 条目，即“% 3F”“% 26”和“+” |

### 4.4.3 ASP语法

如下是一个 ASP 的应用举例。

```
<HTML>
<%
Dim test
test="Holle Word"
 %>
<BODY>
<TABLE>
<TD>
<%=test%>
</TD>
</TABLE>
</BODY>
</HTML>
```

ASP 不同于客户端脚本语言，它有自己特定的语法，所有 ASP 命令都必须包含在 <% 和 %> 之内，如 <% test="Holle Word" %>。ASP 通过包含在 <% 和 %> 中的表达式将执行结果输出到客户浏览器。例如，<% =test %> 就是将前面赋给变量 test 的值 Holle

Word 发送到客户浏览器，而当变量 test 的值为 Mathematics 时，程序 This weekend we will test <% =test %> 在客户浏览器中则显示为 This weekend we will test Mathematics。

### 1. 声明变量

使用 Dim 关键字声明变量。

格式：

```
Dim 变量名
```

示例：

```
<html>
<body>
<%
dim name
name=" 张三 "
%>
姓名：<%=name%>
</body>
</html>
```

浏览器显示效果为：

```
姓名：张三
```

### 2. 条件语句

用来判断条件是 true 或 false，并根据判断结果来执行指定的语句，通常条件是比较运算符对值或变量进行比较。

格式：

```
if  <条件>  then
条件逻辑表达式为 true 时执行的语句
else
条件逻辑表达式为 false 时执行的语句
end if
```

示例：

```
a=10
if a>8 then
```

```
response.write "条件成立，变量 a 的值大于 8"
else
response.write "条件不成立，变量 a 的值不大于 8"
end if
```

上述程序中，给变量“a”赋值 10，此时 a>8 条件成立，逻辑表达式为 true，浏览器会显示“条件成立，变量 a 的值大于 8”。

### 3. for 循环语句

根据指定次数进行循环。

格式：

```
for 循环变量 = 初始值 to 结束值 step 步长
 循环体
next
```

示例：

```
for i=1 to 4 step 1
 response.write "i="&i"<br>"
next
```

上述代码中，变量 i 为循环变量，循环开始时赋初始值 1，step 1 表示每次增加 1，当变量 i 的值等于 4 时结束循环，每次循环均显示 i 的当前值。step 可以省略，默认值即为 1。代码执行后，浏览器显示结果为：

```
i=1
i=2
i=3
i=4
```

### 4. do while 循环语句

每次循环对条件进行判断，如果条件成立，则执行循环体，当条件不成立时退出循环。

格式：

```
do while <条件>
 循环体
loop
```

示例：

```
i=1
do while i<5
 response.write "i="&i"<br>"
 i=i+1
loop
```

上述代码中，首先给变量 i 赋值 1，每次循环都需对条件 i<5 进行判断，每循环一次，在循环体内，对变量 i 的值增加 1，当 i<5 不成立时，退出循环。代码执行后，浏览器显示结果为：

```
i=1
i=2
i=3
i=4
```

### 5. ASP 表单应用示例

ASP 表单应用示例如下：

```
<form method="post" action="test.asp">
<p>姓名：<input type="text" name="name"/></p>
<p>班级：<input type="text" name="className"/></p>
<input type="submit" value="Submit"/>
</form>
```

如果用户在上述表单中依次输入“张三”和“二年级三班”，然后单击提交到 test.asp，在 test.asp 编写如下代码：

```
<%
 response.write "你的姓名："&request.form("name")&"，班级："&request.form
("className")
%>
```

在浏览器页面显示结果如下：

```
你的姓名：张三，班级：二年级三班
```

request.form 命令用于获取使用 "post" 方法的表单中的值，request.form("name") 和 request.form("className") 就是获取用户在 form 表单输入的值，由于使用 POST 方法提交的表单信息对用户是不可见的，所以常用于用户客户端向服务器端传递数据。

### 4.4.4　ASP连接数据库

微软公司的 ADO（ActiveX Data Objects）是一个用于存取数据源的 COM 组件。它是编程语言和统一数据访问方式 OLE DB 的一个中间层，允许开发人员编写访问数据的代码和到数据库的连接，而不用关心数据库的实现。

#### 1. 基本的 ADO 编程模型

ADO 提供了执行以下操作的方式：

- 连接到数据源。同时，可确定对数据源的所有更改是否已成功或有没有发生。
- 指定访问数据源的命令，同时可带变量参数，或优化执行。
- 执行命令。如果这个命令使数据按表中的行的形式返回，则将这些行存储在易于检查、操作或更改的缓存中。
- 使用缓存行的更改内容来更新数据源。
- 提供常规方法检测错误（通常由建立连接或执行命令造成）。

ADO 有很强的灵活性，只需执行部分模块就能做一些有用的工作。例如，将数据从文件直接存储到缓存行，然后仅用 ADO 资源对数据进行检查。进行 ADO 连接的主要模块包括如下几种。

1）连接

连接是交换数据所必需的环境，通过连接可从应用程序访问数据源。如通过 Microsoft Internet Information Server 作为媒介，应用程序可直接（有时称为双层系统）或间接（有时称为三层系统）访问数据源。

事务用于界定在连接过程中发生的一系列数据访问操作的开始和结束。ADO 可明确事务中的操作造成的对数据源的更改是否成功发生，或者根本没有发生。如果取消事务或它的一个操作失败，则最终的结果将不会改变，仿佛事务中的操作均未发生，数据源将会保持事务开始以前的状态。

对象模型使用 Connection 对象使连接概念得以具体化。对象模型无法清楚地体现出事务的概念，而是用一组 Connection 对象方法来表示。

ADO 访问来自 OLE DB 提供者的数据和服务。Connection 对象用于指定专门的提供者和任意参数。例如，可对远程数据服务（RDS）进行显式调用，或通过 Microsoft OLE DB Remoting Provider 进行隐式调用。

2）命令

通过已建立的连接发出的命令可以某种方式来操作数据源。一般情况下，命令可以在数据源中添加、删除或更新数据，或者在表中以行的格式检索数据。对象模型用Command对象来体现命令概念。Command对象使ADO能够优化对命令的执行。

3）参数

通常，命令需要的变量部分（即参数）可以在命令发布之前进行更改。例如，可重复发出相同的数据检索命令，但每一次均可更改指定的检索信息。

参数对执行其行为类似函数的命令非常有用，这样就可以知道命令是做什么的，但不必知道它如何工作。例如，可发出一项银行过户命令，从一方借出，贷给另一方，可将要过户的款额设置为参数。

对象模型用Parameter对象来体现参数概念。

4）记录集

如果命令是在表中按信息行返回数据的查询（行返回查询），则这些行将会存储在本地。

对象模型将该存储体现为Recordset对象，但是不存在仅代表单独一个Recordset行的对象。

记录集是在行中检查和修改数据的最主要的方法。Recordset对象用于指定可以检查的行，对于移动行，指定移动行的顺序；对于添加、更改或删除行，通过更改行更新数据源，管理Recordset的总体状态。

5）字段

一个记录集行包含一个或多个字段。如果将记录集看作二维网格，字段将排列构成列。每一字段（列）都分别包含名称、数据类型和值的属性，正是在该值中包含了来自数据源的真实数据。

对象模型用Field对象体现字段。

要修改数据源中的数据，可在记录集行中修改Field对象的值，对记录集的更改最终被传送给数据源。作为选项，Connection对象的事务管理方法能够可靠地保证更改要么全部成功，要么全部失败。

6）错误

错误随时可在应用程序中发生，通常是由于无法建立连接、无法执行命令或无法对某些状态（例如试图使用没有初始化的记录集）的对象进行操作。

对象模型用Error对象体现错误，任意给定的错误都会产生一个或多个Error对象，随后产生的错误将会放弃先前的Error对象组。

7）属性

每个 ADO 对象都有一组唯一的属性来描述或控制对象的行为。

属性有内置和动态两种类型。内置属性是 ADO 对象的一部分，并且随时可用。动态属性则由特别的数据提供者添加到 ADO 对象的属性集合中，仅在提供者被使用时才能存在。

对象模型用 Property 对象体现属性。

8）集合

ADO 提供的集合是一种可方便地包含其他特殊类型对象的对象类型。使用集合方法可按名称（文本字符串）或序号（整型数）对集合中的对象进行检索。

ADO 提供了 4 种类型的集合，如下所述：

- Connection 对象：具有 Errors 集合，包含为响应与数据源有关的单一错误而创建的所有 Error 对象。
- Command 对象：具有 Parameters 集合，包含应用于 Command 对象的所有 Parameter 对象。
- Recordset 对象：具有 Fields 集合，包含所有定义 Recordset 对象列的 Field 对象。
- Connection、Command、Recordset 和 Field 对象都具有 Properties 集合，它包含所有属于各个包含对象的 Property 对象。

ADO 对象拥有可在其上使用的普通数据类型（如“整型”“字符型”或“布尔型”）来设置或检索值的属性。然而，有必要将某些属性看成是数据类型“COLLECTION OBJECT”的返回值。相应地，集合对象具有存储和检索适合该集合的其他对象的方法。例如，可认为 Recordset 对象具有能够返回集合对象的 Properties 属性。该集合对象具有存储和检索描述 Recordset 性质的 Property 对象的方法。

9）事件

事件是对将要发生或已经发生的某些操作的通知。一般情况下，可用事件高效地编写包含几个异步任务的应用程序。

对象模型无法显式体现事件，只能在调用事件处理程序例程时表现出来。

在操作开始之前调用的事件处理程序便于对操作参数进行检查或修改，然后取消或允许操作完成。

操作完成后，调用的事件处理程序在异步操作完成后进行通知。多个操作经过增强可以有选择地异步执行。例如，用于启动异步 Recordset.Open 操作的应用程序将在操作结束时得到执行完成事件的通知。

### 2. ADO 操作步骤

ADO 的目标是访问、编辑和更新数据源，而编程模型体现了为完成该目标所必需的系列动作的顺序。ADO 提供了类和对象，以完成如下活动：

- 连接到数据源（Connection），并可选择开始一个事务。
- 可选择创建对象来表示 SQL 命令（Command）。
- 可选择在 SQL 命令中指定列、表和值作为变量参数（Parameter）。
- 执行命令（Command、Connection 或 Recordset）。
- 如果命令按行返回，则将行存储在缓存中（Recordset）。
- 可选择创建缓存视图，以便能对数据进行排序、筛选和定位（Recordset）。
- 通过添加、删除或更改行和列编辑数据（Recordset）。
- 在适当的情况下，使用缓存中的更改内容来更新数据源（Recordset）。
- 如果使用了事务，则可以接受或拒绝在完成事务期间所做的更改，结束事务（Connection）。

1）打开连接

ADO 打开连接的主要方法是 Connection.Open 方法，另外也可在同一个操作中调用快捷方法 Recordset.Open 打开连接，并在该连接上发出命令。以下是 Visual Basic 中两种方法的语法：

```
connection.Open ConnectionString, UserID, Password, OpenOptions
recordset.Open Source, ActiveConnection, CursorType, LockType, Options
```

ADO 提供了多种指定操作数的简便方式。例如，Recordset.Open 带有 ActiveConnection 操作数，该操作数可以是文字字符串（表示字符串的变量），或者代表一个已打开的连接的 Connection 对象。

对象中的多数方法具有属性，当操作数默认时属性可以提供参数。使用 Connection.Open，可以省略显式 ConnectionString 操作数，并通过将 ConnectionString 的属性设置为“DSN=pubs;uid=sa;pwd=;database=pubs”隐式地提供信息。

与此相反，连接字符串中的关键字操作数 uid 和 pwd 可为 Connection 对象设置 UserID 和 Password 参数。

2）创建命令

查询命令要求数据源返回含有所要求信息行的 Recordset 对象，命令通常使用 SQL 编写，例如如下情形。

（1）代表字符串的文字串或变量。可使用命令字符串“SELECT * from authors”查询 pubs 数据库中的 authors 表中的所有信息。

（2）代表命令字符串的对象。在这种情况下，Command 对象的 CommandText 属性的值设置为命令字符串，例如如下命令。

```
Command cmd = New ADODB.Command;
cmd.CommandText = "SELECT * from authors"
```

在查询命令中，使用占位符“?”可以指定参数化命令字符串。

尽管 SQL 字符串的内容是固定的，但可以创建参数化命令，这样在命令执行时占位符“?”字符串将被参数所替代。

使用 Prepared 属性可以优化参数化命令的性能，参数化命令可以重复使用，每次只需要改变参数。例如，执行以下命令字符串将对所有姓“Ringer”的作者进行查询。

```
Command cmd = New ADODB.Command
cmd.CommandText = "SELECT * from authors WHERE au_lname = ?"
```

如下命令指定 Parameter 对象并将其追加到 Parameter 集合。每个占位符“?”将由 Command 对象 Parameter 集合中相应的 Parameter 对象值替代。可将“Ringer”作为值来创建 Parameter 对象，然后将其追加到 Parameter 集合。

```
Parameter prm = New ADODB.Parameter
prm.Name = "au_lname"
prm.Type = adVarChar
prm.Direction = adInput
prm.Size = 40
prm.Value = "Ringer"
cmd.Parameters.Append prm
```

ADO 现在可提供简单灵活的方法在单个步骤中创建 Parameter 对象并将其追加到 Parameter 集合。使用 CreateParameter 方法可以指定并追加 Parameter 对象，命令如下。

```
cmd.Parameters.Append cmd.CreateParameter _
"au_lname", adVarChar, adInput, 40, "Ringer"
```

3）执行命令

返回 Recordset 的方法有 Connection.Execute、Command.Execute 和 Recordset.Open。如下是它们的 Visual Basic 语法。

```
connection.Execute(CommandText, RecordsAffected, Options)
command.Execute(RecordsAffected, Parameters, Options)
recordset.Open Source, ActiveConnection, CursorType, LockType, Options
```

必须在发出命令之前打开连接，每个发出命令的方法分别代表不同的连接，Connection.Execute 方法使用由 Connection 对象自身表现的连接；Command.Execute 方法使用在其 ActiveConnection 属性中设置的 Connection 对象；Recordset.Open 方法所指定的或者是连接字符串，或者是 Connection 对象操作数，否则使用在其 ActiveConnection 属性中设置的 Connection 对象。在 Connection.Execute 方法中，命令是字符串；在 Command.Execute 方法中，命令是不可见的，它在 Command.CommandText 属性中指定，另外，此命令可含有参数符号（?），它可以由参数 VARIANT 数组参数中的相应参数替代；在 Recordset.Open 方法中，命令是 Source 参数，它可以是字符串或 Command 对象。

每种方法可根据性能需要替换使用：Execute 方法针对（但不局限于）执行不返回数据的命令，两种 Execute 方法都可返回快速只读、仅向前 Recordset 对象。Command.Execute 方法允许使用可高效重复利用的参数化命令。另一方面，Open 方法允许指定 CursorType（用于访问数据的策略及对象）和 LockType（指定其他用户的 isolation 级别以及游标是否在 immediate 或 batch modes 中支持更新）。

4）操作数据

大量 Recordset 对象方法和属性可用于对 Recordset 数据行进行检查、定位以及操作。

Recordset 可看作行数组，在任意给定时间可进行测试和操作的行为，“当前行”在 Recordset 中的位置为“当前行位置”。每次移动到另一行时，该行将成为新的当前行。

有多种方法可在 Recordset 中显式移动或“定位”（Move 方法），一些方法（Find 方法）在其操作的附加效果中也能够做到。此外，设置某个属性（Bookmark 属性）同样可以更改行的位置。

Filter 属性用于控制可访问的行（即这些行是“可见的”）。Sort 属性用于控制所定位的 Recordset 行中的顺序。

Recordset 有一个 Fields 集合，它是在行中代表每个字段或列的 Field 集，可从 Field 对象的 Value 属性中为字段赋值或检索数据；作为选项，可访问大量字段数据（GetRows 和 Update 方法）。

使用 Move 方法可从头至尾对经过排序和筛选的 Recordset 定位，当 Recordset EOF 属性表明已经到达最后一行时停止。在 Recordset 中移动时，显示作者的姓和名以及原始电话号码，然后将 phone 字段中的区号改为“777”，命令如下。phone 字段中的电话号码格式为“aaa xxx-yyyy”，其中aaa为区号，xxx为局号。

```
rs("au_lname").Properties("Optimize") = TRUE
rs.Sort = "au_lname ASC"
rs.Filter = "phone LIKE '415 5*'"
rs.MoveFirst
Do While Not rs.EOF
   Debug.Print "Name: " & rs("au_fname") & " " rs("au_lname") & _
      "Phone: " rs("phone") & vbCr
   rs("phone") = "777" & Mid(rs("phone"), 5, 11)
   rs.MoveNext
Loop
```

5）*更新数据*

对于添加、删除和修改数据行，ADO有两个基本概念。

第一个概念是不立即更改Recordset，而是将更改写入内部复制缓冲区。如果不想进行更改，复制缓冲区中的更改将被放弃；如果想保留更改，复制缓冲区中的改动将应用到Recordset。

第二个概念是只要声明行的工作已经完成，就将更改立刻传播到数据源（即“立即”模式）；或者只是收集对行集合的所有更改，直到声明该行集合的工作已经完成（即“批”模式）。这些模式将由CursorLocation和LockType属性控制。

在“立即”模式中，每次调用Update方法都会将更改传播到数据源。而在“批”模式中，每次调用Update或移动当前行位置时，更改都被保存到Recordset中，只有UpdateBatch方法才可将更改传送给数据源。使用“批”模式打开Recordset，更新也使用“批”模式。

Update可采用简捷的形式将更改用于单个字段或将一组更改用于一组字段，然后再进行更改，这样可以一步完成更新操作。也可选择在事务中进行更新，可以使用事务来确保多个相互关联的操作或者全部成功执行，或者全部取消。在此情况下，事务不是必需的。

事务可在一段相当长的时间内分配和保持数据源上的有限资源，因此建议事务的存在时间越短越好。

6）*结束更新*

假设批更新结束时发生错误，如何解决将取决于错误的性质和严重性以及应用程序的逻辑关系。如果数据库是与其他用户共享的，典型的错误则是他人在您之前更改了数据字段，这种类型的错误称为冲突。ADO会检测到这种情况并报告错误。

如果错误存在，它们会被错误处理例程捕获。使用 adFilterConflictingRecords 常数可对 Recordset 进行筛选，将冲突行显示出来。要纠正错误，只需打印作者的姓和名（au_fname 和 au_lname），然后回卷事务，放弃成功的更新，由此结束更新，命令如下。

```
...
conn.CommitTrans
...
On Error
rs.Filter = adFilterConflictingRecords
rs.MoveFirst
Do While Not rs.EOF
   Debug.Print "Conflict: Name: " & rs("au_fname") " " & rs("au_lname")
   rs.MoveNext
Loop
conn.Rollback
Resume Next
...
```

### 3. 简单 SQL 语句

1）select 查询语句

格式：

```
select
字段 1[ as 别名 ]，…，字段 n （1）
from 表名 [ as 别名 ]  （2）
where 条件 （3）
order by 排序字段 [desc]（4）
groug by 分组字段（5）
```

解释如下：

（1）需要查询的字段名称，也可以为字段设置别名。

（2）from 是关键字，表名是制定需要查询的数据库表的名称，即从哪个表中查询数据。

（3）此部分可以省略，默认查询所有数据，where 为关键字，设定查询条件，只显示满足条件的数据，条件为逻辑表达式，如要查询姓名为张三的数据，可以使用条件 name=" 张三 "。

（4）order by 是排序关键字，根据指定字段进行升序排列，也可以指定关键字 desc，表示按照降序排列。

（5）groug by 是分组关键字，比如，当对查询结果进行分组统计时，需要在此处设定分组统计的字段名称。

示例：查询数学成绩大于 60 分的，显示姓名和成绩，按照数学成绩从高到低倒序排列。SQL 语句如下。

```
select name,maths from test where maths>60 order by maths desc
```

2）insert 插入语句

格式：

```
insert into 表名 （字段 1，…，字段 n）values（值 1，…，值 n）
```

示例：将姓名为张三、数学成绩为 85 分的一行数据插入表 test 中。SQL 语句如下。

```
insert into test (name,maths)values ("张三",85)
```

3）update 更新语句

格式：

```
update 表名 set 字段 1= 值 1，字段 2= 值 2 where 条件
```

示例：将姓名为张三的数学成绩修改为 90。SQL 语句如下。

```
update test set maths=90 where name="张三"
```

4）delete 删除语句

格式：

```
delete from 表名 where 条件
```

示例：删除表 test 中姓名为张三的所有数据行。SQL 语句如下。

```
delete from test where name="张三"
```

### 4. ADO 示例代码

ADO 示例代码如下。

```
Public Sub main()
Dim conn As New ADODB.Connection
```

```
Dim cmd As New ADODB.Command
Dim rs As New ADODB.Recordset
'步骤1
conn.Open "DSN=pubs;uid=sa;pwd=;database=pubs"
'步骤2
Set cmd.ActiveConnection = conn
cmd.CommandText = "SELECT * from authors"
'步骤3
rs.CursorLocation = adUseClient
rs.Open cmd, , adOpenStatic, adLockBatchOptimistic
'步骤4
rs("au_lname").Properties("Optimize") = True
rs.Sort = "au_lname"
rs.Filter = "phone LIKE '415 5*'"
rs.MoveFirst
Do While Not rs.EOF
    Debug.Print "Name: " & rs("au_fname") & " "; rs("au_lname") & _
        "Phone: "; rs("phone") & vbCr
    rs("phone") = "777" & Mid(rs("phone"), 5, 11)
    rs.MoveNext
Loop
'步骤5
conn.BeginTrans
'步骤6-A
On Error GoTo ConflictHandler
rs.UpdateBatch
On Error GoTo 0
conn.CommitTrans
Exit Sub
'步骤6-B
ConflictHandler:
rs.Filter = adFilterConflictingRecords
rs.MoveFirst
Do While Not rs.EOF
   Debug.Print "Conflict: Name: " & rs("au_fname"); " " & rs("au_lname")
    rs.MoveNext
Loop
conn.Rollback
Resume Next
End Sub
```

# 4.5　使用 HTML 与 ASP 编程实例

## 4.5.1　实例

【说明】某学生成绩信息管理系统可以实现考试成绩录入、保存、根据学号查询指定学生的成绩等功能。文件描述如表 4-32 所示。所有数据均存储在 Access 数据库中，数据库文件名为 stuInfoSystem.mdb。学生成绩表数据结构如表 4-33 所示。

表 4-32　部分文件描述

| 文件名 | 功能描述 |
| --- | --- |
| conn.asp | 数据库连接定义 |
| stuExamInsert.asp | 学生考试成绩录入 |
| stuExamSave.asp | 学生考试成绩保存 |
| stuExamView.asp | 学生考试成绩查询显示 |

表 4-33　学生成绩表数据结构（表名：stuExam）

| 字段名 | 数据类型 | 说明 |
| --- | --- | --- |
| stuExamId | 自动编号 | 主键 |
| studentId | 文本 | 学号 |
| classId | 文本 | 班级 |
| chinese | 数字 | 语文成绩 |
| maths | 数字 | 数学成绩 |
| english | 数字 | 英语成绩 |

### 1. conn.asp 代码片段

```
dim rs,conn '解析第（1）处
set rs=Server.CreateObject("ADODB.Recordset")    '解析第（2）处
set conn=server.createobject("adodb.connection")    '解析第（3）处
DBPath =Server.MapPath("stuInfoSystem.mdb")    '解析第（4）处
conn.Open"driver={Microsoft Access Driver (*.mdb)};dbq=" &DBPath    '解析第（5）处
```

### 2. stuExamInsert.asp 代码片段

```
<html>    '解析第（1）处
```

```
<head>
<title> 学生成绩信息管理系统 </title>   '解析第（2）处
<link rel="stylesheet" href="css/style.css"/>   '解析第（3）处
</head>
<body>
    <form name="form" method="post" action="stuExamSave.asp" >' 解析第（4）处
        <div class="title_top">
            <div class="top_cont">
            </div>
        </div>
        <div class="cont_title">
            <p> 学生成绩录入 </p>
        </div>
        <div class="box">
        <div class="text">
            <div >
                <span> 学号 </span>
            <input type="text" name="studentId" /> '解析第（5）处
            </div>
            <div >
                <span> 语文 </span>
            <input type="text" name="chinese" />
            </div>
            <div >
                <span> 数学 </span>
            <input type="text" name="maths" />
            </div>
            <div >
                <span> 英语 </span>
            <input type="text" name="english" />
            </div>
            <div class="c">
<input  type="submit"  id="button"  name="button"  value=" 提交 " /> '解
析第（6）处
</div>
        </div>
        </div>
        </form>
</body>
</html>
```

stuExamInsert.asp 在浏览器执行后的显示结果如图 4-4 所示。

学生成绩录入

学号 

语文 

数学 

英语 

提交

图 4-4　stuExamInsert.asp 在浏览器执行后的显示结果

### 3. stuExamSave.asp 代码片段

```
<!--#include file="conn.asp"-->  '解析第（1）处
<%
studentId=request.form("studentId")  '解析第（2）处
chinese=request.form("chinese")
maths=request.form("maths")
english=request.form("english")
classId=""    '根据学号计算班级略去
sql="insert into stuExam (studentId,chinese,maths,english,classId)
values ('"&studentId&"',"&chinese&","&maths&","&english&",'"&classId&"')"
'解析第（3）处
conn.execute(sql)  '解析第（4）处
%>
```

### 4. stuExamView.asp 代码片段

```
<!--#include file="conn.asp"-->            ' 引入数据库连接定义
……
<%
classId=request.form("classId");
sql="select classId,round(avg(chinese),2) as avg_chinese,round(avg
(maths),2) as avg_maths,round(avg(english),2) as avg_english from stuExam where
classId='"&classId&"' group by classId"       '解析第（1）处
rs.open sql,conn   '解析第（2）处
chinese=0
maths=0
```

```
english=0
total=0
If Not rs.eof then    '解析第（3）处
chinese=rs("avg_chinese")    '解析第（4）处
maths=rs("avg_maths")
english=rs("avg_english")
End If
total=chinese+maths+english
rs.close    '解析第（5）处
conn.close     '解析第（6）处
%>
……
<table width="80%" border="1" align="center" cellpadding="0" cellspacing="0">
<tr>   '解析第（7）处
     <td  colspan="5" height="30" align="center">查询结果</td>
</tr>
<tr>
     <td width="20%" height="30" align="center">班级</td>
     <td width="20%" height="30" align="center">语文平均分</td>
     <td width="20%" height="30" align="center">数学平均分</td>
     <td width="20%" height="30" align="center">英语平均分</td>
     <td width="20%" height="30" align="center">总平均分</td>
</tr>
<tr>
     <td width="20%" height="30" align="center"><%=classId%></td>'解析第（8）处
     <td width="20%" height="30" align="center"><%=chinese%></td>
     <td width="20%" height="30" align="center"><%=maths%></td>
     <td width="20%" height="30" align="center"><%=english%></td>
     <td width="20%" height="30" align="center"><%=total%></td>
</tr>
</table>
……
```

stuExamView.asp 在浏览器执行后的显示结果如图4-5所示。

| 查询结果 | | | | |
|---|---|---|---|---|
| 班级 | 语文平均分 | 数学平均分 | 英语平均分 | 总平均分 |
| 三年级2班 | 87.32 | 91.61 | 93.07 | 272.00 |

图4-5　stuExamView.asp 在浏览器执行后的显示结果

### 4.5.2　解析

#### 1. conn.asp 文件代码解析

conn.asp 文件用于实现数据库连接。代码解析如下：

（1）dim rs,conn 声明了 rs 和 conn 两个变量，dim 为 asp 变量声明关键字。

（2）创建 ADO Recordset 结果集对象。

（3）利用 server 对象的 CreateObject 方法创建由“ADODB.Connection”标识的数据库连接对象 conn。

（4）设置 access 数据库文件路径和文件名。

（5）打开到数据库的连接。

#### 2. stuExamInsert.asp 文件代码解析

stuExamInsert.asp 代码解析如下：

（1）<html></html> 元素表明这是一个名为 HTML 的文档，即网页。

（2）<title></title> 元素给文档起标题。

（3）引入外部样式表文件。

（4）定义了 <form> 表单元素，其中该元素的 name 为 form，采用 post 方式向服务器端的 stuExamSave.asp 文件提交表单数据。

（5）定义了 <input> 文本输入框元素，type="text" 表示为单行的文本输入框，name="studentId" 定义了该元素的名称，用于在上下文中引用。

（6）定义了提交按钮，type="submit" 表明该元素为提交按钮，点击提交按钮会把表单数据发送到服务器，value=" 提交 " 定义了按钮所显示的文字。

#### 3. stuExamSave.asp 文件代码解析

stuExamSave.asp 代码解析如下：

（1）引入包含数据库连接定义的外部文件。

（2）request.form 命令用于获取使用 "post" 方法的表单中的值，request.form ("studentId") 就是获取用户在 stuExamInsert.asp 文件中 form 表单 name="studentId" 的 input 输入框输入的值。

（3）组装数据插入的 SQL 语句。

（4）执行数据插入的 SQL 语句。

#### 4. stuExamView.asp 文件代码解析

stuExamView.asp 代码解析如下：

（1）拼装 select 查询语句，在 stuExam 中查询指定班级的数据，根据班级分组对各科成绩进行平均计算，计算结果保留小数点后2位，平均分分别设置别名，在返回的结果集中需要按照此处设定的别名获取数值。

（2）rs.open sql,conn 中，rs 为 conn.asp 文件中定义的结果集对象，conn 为 conn.asp 文件中定义的数据库连接对象，sql 为要执行的 SQL 语句，该语句为执行 SQL 语句并将查询结果返回给 rs 结果集对象。

（3）rs.eof 表示当前游标处于结果集最后一条记录之后，从结果集中获取数据时，一般要做 Not rs.eof 判断，否则会报错，if then 为 asp 的条件判断语句，当条件成立时才会执行程序体。

（4）从结果集中获取数据。

（5）关闭 rs 结果集，在结果集操作完成后，都应该进行关闭操作。

（6）关闭 conn 数据库连接，在数据库操作完成后，都应该进行关闭操作。

（7）表格元素是 HTML 中最主要的元素，它能解决在排版上遇到的众多问题，例如文字与图像对齐等。

- <table></table> 是定义表格的元素，width="80%" 表示表格宽度，border="1" 表示表格边框宽度，align="center" 表示表格水平对齐方式。
- <tr></tr> 是定义表行的元素，在表格中有几对此元素就表示当前表格中有几行。
- <td></td> 表示一行中单元格的元素，一行中有几对此元素就有几个单元格，colspan="5" 表示水平合并单元格数量，width="20%" 表示单元格宽度，height="30" 表示单元格的行高，align="center" 表示单元格内水平对齐方式。

（8）<%=classId%> 就是将前面赋给变量 classId 的值发送到客户浏览器并显示。

# 第 5 章　网络安全及管理

## 5.1　网络安全基础

### 5.1.1　网络安全的基本概念

由于网络传播信息快捷，隐蔽性强，在网络上难以识别用户的真实身份，以致网络犯罪、黑客攻击、有害信息传播等问题日趋严重，网络安全已成为网络发展中的一个重要课题。网络安全的产生和发展，标志着我们从传统的通信保密时代过渡到了信息安全时代。

1. 网络安全基本要素

网络安全包括 5 个基本要素，分别为机密性、完整性、可用性、可控性与可审查性。

- 机密性：确保信息不暴露给未授权的实体或进程。
- 完整性：只有得到允许的人才能修改数据，并且能够判别出数据是否已被篡改。
- 可用性：得到授权的实体在需要时可访问数据，即攻击者不能占用所有资源而阻碍授权者的工作。
- 可控性：可以控制授权范围内的信息流向及行为方式。
- 可审查性：对出现的网络安全问题提供调查的依据和手段。

2. 网络安全威胁

一般认为目前网络存在的威胁主要表现在如下 5 个方面：

（1）非授权访问：没有预先经过同意就使用网络或计算机资源则被看作非授权访问，包括有意避开系统访问控制机制对网络设备及资源进行非正常使用，或擅自扩大权限越权访问信息。非授权访问的主要形式为假冒、身份攻击、非法用户进入网络系统进行违法操作、合法用户以未授权方式进行操作等。

（2）信息泄露或丢失：指敏感数据在有意或无意中被泄露出去或丢失，通常包括信息在传输中丢失或泄露、信息在存储介质中丢失或泄露以及通过建立隐蔽隧道等窃取敏感信息等。如黑客利用电磁泄漏或搭线窃听等方式可截获机密信息，或通过对信息流向、流量、通信频度和长度等参数的分析推测出有用信息，如用户口令、账号等重要信息。

（3）破坏数据完整性：以非法手段窃得数据的使用权，删除、修改、插入或重发某些重要信息，以取得有益于攻击者的响应；恶意添加、修改数据，以干扰用户的正常使用。

（4）拒绝服务攻击：它不断对网络服务系统进行干扰，改变其正常的作业流程，执行无关程序，使系统响应减慢甚至瘫痪，影响正常用户的使用，甚至使合法用户被排斥而不能进入计算机网络系统或不能得到相应的服务。

（5）利用网络传播病毒：通过网络传播计算机病毒的破坏性大大高于单机系统，而且用户很难防范。

#### 3. 网络安全防范措施

常用的网络安全防范措施如下所示：

（1）部署网络安全防护系统，如防火墙、入侵防御系统、入侵检测系统、高级威胁检测系统等。

（2）部署应用安全防护系统，如Web应用防火墙、网页防篡改系统、漏洞扫描系统、上网行为管理系统等。

（3）部署数据安全防护系统，如数据库审计系统、数据防泄露系统、数据脱敏系统等。

（4）部署主机安全防护系统，如防病毒软件、主机安全防护系统等。

（5）部署安全管理系统，如堡垒机、日志审计与分析系统、全流量威胁分析响应系统、统一安全管理平台等。

（6）完善安全管理制度，建立健全各类网络安全管理制度和管理规范；组建网络安全管理机构和技术团队，明确岗位分工和职责。

（7）配置合理的安全防护策略，并能及时调整完善。

### 5.1.2 计算机信息系统等级保护

1994年，《中华人民共和国计算机信息系统安全保护条例》（国务院令第147号）首次提出“计算机信息系统实行安全等级保护”的概念。2017年6月1日正式实施的《中华人民共和国网络安全法》第二十一条规定，国家实行网络安全等级保护制度，明确网络安全等级保护制度的法律地位。2019 年 5 月，《信息安全技术 网络安全等级保护测评要求》《信息安全技术 网络安全等级保护基本要求》等一系列网络安全等级保护标准正式发布，并于 2019 年 12 月 1 日正式实施。

根据等级保护对象在国家安全、经济建设、社会生活中的重要程度，以及一旦遭到破坏、丧失功能或者数据被篡改、泄露、丢失、损毁后，对国家安全、社会秩序、公共利益，以及公民、法人和其他组织的合法权益的侵害程度等因素，将等级保护对象的安全保护等级分为以下 5 级。

第一级，等级保护对象受到破坏后，会对相关公民、法人和其他组织的合法权益造成一般损害，但不危害国家安全、社会秩序和公共利益。

第二级，等级保护对象受到破坏后，会对相关公民、法人和其他组织的合法权益产生严重损害，或者对社会秩序和公共利益造成危害，但不危害国家安全。

第三级，等级保护对象受到破坏后，会对相关公民、法人和其他组织的合法权益产生特别严重损害，或者对社会秩序和公共利益造成严重危害，或者对国家安全造成严重危害。

第四级，等级保护对象受到破坏后，会对社会秩序和公共利益造成特别严重危害，或者对国家安全造成严重危害。

第五级，等级保护对象受到破坏后，会对国家安全造成特别严重危害。

## 5.2　信息加密技术

信息安全技术是一门综合学科，它涉及信息论、计算机科学和密码学等多方面知识，它的主要任务是研究计算机系统和通信网络内信息的保护方法，以实现系统内信息的安全、保密、真实和完整。其中，信息安全的核心是加密技术。

传统的加密系统是以密钥为基础的，这是一种对称加密，也就是说，用户使用同一个密钥加密和解密。而公钥则是一种非对称加密方法，加密者和解密者各自拥有不同的密钥。当然，还有其他诸如流密码等加密算法。

### 5.2.1　数据加密原理

数据加密是防止未经授权的用户访问敏感信息的手段，这就是人们通常理解的安全措施，也是其他安全方法的基础。研究数据加密的科学叫作密码学（Cryptography），它又分为设计密码体制的密码编码学和破译密码的密码分析学。密码学有着悠久而光辉的历史，古代的军事家已经用密码传递军事情报了，而现代计算机的应用和计算机科学的发展又为这一古老的科学注入了新的活力。现代密码学是经典密码学的进一步发展和完善。由于加密和解密此消彼长的斗争永远不会停止，这门科学还在迅速发展之中。

一般的保密通信模型如图 5-1 所示。在发送端，把明文 P 用加密算法 E 和密钥 K 加密，变换成密文 C，即

$$C=E(K, P)$$

在接收端利用解密算法 D 和密钥 K 对 C 解密得到明文 P，即

$$P=D(K, C)$$

这里加 / 解密函数 E 和 D 是公开的，而密钥 K（加 / 解密函数的参数）是秘密的。在传送过程中，窃听者得到的是无法理解的密文，又得不到密钥，这就达到了对第三者保密的目的。

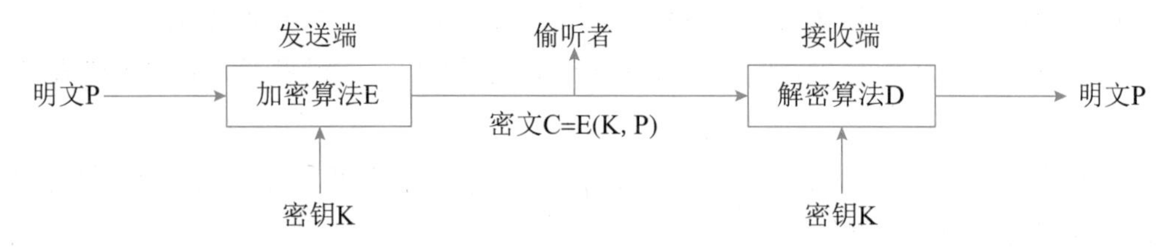


图 5-1 保密通信模型

如果无论窃听者获取了多少密文，密文中都没有足够的信息使其确定出对应的明文，则这种密码体制是无条件安全的，或称为理论上不可破解的。在无任何限制的条件下，目前几乎所有密码体制都不是理论上不可破解的。能否破解给定的密码，取决于使用的计算资源。所以密码专家们研究的核心任务就是要设计出在给定计算费用的条件下，计算上（而不是理论上）安全的密码体制。下面分析几种曾经使用过的和目前正在使用的加密方法。

### 5.2.2 现代加密技术

现代密码体制使用的基本方法仍然是替换和换位，但是采用更加复杂的加密算法和简单的密钥。另外，增加了对付主动攻击的手段，如加入随机的冗余信息，以防止制造假消息；加入时间控制信息，以防止旧消息重放。

#### 1. DES

1977 年 1 月，NSA（National Security Agency，美国国家安全局）根据 IBM 的专利

技术 Lucifer 制定了 DES（Data Encryption Standard 数据加密标准），明文被分成 64 位的块，对每个块进行 19 次变换（替换和换位），其中 16 次变换由 56 位的密钥的不同排列形式控制（IBM 使用的是 128 位的密钥），最后产生 64 位的密文块，如图 5-2 所示。

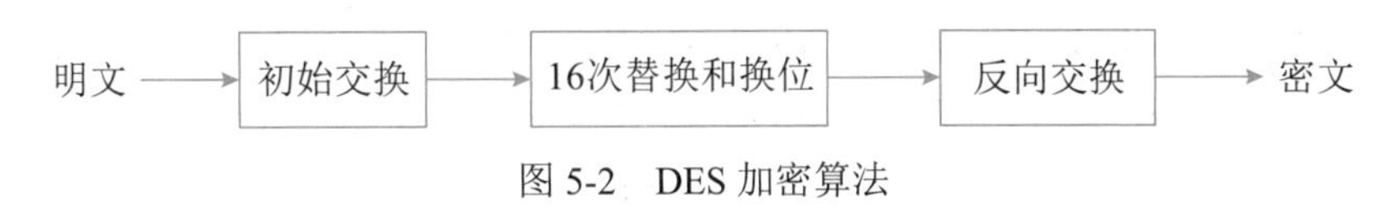


图 5-2　DES 加密算法

由于 NSA 减少了密钥，而且对 DES 的制定过程保密，甚至为此取消了 IEEE 计划的一次密码学会议。人们怀疑 NSA 的目的是保护自己的解密技术，因而从一开始就对 DES 充满了怀疑和争论。

1977 年，Diffie 和 Hellman 设计了 DES 解密机，只要知道一小段明文和对应的密文，该机器就可以在一天之内穷试 256 种不同的密钥（叫作野蛮攻击）。据估计，这个机器当时的造价为两千万美元。

### 2. IDEA

1990 年，瑞士联邦技术学院的来学嘉和 Massey 提出了一种新的加密算法，这种算法使用 128 位的密钥，把明文分成 64 位的块，进行 8 轮迭代加密。IDEA（International Data Encryption Algorithm）可以用硬件或软件实现，并且比 DES 快。在苏黎世技术学院用 25MHz 的 VLSI 芯片，加密速率是 177Mb/s。

IDEA 经历了大量的详细审查，对密码分析具有很强的抵抗能力，在多种商业产品中得到应用，已经成为全球通用的加密标准。

### 3. AES

1997 年 1 月，美国国家标准与技术局（NIST）为 AES（Advanced Encryption Standard，高级加密标准）征集新算法。最初从许多响应者中挑选了 15 个候选算法，经过世界密码共同体的分析，选出了其中的 5 个；经过用 ANSI C 和 Java 语言对这 5 个算法的加 / 解密速度、密钥和算法的安装时间以及对各种攻击的拦截程度等进行了广泛的测试后，2000 年 10 月，NIST 宣布 Rijndael 算法为 AES 的最佳候选算法，并于 2002 年 5 月 26 日发布为正式的 AES 加密标准。

AES 支持 128 位、192 位和 256 位 3 种密钥长度，能够在世界范围内免版税使用，提供的安全级别足以保护未来 20 ～ 30 年的数据，可以通过软件或硬件实现。

#### 4. 流加密算法和 RC4

所谓流加密，就是将数据流与密钥生成二进制比特流进行异或运算的加密过程。这种算法采用如下两个步骤：

（1）利用密钥 K 生成一个密钥流 KS（伪随机序列）。

（2）用密钥流 KS 与明文 P 进行异或运算，产生密文 C，即

$$C=P\oplus KS(K)$$

解密过程则是用密钥流与密文 C 进行异或运算，产生明文 P，即

$$P=C\oplus KS(K)$$

为了安全，对不同的明文必须使用不同的密钥流，否则容易被破解。

Ronald L. Rivest 是 MIT 的教授，用他的名字命名的流加密算法有 RC2 ～ RC6 系列算法，其中 RC4 是最常用的。RC 代表 Rivest Cipher 或 Ron's Cipher，RC4 是 Rivest 在 1987 年设计的，其密钥长度可选择 64 位或 128 位。RC4 是 RSA 公司私有的商业机密，1994 年 9 月被人匿名发布在互联网上，从此得以公开。这个算法非常简单，就是 256 以内的加法、置换和异或运算。由于简单，所以速度极快，加密的速度可达到 DES 的 10 倍。

#### 5. 公钥加密算法

上述加密算法中使用的加密密钥和解密密钥是相同的，称为共享密钥算法或对称密钥算法。1976 年，斯坦福大学的 Diffie 和 Hellman 提出了使用不同的密钥进行加密和解密的公钥加密算法。假设 P 为明文，C 为密文，E 为公钥控制的加密算法，D 为私钥控制的解密算法，这些参数满足下列 3 个条件：

（1）D(E(P))=P。

（2）不能由 E 导出 D。

（3）选择明文攻击（选择任意明文 - 密文对以确定未知的密钥）不能破解 E。

加密时计算 C=E(P)，解密时计算 P=D(C)。加密和解密是互逆的。用公钥加密，私钥解密，可实现保密通信；用私钥加密，公钥解密，可实现数字签名。

#### 6. RSA 算法

RSA（Rivest, Shamir and Adleman）算法是一种公钥加密算法，方法是按照如下要求选择公钥和密钥：

（1）选择两个大素数 $p$ 和 $q$（大于 10100）。

（2）令 $n=p\times q$ 和 $z=(p-1)\times(q-1)$。

（3）选择 $d$ 与 $z$ 互质。

（4）选择 $e$，使 $e*d=1(\mathrm{mod}\ z)$。

明文 P 被分成 $k$ 位的块，$k$ 是满足 $2^k<n$ 的最大整数，于是有 $0 \leqslant P<n$。加密时计算 $C=P^e(\mathrm{mod}\ n)$，这样公钥为 $(e,n)$。解密时计算 $P=C^d(\mathrm{mod}\ n)$，即私钥为 $(d,n)$。

举例假设 $p=3$，$q=11$，$n=33$，$z=20$，$d=7$，$e=3$，$C=P^3(\mathrm{mod}\ 33)$，$P=C^7(\mathrm{mod}\ 33)$，则有：

$$C=2^3(\mathrm{mod}\ 33)=8(\mathrm{mod}\ 33)=8$$

$$P=8^7(\mathrm{mod}\ 33)=2097152(\mathrm{mod}\ 33)=2$$

RSA 算法的安全性基于大素数分解的困难性。如果攻击者可以分解已知的 $n$，得到 $p$ 和 $q$，然后可得到 $z$，最后用 Euclid 算法，由 $e$ 和 $z$ 得到 $d$。然而要分解 200 位的数需要 40 亿年，分解 500 位的数则需要 $10^{25}$ 年。

## 5.3 认证

认证又分为实体认证和消息认证两种。实体认证是识别通信对方的身份，防止假冒，可以使用数字签名的方法。消息认证是验证消息在传送或存储过程中有没有被窜改，通常使用消息摘要的方法。

### 5.3.1 基于共享密钥的认证

如果通信双方有一个共享的密钥，则可以确认对方的真实身份。这种算法依赖于双方都信赖的密钥分发中心 KDC（Key Distribution Center），如图 5-3 所示，其中的 A 和 B 分别代表发送者和接收者，$K_A$、$K_B$ 分别表示 A、B 与 KDC 之间的共享密钥。

认证过程是这样的。A 向 KDC 发出消息 $\{A,K_A(B,K_S)\}$，说明自己要和 B 通信，并指定了与 B 会话的密钥 $K_S$。注意这个消息中的一部分 $(B,K_S)$ 是用 $K_A$ 加密了的，所以第三者不能了解消息的内容。KDC 知道了 A 的意图后就构造了一个消息 $\{K_B(A,K_S)\}$ 发给 B。B 用 $K_B$ 解密后就得到了 A 和 $K_S$，然后就可以与 A 用 $K_S$ 会话了。

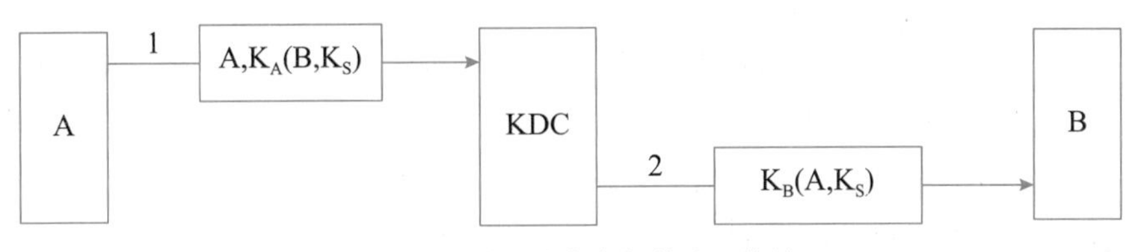


图 5-3　基于共享密钥的认证协议

然而，主动攻击者对这种认证方式可能进行重放攻击。例如，A 代表雇主，B 代表银行，第三者 C 为 A 工作，通过银行转账取得报酬。如果 C 为 A 工作了一次，得到了一次报酬，并窃听和复制了 A 和 B 之间就转账问题交换的报文，那么贪婪的 C 就可以按照原来的次序向银行重发报文 2，冒充 A 与 B 之间的会话，以便得到第二次、第三次及更多次报酬。在重放攻击中，攻击者不需要知道会话密钥 $K_S$，只要能猜测密文的内容对自己有利或无利，就可以达到攻击的目的。

### 5.3.2 基于公钥的认证

基于公钥的认证协议如图 5-4 所示，A 给 B 发出 $E_B(A,R_A)$，该报文用 B 的公钥加密；B 返回 $E_A(R_A,R_B,K_S)$，用 A 的公钥加密。这两个报文中分别有 A 和 B 指定的随机数 $R_A$ 和 $R_B$，因此能排除重放的可能性，通信双方都用对方的公钥加密，用各自的私钥解密，所以应答比较简单，其中的 $K_S$ 是 B 指定的会话键。这个协议的缺陷是假定了双方都知道对方的公钥，但如果这个条件不成立呢？如果有一方的公钥是假的呢？可采用基于 PKI 的公钥密码体制，由 CA 为每个用户的公钥签发公钥证书，通过验证公钥证书的合法性来认证公钥，从而保证公钥的合法性。

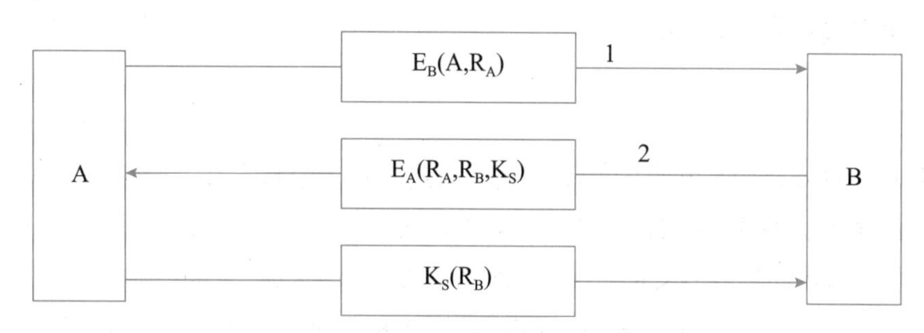


图 5-4 基于公钥的认证协议

## 5.4 数字签名

与人们手写签名的作用一样，数字签名系统向通信双方提供服务，使得 A 向 B 发送签名的消息 P，以便达到如下目的：

（1）B 可以验证消息 P 确实来源于 A。

（2）A 以后不能否认发送过 P。

（3）B 不能编造或改变消息 P。

### 5.4.1　基于密钥的数字签名

基于密钥的数字签名系统如图 5-5 所示，设 BB 是 A 和 B 共同信赖的仲裁人，$K_A$ 和 $K_B$ 分别是 A 和 B 与 BB 之间的密钥，而 $K_{BB}$ 是只有 BB 掌握的密钥，P 是 A 发给 B 的消息，t 是时间戳。BB 解读了 A 的报文 $\{A, K_A(B,R_A,t,P)\}$ 后产生了一个签名的消息 $K_{BB}(A,t,P)$，并装配成发给 B 的报文 $\{K_B(A,R_A,t,P,K_{BB}(A,t,P))\}$。B 可以解密该报文，阅读消息 P，并保留证据 $K_{BB}(A,t,P)$。由于 A 和 B 之间的通信是通过中间人 BB 的，所以不必怀疑对方的身份。又由于证据 $K_{BB}(A,t,P)$ 的存在，A 不能否认发送过消息 P，B 也不能改变得到的消息 P，因为 BB 仲裁时可能会当场解密 $K_{BB}(A,t,P)$，得到发送人、发送时间和原来的消息 P。

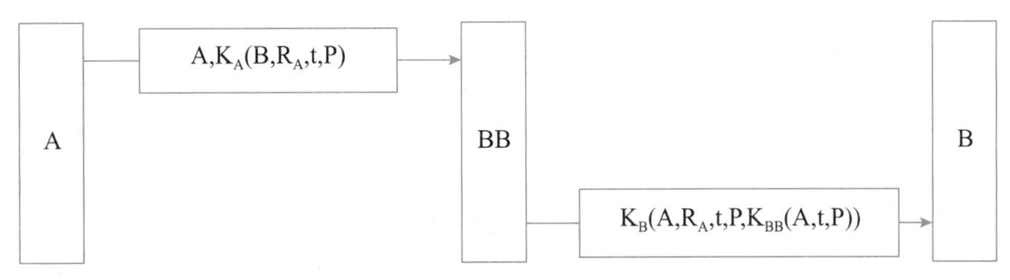


图 5-5　基于密钥的数字签名

### 5.4.2　基于公钥的数字签名

利用公钥加密算法的数字签名系统如图 5-6 所示，如果 A 方否认了，B 可以拿出 $D_A(P)$，并用 A 的公钥 $E_A$ 解密得到 P，从而证明 P 是 A 发送的；如果 B 把消息 P 窜改了，当 A 要求 B 出示原来的 $D_A(P)$ 时，B 拿不出来。

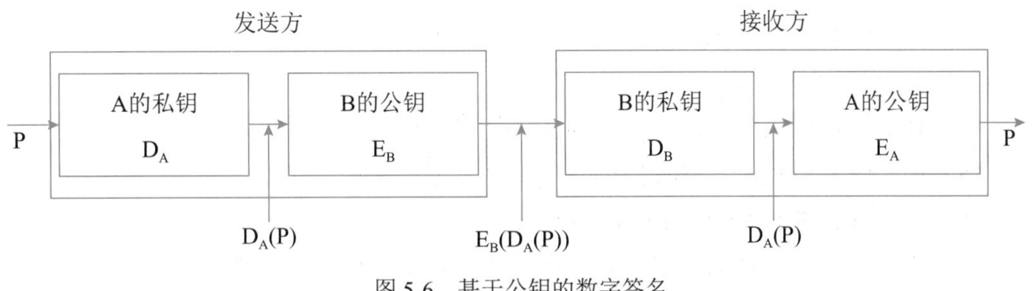


图 5-6　基于公钥的数字签名

## 5.5 报文摘要

用于差错控制的报文检验是根据冗余位检查报文是否受到信道干扰的影响，与之类似的报文摘要方案是计算密码检查和，即固定长度的认证码，附加在消息后面发送，根据认证码检查报文是否被窜改。设 M 是可变长的报文，K 是发送者和接收者共享的密钥，令 $MD=C_K(M)$，这就是算出的报文摘要（Message Digest），如图 5-7 所示。由于报文摘要是原报文唯一的压缩表示，代表了原来报文的特征，所以也叫作数字指纹（Digital Fingerprint）。

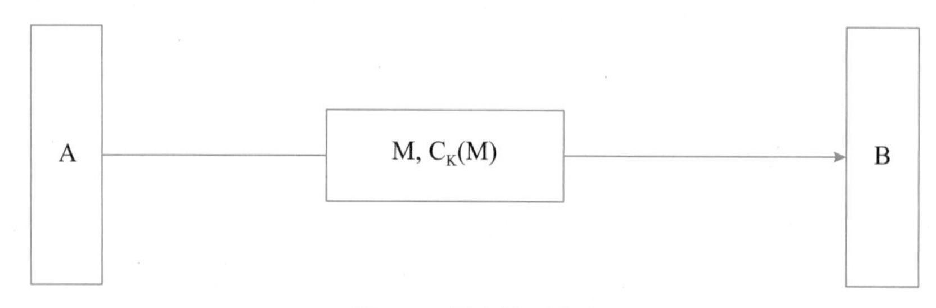


图 5-7　报文摘要方案

散列（Hash）算法将任意长度的二进制串映射为固定长度的二进制串，这个长度较小的二进制串称为散列值。散列值是一段数据唯一的、紧凑的表示形式。如果对一段明文只更改其中的一个字母，随后的散列变换都将产生不同的散列值。

要找到散列值相同的两个不同的输入在计算上是不可能的，所以数据的散列值可以检验数据的完整性。通常的实现方案是对任意长的明文 M 进行单向散列变换，计算固定长度的比特串，作为报文摘要。该算法对 Hash 函数 $h$=H(M) 的要求如下：

（1）可用于任意大小的数据块。

（2）能产生固定大小的输出。

（3）软 / 硬件容易实现。

（4）对于任意 $m$ 找出 $x$ 满足 $H(x)=m$ 是不可计算的。

（5）对于任意 $x$ 找出 $y \neq x$ 使得 $H(x)=H(y)$ 是不可计算的。

（6）找出 $(x,y)$ 使得 $H(x)=H(y)$ 是不可计算的。

前 3 项要求显然是实际应用和实现的需要。第 4 项要求就是所谓的单向性，这个条件使得攻击者不能由窃听到的 $m$ 得到原来的 $x$。第 5 项要求是为了防止伪造攻击，使得攻击者不能用自己制造的假消息 $y$ 冒充原来的消息 $x$。第 6 项要求是为了对付生日攻击的。

报文摘要可以用于加速数字签名算法。在图 5-5 中，BB 发给 B 的报文中，报文 P 实际上出现了两次，一次是明文，一次是密文，这显然增加了传送的数据量。如果改成图 5-8 的报文，$K_{BB}(A,t,P)$ 减少为 MD(P)，则传送过程可以大大加快。

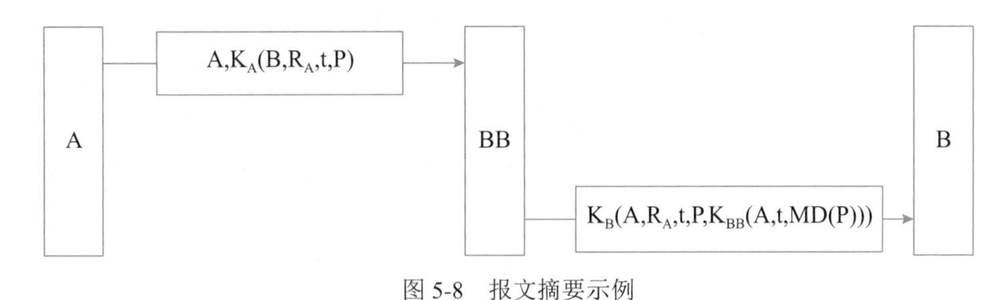


图 5-8　报文摘要示例

### 5.5.1　报文摘要算法（MD5）

使用最广的报文摘要算法是 MD5，这是 Ronald L. Rivest 设计的一系列 Hash 函数中的第 5 个。其基本思想就是用足够复杂的方法把报文比特充分“弄乱”，使得每一个输出比特都受到每一个输入比特的影响。具体的操作分成下列步骤：

（1）分组和填充：把明文报文按 512 位分组，最后要填充一定长度的“1000……”，使得报文长度 =448（mod 512）。

（2）附加：最后加上 64 位的报文长度字段，整个明文恰好为 512 的整数倍。

（3）初始化：置 4 个 32 比特长的缓冲区 A、B、C、D 分别为 A=01234567、B=89ABCDEF、C=FEDCBA98、D=76543210。

（4）处理：用 4 个不同的基本逻辑函数（F、G、H、I）进行 4 轮处理，每一轮以 A、B、C、D 和当前的 512 位的块为输入，处理后送入 A、B、C、D（128 位），产生 128 位的报文摘要。

关于 MD5 的安全性可以解释如下。由于算法的单向性，所以要找出具有相同 Hash 值的两个不同报文是不可计算的。如果采用野蛮攻击，寻找具有给定 Hash 值的报文的计算复杂度为 $2^{128}$，若每秒试验 10 亿个报文，需要 $1.07\times10^{22}$ 年；采用生日攻击法，寻找有相同 Hash 值的两个报文的计算复杂度为 $2^{64}$，用同样的计算机试验需要 585 年。从实用性方面考虑，MD5 用 32 位软件可高速实现，所以得到广泛应用。

### 5.5.2　安全散列算法（SHA-1）

安全散列算法（The Secure Hash Algorithm，SHA）由美国国家标准和技术协会

（National Institute of Standards and Technology，NIST）于 1993 年提出，并被定义为安全散列标准（Secure Hash Standard，SHS）。SHA-1 是 1994 年修订的版本，纠正了 SHA 一个未公布的缺陷。这种算法接受的输入报文小于 264 位，产生 160 位的报文摘要。该算法设计的目标是使得找出一个能够匹配给定的散列值的文本实际上是不可能计算的。也就是说，如果对文档 A 已经计算出了散列值 H(A)，那么很难找到一个文档 B 使其散列值 H(B)=H(A)，尤其困难的是无法找到满足上述条件而且又是指定内容的文档 B。SHA 算法的缺点是速度比 MD5 慢，但是 SHA 的报文摘要更长，更有利于对抗野蛮攻击。

## 5.6 数字证书

### 5.6.1 数字证书的概念

数字证书是各类终端实体和最终用户在网上进行信息交流及商务活动的身份证明，在电子交易的各个环节，交易的各方都需验证对方数字证书的有效性，从而解决相互间的信任问题。

数字证书采用公钥体制，即利用一对互相匹配的密钥进行加密和解密。每个用户自己设定一个特定的仅为本人所知的私有密钥（私钥），用它进行解密和签名；同时设定一个公共密钥（公钥），并由本人公开，为一组用户所共享，用于加密和验证。公开密钥技术解决了密钥发布的管理问题。一般情况下，证书中还包括密钥的有效时间、发证机构（证书授权中心）的名称、该证书的序列号等信息。数字证书的格式遵循 ITUT X.509 国际标准。

用户的数字证书由某个可信的证书发放机构（Certification Authority，CA）建立，并由 CA 或用户将其放入公共目录，以供其他用户访问。目录服务器本身并不负责为用户创建数字证书，其作用仅仅是为用户访问数字证书提供方便。

在 X.509 标准中，数字证书的一般格式包含的数据域如下所述：

（1）版本号：用于区分 X.509 的不同版本。

（2）序列号：由同一发行者（CA）发放的每个证书的序列号是唯一的。

（3）签名算法：签署证书所用的算法及其参数。

（4）发行者：指建立和签署证书的 CA 在 X.509 标准中的名字。

（5）有效期：包括证书有效期的起始时间和终止时间。

（6）主体名：证书持有者的名称及有关信息。

（7）公钥：有效的公钥及其使用方法。

（8）发行者 ID：任选的名字唯一地标识证书的发行者。

（9）主体 ID：任选的名字唯一地标识证书的持有者。

（10）扩展域：添加的扩充信息。

（11）认证机构的签名：用 CA 私钥对证书的签名。

### 5.6.2　证书的获取

CA 为用户产生的证书应具有以下特性：

（1）只要得到 CA 的公钥，就能由此得到 CA 为用户签署的公钥。

（2）除 CA 外，其他任何人员都不能以不被察觉的方式修改证书的内容。

因为证书是不可伪造的，因此无须对存放证书的目录施加特别的保护。

如果所有用户都由同一 CA 签署证书，则这一 CA 就必须取得所有用户的信任。用户证书除了能放在公共目录中供他人访问外，还可以由用户直接把证书转发给其他用户。例如，用户 B 得到 A 的证书后，可相信用 A 的公钥加密的消息不会被他人获悉，还可信任用 A 的私钥签署的消息不是伪造的。

如果用户数量很多，仅一个 CA 负责为所有用户签署证书可能不现实。通常应有多个 CA，每个 CA 为一部分用户发行和签署证书。

设用户 A 已从证书发放机构 X1 处获取了证书，用户 B 已从 X2 处获取了证书，如果 A 不知道 X2 的公钥，他虽然能读取 B 的证书，但却无法验证用户 B 证书中 X2 的签名，因此 B 的证书对 A 来说是没有用处的。然而，如果两个证书发放机构 X1 和 X2 彼此间已经安全地交换了公开密钥，则 A 可通过以下过程获取 B 的公开密钥。

（1）A 从目录中获取由 X1 签署的 X2 的证书 X1《X2》，因为 A 知道 X1 的公开密钥，所以能验证 X2 的证书，并从中得到 X2 的公开密钥。

（2）A 再从目录中获取由 X2 签署的 B 的证书 X2《B》，并由 X2 的公开密钥对此加以验证，然后从中得到 B 的公开密钥。

以上过程中，A 是通过一个证书链来获取 B 的公开密钥的，证书链可表示为 X1《X2》X2《B》；类似地，B 能通过相反的证书链获取 A 的公开密钥，表示为 X2《X1》X1《A》。以上证书链中只涉及两个证书，类似的有 *N* 个证书的证书链可表示为 X1《X2》X2《X3》……X*N*《B》。此时，任意两个相邻的 CAX*i* 和 CAX*i*+1 已彼此间为对方建立了证书，对每一个 CA 来说，由其他 CA 为这一 CA 建立的所有证书都应存放于目录中，并使得用户知道所有证书相互之间的连接关系，从而可获取另一用户的公钥证书。X.509

标准建议将所有 CA 以层次结构组织起来，用户 A 可从目录中得到相应的证书以建立到 B 的证书链“X《W》W《V》V《U》U《Y》Y《Z》Z《B》”，并通过该证书链获取 B 的公开密钥。

类似地，B 可建立证书链“X《W》W《V》V《U》U《Y》Y《Z》Z《A》”以获取 A 的公开密钥。

### 5.6.3 证书的吊销

从证书的格式上可以看到，每个证书都有一个有效期，然而有些证书还未到截止日期就会被发放该证书的 CA 吊销，这可能是由于用户的私钥已泄露，或者该用户不再由该 CA 来认证，或者 CA 为该用户签署证书的私钥已经泄露。为此，每个 CA 还必须维护一个证书吊销列表 CRL（Certificate Revocation List），其中存放所有未到期而被提前吊销的证书，包括该 CA 发放给用户和发放给其他 CA 的证书。CRL 还必须由该 CA 签字，然后存放于目录中以供他人查询。

CRL 中的数据域包括发行者 CA 的名称、建立 CRL 的日期、计划公布下一 CRL 的日期以及每个被吊销的证书数据域。被吊销的证书数据域包括该证书的序列号和被吊销的日期。对一个 CA 来说，它发放的每个证书的序列号是唯一的，所以可用序列号来识别每个证书。

因此，每个用户收到他人消息中的证书时，都必须通过目录检查这个证书是否已经被吊销，为避免搜索目录引起的延迟以及因此而增加的费用，用户也可自己维护一个有效证书和被吊销证书的局部缓存区。

## 5.7 应用层安全协议

### 5.7.1 S-HTTP

S-HTTP（Secure HTTP，安全的超文本传输协议）是一个面向报文的安全通信协议，是 HTTP 协议的扩展，其设计目的是保证商业贸易信息的传输安全，促进电子商务的发展。

S-HTTP 可以与 HTTP 消息模型共存，也可以与 HTTP 应用集成。S-HTTP 为 HTTP 客户端和服务器提供了各种安全机制，适用于潜在的各类 Web 用户。

S-HTTP 对客户端和服务器是对称的，对于双方的请求和响应做同样的处理，但是保留了 HTTP 的事务处理模型和实现特征。

为了与 HTTP 报文区分，S-HTTP 报文使用了协议指示器 Secure-HTTP/1.4，这样 S-HTTP 报文可以与 HTTP 报文混合在同一个 TCP 端口（80）进行传输。

由于 SSL 的迅速出现，S-HTTP 未能得到广泛应用。目前，SSL 基本取代了 S-HTTP。大多数 Web 交易均采用传统的 HTTP 协议，并使用经过 SSL 加密的 HTTP 报文来传输敏感的交易信息。

### 5.7.2 PGP

PGP（Pretty Good Privacy，优良保密协议）是 Philip R. Zimmermann 在 1991 年开发的电子邮件加密软件包，它已经成为使用最广泛的电子邮件加密软件。PGP 提供数据加密和数字签名两种服务。数据加密机制可以应用于本地存储的文件，也可以应用于网络上传输的电子邮件。数字签名机制用于数据源身份认证和报文完整性验证。PGP 使用 RSA 公钥证书进行身份认证，使用 IDEA（128 位密钥）进行数据加密，使用 MD5 进行报文完整性验证。

PGP 进行身份认证的过程叫作公钥指纹（Public Key Fingerprint）。所谓指纹，就是对密钥进行 MD5 变换后所得到的字符串。假如 Alice 能够识别 Bob 的声音，则 Alice 可以设法得到 Bob 的公钥，并生成公钥指纹，通过电话验证得到的公钥指纹是否与 Bob 的公钥指纹一致，以证明 Bob 公钥的真实性。

如果得到了一些可信任的公钥，就可以使用 PGP 的数字签名机制得到更多的真实公钥。例如，Alice 得到了 Bob 的公钥，并且信任 Bob 可以提供其他人的公钥，则经过 Bob 签名的公钥就是真实的。这样，在相互信任的用户之间就形成了一个信任圈。网络上有些服务器提供公钥存储器，其中的公钥经过了一个或多个人的签名。如果信任某个人的签名，那么就可以认为他 / 她签名的公钥是真实的。SLED（Stable Large E-mail DataBase）就是这样的服务器，该服务器目录中的公钥都是经过 SLED 签名的。

### 5.7.3 S/MIME

S/MIME（Secure/Multipurpose Internet Mail Extensions，安全多用途因特网邮件扩展）是 RSA 数据安全公司开发的软件，提供的安全服务有报文完整性验证、数字签名和数据加密。S/MIME 可以添加在邮件系统的用户代理中，用于提供安全的电子邮件传输服务；也可以加入其他传输机制（例如 HTTP）中，安全地传输任何 MIME 报文；甚至可以添加在自动报文传输代理中，在 Internet 中安全地传送由软件生成的 FAX 报文。

S/MIME 得到了很多制造商的支持，各种 S/MIME 产品具有很高的互操作性。S/MIME 的安全功能基于加密信息语法标准 PKCS #7（RFC 2315）和 X.509v3 证书，密钥长度是动态可变的，具有很高的灵活性。

S/MIME 发送报文的过程如下（A → B）：

（1）准备好要发送的报文 M( 明文 )。

- 生成数字指纹 MD5(M)。
- 生成数字签名 $=K_{AD}$( 数字指纹 )，$K_{AD}$ 为 A 的 (RSA) 私钥。
- 加密数字签名 Ks( 数字签名 )，Ks 为对称密钥，使用方法为 3DES 或 RC2。
- 加密报文，密文 =Ks( 明文 )，使用方法为 3DES 或 RC2。
- 生成随机串 passphrase。
- 加密随机串 $K_{BE}$(passphrase)，KBE 为 B 的公钥。

（2）解密随机串 $K_{BD}$(passphrase B 的私钥 )。

- 解密报文，明文 =Ks( 密文 )。
- 解密数字签名 $K_{AE}$( 数字签名 )，$K_{AE}$ 为 A 的 (RSA) 公钥。
- 生成数字指纹，MD5(M)。
- 比较两个指纹是否相同。

### 5.7.4 安全的电子交易

安全的电子交易（Secure Electronic Transaction，SET）是一个安全协议和报文格式的集合，融合了 Netscape 的 SSL、Microsoft 的 STT（Secure Transaction Technology，安全交易技术）、Terisa 的 S-HTTP 以及 PKI 技术，通过数字证书和数字签名机制，使得客户可以与供应商进行安全的电子交易。SET 得到了 Mastercard、Visa 以及 Microsoft 和 Netscape 的支持，成为电子商务中的安全基础设施。

SET 提供了如下 3 种服务：

- 在交易涉及的各方之间提供安全信道。
- 使用 X.509 数字证书实现安全的电子交易。
- 保证信息的机密性。

对 SET 的需求源于在 Internet 上使用信用卡进行安全支付的商业活动，如对交易过程和订单信息提供机密性保护、保证传输数据的完整性、对信用卡持有者的合法性验证、对供应商是否可以接受信用卡交易提供验证以及创建既不依赖于传输层安全机制又不排斥其他应用协议的互操作环境等。

假定用户的客户端配置了具有 SET 功能的浏览器，而交易提供者（银行和商店）的服务器也配置了 SET 功能，则 SET 交易过程如下：

（1）客户在银行开通了 Mastercard 或 Visa 银行账户。

（2）客户收到一个数字证书，这个电子文件就是一个联机购物信用卡，或称电子钱包，其中包含了用户的公钥及其有效期，通过数据交换可以验证其真实性。

（3）第三方零售商从银行收到自己的数字证书，其中包含零售商的公钥和银行的公钥。

（4）客户通过网页或电话发出订单。

（5）客户通过浏览器验证零售商的证书，确认零售商是合法的。

（6）浏览器发出订单报文，这个报文是通过零售商的公钥加密的，而支付信息是通过银行的公钥加密的，零售商不能读取支付信息，可以保证指定的款项用于特定的购买。

（7）零售商检查客户的数字证书以验证客户的合法性，这可以通过银行或第三方认证机构实现。

（8）零售商把订单信息发送给银行，其中包含银行的公钥、客户的支付信息以及零售商自己的证书。

（9）银行验证零售商和订单信息。

（10）银行进行数字签名，向零售商授权，这时零售商就可以签署订单了。

### 5.7.5　Kerberos

Kerberos 是一项认证服务，它要解决的问题是在公开的分布式环境中，工作站上的用户希望访问分布在网络上的服务器，希望服务器能限制授权用户的访问，并能对服务请求进行认证。在这种环境下，存在如下 3 种威胁：

（1）用户可能假装成另一个用户操作工作站。

（2）用户可能会更改工作站的网络地址，使从这个已更改的工作站发出的请求看似来自被伪装的工作站。

（3）用户可能窃听交换中的报文，并使用重放攻击进入服务器或打断正在进行的操作。

在上述任何一种情况下，一个用户都能够访问未被授权访问的服务和数据。Kerberos 不是建立一个精密的认证协议，而是提供一个集中的认证服务器，其功能是实现应用服务器与用户间的相互认证。

# 5.8 网络安全防护系统

## 5.8.1 防火墙（FW）

### 1. 防火墙概述

在人们建筑和使用木质结构房屋的时候，为了在“城门失火”时不致“殃及池鱼”，就将坚固的石块堆砌在房屋周围作为屏障，以防止火灾的发生和蔓延，这种防护构筑物被称为防火墙，这是防火墙的本义。如今所讲的防火墙是由软件系统和硬件设备组合而成的，部署于两个信任程度不同的网络之间，通过对网络间的通信进行控制实现网络边界防护，通过配置统一的安全策略防止对重要信息资源的非法存取和访问，以达到保护系统安全的目的。

防火墙配置中常见的网络区域划分如图5-9所示。具体包括：

（1）非信任网络（Untrust）：也称公共网络，不信任的接口：用来连接Internet的接口，处于防火墙之外的公共开放网络。

（2）信任网络（Trust）：也称内部网络，位于防火墙之内的可信网络，是防火墙要保护的目标。

（3）DMZ（非军事化区）：也称周边网络，可以位于防火墙之外，也可以位于防火墙之内，安全敏感度和保护强度较低。非军事化区一般用来放置提供公共网络服务的设备，这些设备由于必须被公共网络访问，所以无法提供与内部网络主机相等的安全性。

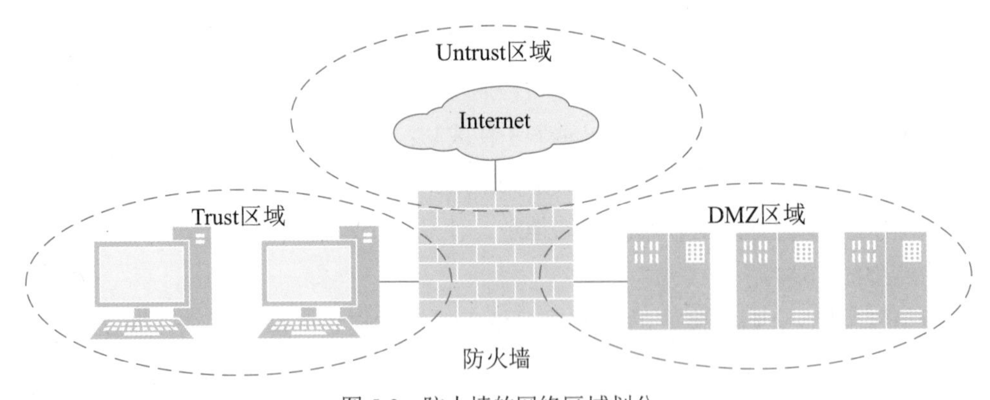


图5-9 防火墙的网络区域划分

防火墙的常见部署方式包括：

（1）路由模式：防火墙的接口工作在三层模式，一般部署在网关位置，除实现网络安全防护功能外，还实现路由、NAT（网络地址转换）等路由器的功能。

（2）透明模式：防火墙的接口工作在二层模式，接入防火墙后不用调整现有网络结构和配置，仅实现网络安全防护功能。

（3）混合模式：防火墙的接口中既有二层接口也有三层接口，比如在需要配置双机冗余的场景，业务接口配置二层模式，而心跳通信接口配置三层模式。

#### 2. 防火墙的功能

防火墙通常部署在网络出口处、重要区域出口处等网络边界位置，通过配置访问控制等安全防护策略，保护内部网络不受来自外部网络的攻击，保护内部网络的敏感数据不被窃取和破坏，并记录内外通信的有关状态信息日志。防火墙是一种非常有效的网络安全模型，它可以隔离风险区域（即非信任网络）与安全区域（信任网络）的连接，同时不会影响人们对风险区域的访问。防火墙的作用是监控进出网络的信息，仅让安全的、符合规则的信息进入内部网络。此处所说的是传统的防火墙，而非包含防火墙、入侵防御、VPN、防病毒等功能的 UTM（统一威胁管理）设备。通常的防火墙具有如下功能：

（1）根据配置的访问控制规则，对进出的数据包进行过滤，滤掉不安全或者未授权的服务和非法用户。

（2）NAT 地址转换，包括 SNAT（源地址转换）和 DNAT（目标地址转换）。当内部用户访问互联网时，防火墙将私网 IP 转换为公网 IP 称为 SNAT；当内部对外提供 Web 服务时，外部用户主动发起对内部网络的访问，防火墙将公网 IP 转换为私网 IP 称为 DNAT。

（3）路由、VLAN、链路聚合网络功能。

（4）记录通过防火墙的网络连接活动，实现网络监控。

### 5.8.2　Web应用防火墙（WAF）

#### 1. Web 应用防火墙概述

传统防火墙通过包过滤技术，主要是对第 2 层到第 4 层进行防护，而对应用层的防护能力很弱。随着信息化的快速发展，线下服务逐渐迁移为线上的信息系统服务，各部门和单位需要对外提供大量的 Web 服务，利用 Web 应用进行攻击成为目前的主要攻击手段，常见的攻击有 SQL 注入、XSS、反序列化、远程命令执行、文件上传、WebShell 等利用软件漏洞进行的攻击，上述漏洞对信息系统的访问都符合防火墙的访问控制规则，使得防火墙无法有效拦截和防护。

Web 应用防火墙（Web Application Firewall，WAF）是一种用于 HTTP 应用的防火墙，工作在应用层，除了拦截具体的 IP 地址或端口，WAF 可以更深入地检测 Web 流量，通过匹配 Web 攻击特征库，发现攻击并阻断。

#### 2. Web 应用防火墙的功能

通常，WAF 包括如下功能：

（1）Web 攻击防护，通过特征匹配阻断 SQL 注入、跨站脚本攻击、Web 扫描等攻击行为。

（2）Web 登录攻击防护，包括暴力破解防护、撞库防护、弱口令防护等。

（3）漏洞利用防护，包括反序列化漏洞利用、远程命令执行利用等其他软件漏洞利用攻击防护。

（4）Web 恶意行为防护，包括恶意注册防护、高频交易防护、薅羊毛行为防护、短信验证码滥刷防护等。

（5）恶意流量防护，包括 CC 攻击防护、人机识别、TCP Flood 攻击防护等。

### 5.8.3 入侵检测系统

#### 1. 入侵检测系统概述

随着攻击者应用的攻击工具与手法日趋复杂多样，单纯的防火墙策略已经无法满足安全防护的需要，网络的防卫必须采用一种纵深、多样的手段。入侵检测系统（Intrusion Detec System，IDS）作为防火墙的合理补充，它从计算机网络系统中的若干关键点收集信息，并分析这些信息，在不影响网络性能的情况下能对网络进行监测，扩展了系统管理员的安全管理能力（包括安全审计、监视、攻击识别和响应），提高了信息安全基础结构的完整性。

#### 2. 入侵检测系统的功能

通常来说，入侵检测系统应包括如下主要功能：

（1）监测并分析用户和系统的网络活动。

（2）匹配特征库，识别已知的网络攻击、信息破坏、有害程序和漏洞等攻击行为。

（3）统计分析异常行为。

（4）发现异常行为时，可与防火墙联动，由防火墙对网络攻击行为实施阻断。

### 5.8.4　入侵防御系统

网络入侵方式越来越多，有的充分利用防火墙放行许可进行攻击，而入侵检测系统发现异常行为联动防火墙阻断存在阻断延后、接口不统一等问题，实际应用效果不佳。入侵防御系统（Intrusion Prevention System，IPS）作为防火墙的有效补充，通常串接部署，IPS 集成大量的已知入侵威胁特征库，对网络流量进行检测，当发现异常流量时，可以实时阻断，实现入侵防护。

通常入侵防御系统具有如下功能：

（1）监测并分析用户和系统的网络活动。

（2）匹配特征库，识别已知的网络攻击、信息破坏、有害程序和漏洞等攻击行为，并阻断攻击。

（3）统计分析异常行为。

虽然常见 IPS 设备的特征库中有对于 Web 攻击的防护策略，但防护能力和 WAF 相比还是弱很多。

### 5.8.5　漏洞扫描系统

漏洞扫描系统是一种自动检测远程或本地主机安全性弱点的程序。通过使用漏洞扫描系统，系统管理员能够发现所维护的 Web 服务器各种 TCP 端口的分配、提供的服务、Web 服务软件版本和这些服务及软件呈现在 Internet 上的安全漏洞，从而在计算机网络系统安全保卫战中做到“有的放矢”，及时修补漏洞，构筑坚固的“安全长城”。漏洞扫描系统因其可预知主体受攻击的可能性并具体地指证将要发生的行为和产生的后果而受到网络安全业界的重视。这一技术的应用可以帮助识别检测对象的系统资源，分析这一资源被攻击的可能指数，了解支撑系统本身的脆弱性，评估所有存在的安全风险。漏洞扫描是对系统脆弱性的分析评估，能够检查、分析网络范围内的设备、网络服务、操作系统、数据库等系统的安全性，从而为提高网络安全的等级提供决策支持。系统管理员利用漏洞扫描技术对局域网、Web 站点、主机操作系统、系统服务以及防火墙系统的安全漏洞进行扫描，可以了解运行的网络系统中存在的不安全的网络服务、在操作系统上存在的可能导致黑客攻击的安全漏洞，还可以检测主机系统中是否被安装了窃听程序、防火墙系统是否存在安全漏洞和配置错误等。网络管理员可以利用安全扫描软件及时发现网络漏洞，并在网络攻击者扫描和利用这些漏洞之前予以修补，从而提高网络的安全性。

### 5.8.6 网络防病毒系统

#### 1. 计算机病毒的概念

计算机病毒是一段非常短的（通常只有几千个字节）会不断自我复制、隐藏和感染其他程序或计算机的程序代码。当执行时，它把自己传播到其他计算机系统、程序里。首先，它把自己复制到一个没有被感染的程序或文档里，当这个程序或文档执行任何指令时，计算机病毒就会包括在指令里。根据计算机病毒编制者的动机，这些指令可以做任何事，并且造成不同的影响，包括显示一段信息、删除文档或有目的地改变数据。在有些情况下，计算机病毒并没有破坏指令的企图，而是占据磁盘空间、中央处理器时间或网络的连接。

携带计算机病毒的计算机程序称为计算机病毒载体或被感染程序。计算机病毒的再生机制，即它的传染机制使计算机病毒代码强行传染到一切可传染的程序之上，迅速地在一台计算机内，甚至在若干台计算机之间进行传染、扩散。每一台被感染了计算机病毒的计算机本身既是受害者，又是一个新的计算机病毒传染源。

#### 2. 计算机病毒的特性

1）传染性

计算机病毒会通过各种渠道从已被感染的计算机扩散到未被感染的计算机，在某些情况下造成被感染的计算机工作失常甚至瘫痪。

2）隐蔽性

计算机病毒通常附着在正常程序中或磁盘较隐蔽的地方，目的是不让用户发现它的存在。如果不经过程序代码分析或计算机病毒代码扫描，计算机病毒程序与正常程序是很难区别开来的。

3）潜伏性

大部分计算机病毒感染系统之后一般不会马上发作，它可长期隐藏在系统中，只有在满足其特定条件时才启动表现（破坏）模块，之后它就可以对系统和文件进行大肆传染。

4）破坏性

任何计算机病毒只要侵入系统，都会对系统及应用程序产生不同程度的影响。轻者会降低计算机的工作效率，占用系统资源，重者可导致系统崩溃。

5）针对性

计算机病毒都是针对某一种或几种计算机和特定的操作系统。

6）衍生性

计算机病毒的衍生性是指计算机病毒编制者或者其他人将某个计算机病毒进行一定的修改后，使其衍生为一种与原先版本不同的计算机病毒，后者可能与原先的计算机病毒具有很相似的特征，将其称为原先计算机病毒的一个变种。

7）寄生性

计算机病毒的寄生性是指一般的计算机病毒程序都依附于某个宿主程序，依赖于宿主程序而生存，并且通过宿主程序的执行而传播。

8）未知性

计算机病毒的未知性体现在两个方面：首先，计算机病毒的侵入、传播和发作是不可预见的，有时即使安装了实时计算机病毒防火墙，也会由于各种原因造成不能完全阻隔某些计算机病毒的侵入；其次，计算机病毒的发展速度远远超出了我们的想象，新的计算机病毒不断涌现，但是如何出现以及如何防范却是永远不可预料的。

### 3. 典型网络病毒

1）宏病毒

宏病毒是一种寄存在文档的宏中的计算机病毒，即应用软件的相关应用文档内含有称为宏的可执行代码的病毒，办公文档和电子邮件是宏病毒的常用载体，宏病毒能够感染运行不同操作系统平台的计算机。比如 Microsoft Word 宏病毒可以感染 Windows 系统的 Word 用户，同样也可以感染使用 macOS 系统的 Word 用户。宏病毒通常在使用 Word 打开一个带宏病毒的文档或模板时激活，宏病毒将自身复制到 Word 的通用（Normal）模板中，以后在打开或关闭文件时宏病毒就会把病毒复制到该文件中。

2）特洛伊木马

特洛伊木马是一种秘密潜伏的能够通过远程网络进行控制的恶意程序。控制者可以控制被秘密植入木马的计算机的一切动作和资源，是恶意攻击者窃取信息等的工具。

完整的木马程序一般由两个部分组成，一个是服务端（被控制端），一个是客户端（控制端）。中了木马就是指服务端程序安装了木马，若计算机被安装了服务端程序，则拥有相应客户端的人就可以通过网络控制该计算机，为所欲为，这时计算机上的各种文件、程序以及在计算机上使用的账号、密码就无安全可言了。

常见的特洛伊木马有 Back Orifice、NetBus、ProSUB7、广外女生、广外男生、灰鸽子、蜜蜂大盗和 Dropper 等。

3）蠕虫病毒

蠕虫病毒是利用网络进行复制和传播的计算机病毒。它的传染途径是网络和电子邮件。蠕虫病毒是自包含的程序（或是一套程序），它能传播自身功能的副本或自身（蠕虫病毒）的某些部分到其他计算机系统中（通常是经过网络连接）。

蠕虫病毒的传播过程一般表现为：蠕虫程序驻于一台或多台机器中，它会扫描其他机器是否感染同种计算机蠕虫，如果没有，就会通过其内建的传播手段进行感染，以达到使计算机瘫痪的目的。其通常会以宿主机器作为扫描源，通常采用垃圾邮件和漏洞来传播。

典型的蠕虫病毒有冲击波、爱虫、求职信和熊猫烧香等。

4）CIH 病毒

CIH 病毒是一位名叫陈盈豪的大学生编写的，1998 年 6 月 2 日，首例 CIH 病毒在中国台湾被发现，1998 年 8 月 26 日，CIH 病毒在全球蔓延，大约 6000 万台计算机受到不同程度的破坏。CIH 病毒属文件型病毒，破坏力非常强，主要感染 Windows 95/98 的可执行文件，病毒发作后，硬盘数据全部丢失，甚至主板上 BIOS 中的原内容也会被彻底破坏，造成主机无法启动，重要数据丢失。

5）勒索病毒

勒索病毒是近年来影响力最大的病毒之一，最有名的为 WannaCry 勒索病毒，该病毒利用 Windows 操作系统的 SMB 服务（445 端口）的漏洞进行传播，能够在短时间内感染一个局域网内的全部计算机。当主机感染病毒后，主机上的重要文件，如照片、图片、文档、压缩包、音频、视频、可执行程序等几乎所有类型的文件将被加密。2017 年 5 月 12 日，WannaCry 勒索病毒在全球范围内大规模爆发，感染了大量的计算机。受害者的计算机被黑客锁定后，病毒会提示支付价值相当于 300 美元的比特币才可解锁，勒索弹出界面如图 5-10 所示。

### 4. 网络防病毒软件

防病毒软件是一种用于预防、检测和删除恶意软件的计算机程序，随着其他种类恶意软件的泛滥，防病毒软件开始提供针对其他计算机威胁的防护，比如针对恶意浏览器辅助对象（BHO）、浏览器劫持者、勒索软件、键盘记录程序、后门程序、rootkit、特洛伊木马、蠕虫、恶意 LSP、拨号程序、欺诈工具、广告软件和间谍软件。一些产品还包括针对其他更多计算机威胁的防护，例如受感染和恶意的 URL、垃圾邮件、欺诈和网络钓鱼攻击、在线身份（隐私）、在线银行攻击、社交工程技术、高级持久威胁（APT）和僵尸网络 DDoS 攻击等。

图 5-10　WannaCry 勒索病毒弹出界面

目前国产网络防病毒软件较多，常见的有瑞星、火绒、奇安信、亚信、金山等，不同厂家的防病毒软件的功能不完全相同，但差异不会很大，通常具有如下功能：

（1）系统中心统一管理。网络病毒防护系统结构为了提高杀毒的效率和稳定性，通常采用多系统中心的构架，分层次管理，系统可构建一个一级系统中心，作为整个网络防病毒系统的总管理中心。在各部门安装二级系统中心，各个二级系统中心负责管理本单位的机器，同时接受一级系统中心的命令和管理，向一级系统中心汇报本中心情况。所有二级系统中心都由一级系统中心统一管理。网络病毒防护系统可通过系统中心管理所有已经安装了客户端和服务器端的局域网内的主机，包括在 Windows、Linux、UOS、麒麟等操作系统上的防病毒软件。也就是说，通过系统中心可以控制网络内的所有机器统一杀毒，在同一时间杀除所有病毒，从而解决网络环境下机器的重复感染问题。

（2）病毒防御。主要功能包括文件实时监控防护、恶意行为监控防护、U 盘防护、邮件防护、下载内容检测等病毒防护功能。

（3）系统防御。主要功能包括对文件、注册表防护的操作系统加固功能，对办公软件、数据库、Web 服务器、浏览器、其他软件防护的应用加固功能，恶意软件安装拦截功能等。

（4）网络防御。主要功能包括对网络入侵、对外攻击进行拦截，对局域网横向渗透、ARP攻击、暴力破解进行防护，对用户通过浏览器访问含有木马、钓鱼软件、仿冒、流氓软件等恶意行为的URL地址进行拦截。

（5）访问控制。通过IP协议控制、IP黑名单、联网控制、网站内容控制、程序执行控制、设备控制等功能，实现主机的访问控制，加强主机安全防护能力。

## 5.9 网络管理

### 5.9.1 简单网络管理协议

简单网络管理协议（SNMP）由一系列协议组和规范组成，提供了一种从网络上的设备中收集网络管理信息的方法。SNMP的体系结构分为SNMP管理者（SNMP Manager）和SNMP代理者（SNMP Agent），每一个支持SNMP的网络设备中都包含一个网管代理，网管代理随时记录网络设备的各种信息，网络管理程序通过SNMP通信协议收集网管代理所记录的信息。从被管理设备中收集数据的方法有两种，一种是轮询方法，另一种是基于中断的方法。

SNMP使用嵌入网络设施中的代理软件来收集网络的通信信息和有关网络设备的统计数据。代理软件不断地收集统计数据，并把这些数据记录到一个管理信息库中。网管员通过向代理的MIB发出查询信号得到这些信息，这个过程就叫轮询。为了能够全面地查看一天的通信流量和变化率，管理人员必须不断地轮询SNMP代理，每分钟就轮询一次。这样，网管员可以使用SNMP来评价网络的运行状况，并分析出通信的趋势。例如，哪一个网段接近通信负载的最大能力或正在使用的通信出错等。先进的SNMP网管站甚至可以通过编程来自动关闭端口或采取其他矫正措施来处理历史的网络数据。

如果只是用轮询的方法，那么网络管理工作站总是在控制之下。但这种方法的缺陷在于信息的实时性，尤其是错误的实时性。多长时间轮询一次、轮询时选择什么样的设备顺序都会对轮询的结果产生影响。轮询的间隔太小，会产生太多不必要的通信量；间隔太大，或者轮询时顺序不对，那么关于一些大的灾难性事件的通知又会太慢，这就违背了积极主动的网络管理目的。与之相比，当有异常事件发生时，基于中断的方法可以立即通知网络管理工作站，实时性很强。但这种方法也有缺陷，产生错误或自陷需要系统资源，如果自陷必须转发大量的信息，那么被管理设备可能不得不消耗更多的事件和系统资源来产生自陷，这将会影响网络管理的主要功能。

将以上两种方法结合起来，就形成了陷入制导轮询方法。一般来说，网络管理工作站轮询在被管理设备中的代理来收集数据，并且在控制台上用数字或图形的表示方法来显示这些数据。被管理设备中的代理可以在任何时候向网络管理工作站报告错误情况，而并不需要等到管理工作站为获得这些错误情况而轮询它的时候才报告。

SNMP 已经成为事实上的标准网络管理协议。由于 SNMP 首先是 IETF 的研究小组为了解决在 Internet 上的路由器管理问题提出的，因此许多人认为 SNMP 只能在 IP 上运行，但事实上，目前 SNMP 已经被设计成与协议无关的网管协议，所以它在 IP、IPX、AppleTalk 等协议上均可以使用。

### 5.9.2　网络诊断和配置命令

Windows 提供了一组实用程序来实现简单的网络配置和管理功能，这些实用程序通常以 DOS 命令的形式出现。

#### 1. ipconfig

ipconfig 命令可以显示所有网卡的 TCP/IP 配置参数，可以刷新动态主机配置协议（DHCP）和域名系统（DNS）的设置。ipconfig 的语法如下。

```
ipconfig [/all] [/renew[Adapter]] [/release[Adapter]] [/flushdns] [/displaydns]
[/registerdns] [/showclassid Adapter] [/setclassid Adapter [ClassID]]
```

ipconfig 命令参数解释如下。

- /?：显示帮助信息，对本章中其他命令有同样作用。
- /all：显示所有网卡的 TCP/IP 配置信息。如果没有该参数，则只显示各个网卡的 IP 地址、子网掩码和默认网关地址。
- /renew [Adapter]：更新网卡的 DHCP 配置，如果使用标识符 Adapter 说明了网卡的地址名字，则只更新指定网卡的配置，否则就更新所有网卡的配置。这个参数只能用于动态配置 IP 地址的计算机。使用不带参数的 ipconfig 命令，可以列出所有网卡的名字。
- /release[Adapter]：向 DHCP 服务器发送 DHCP Release 请求，释放网卡的 DHCP 配置参数和当前使用的 IP 地址。
- /flushdns：刷新客户端 DNS 缓存的内容。在 DNS 排错期间，可以使用这个命令丢弃负缓存项以及其他动态添加的缓存项。
- /displaydns：显示客户端 DNS 缓存的内容，该缓存中包含从本地主机文件中添加的预装载项，以及最近通过名字解析查询得到的资源记录。DNS 客户端服务使用这些信息快速处理经常出现的名字查询。

- /registerdns：刷新所有 DHCP 租约，重新注册 DNS 名字。在不重启计算机的情况下，可以利用这个参数来排除 DNS 名字注册中的故障，解决客户机和 DNS 服务器之间的手动动态更新问题。
- /showclassid Adapter：显示网卡的 DHCP 类别 ID。利用通配符“*”代替标识符 Adapter，可以显示所有网卡的 DHCP 类别 ID。这个参数仅适用于自动配置 IP 地址的计算机。可以根据某种标准把 DHCP 客户机划分成不同的类别，以便于管理，如移动客户划分到租约期较短的类、固定客户划分到租约期较长的类。
- /setclassid Adapter[ClassID]：对指定的网卡设置 DHCP 类别 ID。如果未指定 DHCP 类别 ID，则会删除当前的类别 ID。

如果 Adapter 名称包含空格，则要在名称两边使用引号（即 Adapter 名称）。网卡名称中可以使用通配符星号（*），例如，Local* 可以代表所有以字符串 Local 开头的网卡，而 *Con* 可以表示所有包含字符串 Con 的网卡。

如图 5-11 所示是用 ipconfig/all 命令显示的网络配置参数，其中列出了主机名、网卡物理地址、DHCP 租约期及由 DHCP 分配的 IP 地址、子网掩码、默认网关和 DNS 服务器的 IP 地址等配置参数。

```
C:\Documents and Settings\Administrator>ipconfig/all

Windows IP Configuration

   Host Name . . . . . . . . . . . . : x4ep512rdszwjzp
   Primary Dns Suffix  . . . . . . . :
   Node Type . . . . . . . . . . . . : Unknown
   IP Routing Enabled. . . . . . . . : Yes
   WINS Proxy Enabled. . . . . . . . : Yes

Ethernet adapter 本地连接:

   Connection-specific DNS Suffix  . :
   Description . . . . . . . . . . . : SiS 900-Based PCI Fast Ethernet Adapter
   Physical Address. . . . . . . . . : 00-03-0D-07-03-7F
   DHCP Enabled. . . . . . . . . . . : Yes
   Autoconfiguration Enabled . . . . : Yes
   IP Address. . . . . . . . . . . . : 100.100.17.24
   Subnet Mask . . . . . . . . . . . : 255.255.255.0
   Default Gateway . . . . . . . . . : 100.100.17.254
   DHCP Server . . . . . . . . . . . : 192.168.254.10
   DNS Servers . . . . . . . . . . . : 218.30.19.40
                                       61.134.1.4
   Lease Obtained. . . . . . . . . . : 2009年1月5日 8:10:14
   Lease Expires . . . . . . . . . . : 2009年1月5日 12:10:14
```

图 5-11　ipconfig 命令显示的结果

### 2. ping

ping 命令通过发送 ICMP 回声请求报文来检验与另外一个计算机的连接。常用于排除连接故障的测试命令。ping 命令的语法如下。

```
ping [-t] [-a] [-n Count] [-l Size] [-f] [-i TTL] [-v ToS] [-r Count]
[-s Count] [{-j HostList | -k HostList}] [-w Timeout] [TargetName]
```

ping 命令参数解释如下。

- -t：持续发送回声请求直至输入 Ctrl+Break 或 Ctrl+C 中断，前者显示统计信息，后者不显示统计信息。
- -a：用 IP 地址表示目标，进行反向名字解析，如果命令执行成功，则显示对应的主机名。
- -n Count：说明发送回声请求的次数，默认为 4 次。
- -l Size：说明回声请求报文的字节数，默认是 32，最大为 65 527。
- -f：在 IP 头中设置不分段标志，用于测试通路上传输的最大报文长度。
- -i TTL：说明 IP 头中 TTL 字段的值，通常取主机的 TTL 值。对于 Windows XP 主机，这个值是 128，最大为 255。
- -v ToS：说明 IP 头中 ToS（Type of Service）字段的值，默认是 0。
- -r Count：在 IP 头中添加路由记录选项，Count 表示源和目标之间的跃点数，其值为 1 ～ 9。
- -s Count：在 IP 头中添加时间戳（timestamp）选项，用于记录到达每一跃点的时间，Count 的值为 1 ～ 4。
- -j HostList：在 IP 头中使用松散源路由选项，HostList 指明中间节点（路由器）的地址或名字，最多 9 个，用空格分开。
- -k HostList：在 IP 头中使用严格源路由选项，HostList 指明中间节点（路由器）的地址或名字，最多 9 个，用空格分开。
- -w Timeout：指明等待回声响应的时间（ms），如果响应超时，则显示出错信息 “Request timed out”，默认超时间隔为 4s。
- TargetName：用 IP 地址或主机名表示目标设备。

使用 ping 命令必须安装并运行 TCP/IP 协议，可以使用 IP 地址或主机名来表示目标设备。如果 ping 一个 IP 地址成功，而 ping 对应的主机名失败，则可以断定名字解析有问题。无论名字解析是通过 DNS、NetBIOS 还是本地主机文件，都可以用这个方法进行故障诊断。具体举例如下。

如果要测试目标 10.0.99.221，并进行名字解析，输入 ping -a 10.0.99.221。

如果要测试目标 10.0.99.221，发送 10 次请求，每个响应为 1000 字节，则输入 ping -n 10 -l 1000 10.0.99.221。

如果要测试目标 10.0.99.221，并记录 4 个跃点的路由，则输入 ping -r 4 10.0.99.221。

如果要测试目标 10.0.99.221，并说明松散源路由，则输入 ping -j 10.12.0.1 10.29.3.1 10.1.44.1 10.0.99.221。

ping www.163.com.cn 的结果如图 5-12 所示。

```
C:\Documents and Settings\Administrator>ping www.163.com.cn

Pinging www.163.com.cn [219.137.167.157] with 32 bytes of data:

Reply from 219.137.167.157: bytes=32 time=29ms TTL=54
Reply from 219.137.167.157: bytes=32 time=29ms TTL=54
Reply from 219.137.167.157: bytes=32 time=29ms TTL=54
Reply from 219.137.167.157: bytes=32 time=29ms TTL=54

Ping statistics for 219.137.167.157:
    Packets: Sent = 4, Received = 4, Lost = 0 (0% loss),
Approximate round trip times in milli-seconds:
    Minimum = 29ms, Maximum = 29ms, Average = 29ms
```

图 5-12 ping 命令的举例显示结果

### 3. Arp

arp 命令用于显示和修改地址解析协议（ARP）缓存表的内容，计算机上安装的每个网卡各有一个缓存表，缓存表项是 IP 地址与网卡地址对。如果使用不含参数的 arp 命令，则显示帮助信息。arp 命令的语法如下。

```
arp [-a [InetAddr] [-N IfaceAddr]] [-g [InetAddr] [-N IfaceAddr]]
[-d InetAddr [IfaceAddr]] [-s InetAddr EtherAddr [IfaceAddr]]
```

对以上命令参数解释如下。

- -a [InetAddr] [-N IfaceAddr]：显示所有接口的 ARP 缓存表。如果要显示特定 IP 地址的 ARP 表项，则使用参数 InetAddr；如果要显示指定接口的 ARP 缓存表，则使用参数 -N IfaceAddr。这里，N 必须大写，InetAddr 和 IfaceAddr 都是 IP 地址。
- -g [InetAddr] [-N IfaceAddr]：与参数 -a 相同。
- -d InetAddr [ IfaceAddr ]：删除由 InetAddr 指示的 ARP 缓存表项。要删除特定接口的 ARP 缓存表项，须使用参数 IfaceAddr 指明接口的 IP 地址。要删除所有 ARP 缓存表项，使用通配符“*”代替参数 InetAddr 即可。

- -s InetAddr EtherAddr [ IfaceAddr]：添加一个静态的 ARP 表项，把 IP 地址 InetAddr 解析为物理地址 EtherAddr。参数 IfaceAddr 指定了接口的 IP 地址。

IP 地址 InetAddr 和 IfaceAddr 用点分十进制表示。物理地址 EtherAddr 由 6 个字节组成，每个字节用两个十六进制数表示，字节之间用连字符“-”分开，例如 00-AA-00-4F-2A-9C。

用参数 -s 添加的 ARP 表项是静态的，不会由于超时而被删除。如果 TCP/IP 协议停止运行，ARP 表项都被删除。为了生成一个固定的静态表项，可以在批文件中加入适当的 arp 命令，并在机器启动时运行批文件。

具体举例如下。

要显示 ARP 缓存表的内容，输入 arp -a。

要显示 IP 地址为 10.0.0.99 的接口的 ARP 缓存表，输入 arp -a -N 10.0.0.99。

要添加一个静态表项，把 IP 地址 10.0.0.80 解析为物理地址 00-AA-00-4F-2A-9C，则输入 arp -s 10.0.0.80 00-AA-00-4F-2A-9C。

如图 5-13 所示是使用 arp 命令添加一个静态表项的示例效果。

```
C:\Documents and Settings\Administrator>arp -a

Interface: 100.100.17.17 --- 0x10003
  Internet Address      Physical Address      Type
  100.100.17.254        00-0f-e2-29-31-c1     dynamic

C:\Documents and Settings\Administrator>arp -s 202.117.17.254 00-1c-4f-52-2a-8c

C:\Documents and Settings\Administrator>arp -a

Interface: 100.100.17.17 --- 0x10003
  Internet Address      Physical Address      Type
  100.100.17.72         00-1e-8c-ad-f9-ce     dynamic
  100.100.17.75         00-40-d0-53-bf-86     dynamic
  100.100.17.254        00-0f-e2-29-31-c1     dynamic
  202.117.17.254        00-1c-4f-52-2a-8c     static
```

图 5-13　使用 arp 命令的示例

### 4. netstat

netstat 命令用于显示 TCP 连接、计算机正在监听的端口、以太网统计信息、IP 路由表、IPv4 统计信息（包括 IP、ICMP、TCP 和 UDP 等协议）及 IPv6 统计信息（包括 IPv6、ICMPv6、TCP over IPv6、UDP over IPv6 等协议）等。如果不使用参数，则显示活动的 TCP 连接。

netstat 命令的语法如下。

```
netstat[-a][-e][-n][-o][-p Protocol][-r][-s][Interval]
```

对以上参数解释如下。

- -a：显示所有活动的 TCP 连接，以及正在监听的 TCP 和 UDP 端口。
- -e：显示以太网统计信息，例如发送和接收的字节数以及出错的次数等。这个参数可以与 -s 参数联合使用。
- -n：显示活动的 TCP 连接，地址和端口号以数字形式表示。
- -o：显示活动的 TCP 连接以及每个连接对应的进程 ID。在 Windows 任务管理器中可以找到与进程 ID 对应的应用。这个参数可以与 -a、-n 和 -p 参数联合使用。
- -p Protocol：用标识符 Protocol 指定要显示的协议，可以是 TCP、UDP、TCPv6 或者 UDPv6。如果与参数 -s 联合使用，则可以显示协议 TCP、UDP、ICMP、IP、TCPv6、UDPv6、ICMPv6 或 IPv6 的统计数据。
- -s：显示每个协议的统计数据，默认情况下统计 TCP、UDP、ICMP 和 IP 协议发送和接收的数据包、出错的数据包、连接成功或失败的次数等。如果与 -p 参数联合使用，可以指定要显示统计数据的协议。
- -r：显示 IP 路由表的内容，其作用等价于路由打印命令 route print。
- Interval：说明重新显示信息的时间间隔，按下 Ctrl+C 键则停止显示。如果不使用这个参数，则只显示一次。

netstat 显示的统计信息分为 4 栏或 5 栏，解释如下。

（1）Proto：协议的名字（例如 TCP 或 UDP）。

（2）Local Address：本地计算机的地址和端口。通常显示本地计算机的名字和端口名字（例如 ftp）。如果使用了 -n 参数，则显示本地计算机的 IP 地址和端口号；如果端口尚未建立，则用 * 表示。

（3）Foreign Address：远程计算机的地址和端口。通常显示远程计算机的名字和端口名字（例如 ftp）。如果使用了 -n 参数，则显示远程计算机的 IP 地址和端口号；如果端口尚未建立，则用 * 表示。

（4）State：表示 TCP 连接的状态，用如下状态名字表示。

- CLOSE_WAIT：收到对方的连接释放请求。
- CLOSED：连接已关闭。
- ESTABLISHED：连接已建立。

- FIN_WAIT_1：已发出连接释放请求。
- FIN_WAIT_2：等待对方的连接释放请求。
- LAST_ACK：等待对方的连接释放应答。
- LISTEN：正在监听端口。
- SYN_RECEIVED：收到对方的连接建立请求。
- SYN_SEND：已主动发出连接建立请求。
- TIMED_WAIT：等待一段时间后将释放连接。

要显示以太网的统计信息和所有协议的统计信息，则输入 netstat -e -s。

要显示 TCP 和 UDP 协议的统计信息，则输入 netstat -s -p tcp udp。

要显示 TCP 连接及其对应的进程 ID，每 4s 显示一次，则输入 netstat -o 4。

要以数字形式显示 TCP 连接及其对应的进程 ID，则输入 netstat -n -o。

如图 5-14 所示是命令 netstat -o 4 显示的统计信息，每 4s 显示一次，直到按下 Ctrl+C 键结束。

```
C:\Documents and Settings\Administrator>netstat  -o 4

Active Connections

  Proto  Local Address          Foreign Address        State           PID
  TCP    x4ep512rdszwjzp:1172   121.11.159.208:http    SYN_SENT        1572

Active Connections

  Proto  Local Address          Foreign Address        State           PID
  TCP    x4ep512rdszwjzp:1173   121.11.159.208:http    SYN_SENT        1572

Active Connections

  Proto  Local Address          Foreign Address        State           PID
  TCP    x4ep512rdszwjzp:1173   121.11.159.208:http    SYN_SENT        1572

Active Connections

  Proto  Local Address          Foreign Address        State           PID
  TCP    x4ep512rdszwjzp:1176   124.115.3.126:http     ESTABLISHED     3096
  TCP    x4ep512rdszwjzp:1178   124.115.6.52:http      ESTABLISHED     3096
  TCP    x4ep512rdszwjzp:1179   124.115.6.52:http      ESTABLISHED     3096
  TCP    x4ep512rdszwjzp:1180   124.115.6.52:http      ESTABLISHED     3096
  TCP    x4ep512rdszwjzp:1182   124.115.3.126:http     ESTABLISHED     3096
  TCP    x4ep512rdszwjzp:1183   124.115.6.52:http      ESTABLISHED     3096
  TCP    x4ep512rdszwjzp:1184   124.115.6.52:http      ESTABLISHED     3096
  TCP    x4ep512rdszwjzp:1185   222.73.73.173:http     ESTABLISHED     3096
  TCP    x4ep512rdszwjzp:1186   222.73.78.14:http      SYN_SENT        3096
```

图 5-14　命令 netstat-04 显示的统计信息

### 5. tracert

tracert 命令的功能是确定到达目标的路径，并显示通路上每一个中间路由器的 IP 地址。通过多次向目标发送 ICMP 回声（echo）请求报文，每次增加 IP 头中 TTL 字段的值，就可以确定到达各个路由器的时间。显示的地址是路由器接近源的这一边的端口地址。tracert 命令的语法如下。

```
tracert[-d][-h MaximumHops][-jHostList][-w Timeout][TargetName]
```

对以上参数解释如下。

- -d：不进行名字解析，显示中间节点的 IP 地址，这样可以加快跟踪的速度。
- -h MaximumHops：说明地址搜索的最大跃点数，默认值是 30 跳。
- -j HostList：说明发送回声请求报文要使用 IP 头中的松散源路由选项，标识符 HostList 列出必须经过的中间节点的地址或名字，最多可以列出 9 个中间节点，各个中间节点用空格隔开。
- -w Timeout：说明等待 ICMP 回声响应报文的时间（ms），如果接收超时，则显示星号“*”，默认超时间隔是 4s。
- TargetName：用 IP 地址或主机名表示的目标。

这个诊断工具通过多次发送 ICMP 回声请求报文来确定到达目标的路径，每个报文中的 TTL 字段的值都是不同的。通路上的路由器在转发 IP 数据报之前要先对 TTL 字段减 1，如果 TTL 为 0，则路由器就向源端返回一个超时（Time Exceeded）报文，并丢弃原来要转发的报文。在 tracert 第一次发送的回声请求报文中置 TTL=1，然后每次加 1，这样就能收到沿途各个路由器返回的超时报文，直至收到目标返回的 ICMP 回声响应报文。如果有的路由器不返回超时报文，那么这个路由器就是不可见的，在显示列表中用星号“*”表示。

具体举例如下。

要跟踪到达主机 corp7.microsoft.com 的路径，则输入 tracert corp7.microsoft.com。

要跟踪到达主机 corp7.microsoft.com 的路径，并且不进行名字解析，只显示中间节点的 IP 地址，则输入 tracert -d corp7.microsoft.com。

要跟踪到达主机 corp7.microsoft.com 的路径，并使用松散源路由，则输入 tracert -j 10.12.0.1 10.29.3.1 10.1.44.1 corp7.microsoft.com。

如图 5-15 所示是利用命令 tracert www.163.com.cn 显示的路由跟踪列表。

```
C:\Documents and Settings\Administrator>tracert www.163.com.cn

Tracing route to www.163.com.cn [219.137.167.157]
over a maximum of 30 hops:

  1    26 ms    15 ms    11 ms  100.100.17.254
  2    <1 ms    <1 ms    <1 ms  254-20-168-128.cos.it-comm.net [128.168.20.254]

  3    <1 ms    <1 ms    <1 ms  61.150.43.65
  4    <1 ms    <1 ms    <1 ms  222.91.155.5
  5    <1 ms    <1 ms    <1 ms  125.76.189.81
  6     1 ms    <1 ms    <1 ms  61.134.0.13
  7    28 ms    28 ms    28 ms  202.97.35.229
  8    28 ms    29 ms    29 ms  61.144.3.17
  9    29 ms    29 ms    32 ms  61.144.5.9
 10    32 ms    32 ms    32 ms  219.137.11.53
 11    29 ms    29 ms    28 ms  219.137.167.157

Trace complete.
```

图 5-15　tracert 命令的举例显示结果

### 6. nslookup

nslookup 命令用于显示 DNS 查询信息，诊断和排除 DNS 故障。nslookup 有交互式和非交互式两种工作方式。nslookup 的语法如下。

- nslookup [-option ...]：使用默认服务器，进入交互方式。
- nslookup [-option ...]-server：使用指定服务器 server，进入交互方式。
- nslookup [-option ...]-host：使用默认服务器，查询主机信息。
- nslookup [-option ...]-host server：使用指定服务器 server，查询主机信息。
- ? | /? | /help：显示帮助信息。

1）非交互式工作方式

所谓非交互式工作，就是只使用一次 nslookup 命令后又返回 Cmd.exe 提示符下。如果只查询一项信息，可以进入这种工作方式。nslookup 命令后面可以跟随一个或多个命令行选项（option），用于设置查询参数。每个命令行选项由一个连字符“-”后跟选项的名字组成，有时还要加一个等号（=）和一个数值。

（1）应用默认的 DNS 服务器根据域名查找 IP 地址，示例如下。

```
C:\>nslookup ns1.isi.edu
Server: ns1.domain.com
Address: 202.30.19.1

Non-authoritative answer:      #给出应答的服务器不是该域的权威服务器
```

```
Name: ns1.isi.edu
Address: 128.9.0.107          # 查出的 IP 地址
```

（2）nslookup 命令后面可以跟随一个或多个命令行选项（option）。例如，要把默认的查询类型改为主机信息，把超时间隔改为 5s，查询的域名为 ns1.isi.edu，则可使用如下命令。

```
C:\>nslookup -type=hinfo -timeout=5 ns1.isi.edu
Server: ns1.domain.com
Address: 202.30.19.1

isi.edu                                         # 给出了 SOA 记录
primary name server = isi.edu                   # 主服务器
responsible mail addr = action.isi.edu          # 邮件服务器
serial = 2009010800                             # 查询请求的序列号
refresh = 7200 <2 hours>                        # 刷新时间间隔
retry = 1800 <30 mins>                          # 重试时间间隔
expire = 604800 <7 days>                        # 辅助服务器更新有效期
default TTL = 86400 <1 days>                    # 资源记录在 DNS 缓存中的有效期
```

2）交互式工作方式

如果需要查找多项数据，可以使用 nslookup 的交互式工作方式。在 Cmd.exe 提示符下输入 nslookup 后回车，就可以进入交互式工作方式，命令提示符会变成“>”。

在命令提示符“>”下输入 help 或 ?，会显示可用的命令列表；如果输入 exit，则返回 Cmd.exe 提示符。

在交互式工作方式下，可以用 set 命令设置选项，满足指定的查询需要。常用子命令的应用实例如下。

（1）>set all：列出当前设置的默认选项。

```
>set all
   Server: ns1.domain.com
   Address: 202.30.19.1

Set options:
    nodebug                      # 不打印排错信息
    defname                      # 对每一个查询附加本地域名
    search                       # 使用域名搜索列表
……………………（省略）……………………
    MSxfr                        # 使用 MS 快速区域传输
```

```
    IXFRversion=1              # 当前的 IXFR（渐增式区域传输）版本号
    srchlist=                  # 查询搜索列表
```

（2）set type=mx：查询本地域的邮件交换器信息。示例如下。

```
C:\> nslookup
Default Server: ns1.domain.com
Address: 202.30.19.1
> set type=mx
> 163.com.cn
Server: ns1.domain.com
Address: 202.30.19.1

Non-authoritative answer:
163.com.cn      MX preference = 10, mail exchanger =mx1.163.com.cn
163.com.cn      MX preference = 20, mail exchanger =mx2.163.com.cn
mx1.163.com.cn internet address = 61.145.126.68
mx2.163.com.cn internet address = 61.145.126.30
>
```

（3）server NAME：由当前默认服务器切换到指定的名字服务器 NAME。类似的命令 lserver 是由本地服务器切换到指定的名字服务器。示例如下。

```
C:\> nslookup
Default Server: ns1.domain.com
Address: 202.30.19.1
    > server 202.30.19.2
    Default Server: ns2.domain.com
    Address: 202.30.19.2
```

（4）ls：用于区域传输，罗列出本地区域中的所有主机信息。ls 命令的语法如下。

```
ls[-a|-d|-ttype]domain[>filename]
```

不带参数使用 ls 命令将显示指定域（domain）中所有主机的 IP 地址，-a 参数返回正式名称和别名，-d 参数返回所有数据资源记录，而 -t 参数将列出指定类型（type）的资源记录，任选的参数 filename 是存储显示信息的文件。命令输出如图 5-16 所示。

如果安全设置禁止区域传输，将返回如下错误信息。

```
*** Can't list domain example.com : Server failed
```

```
> ls xidian.edu.cn
[ns1.xidian.edu.cn]
 xidian.edu.cn.                  NS      server = ns1.xidian.edu.cn
 xidian.edu.cn.                  NS      server = ns2.xidian.edu.cn
 408net                          A       202.117.118.25
 acc                             A       202.117.121.5
 ai                              A       202.117.121.146
 antanna                         A       219.245.110.146
 apweb2k                         A       202.117.116.19
 bbs                             A       202.117.112.11
 cce                             A       210.27.3.95
 cese                            A       219.245.118.199
 cnc                             A       210.27.5.123
 cnis                            A       202.117.112.16
 www.cnis                        A       202.117.112.16
 con                             A       202.117.112.6
 cpi                             A       219.245.78.155
 cs                              A       202.117.112.23
 csti                            A       202.117.114.31
 cwc                             A       210.27.1.33
 cxjh                            A       202.117.112.27
 Dec586                          A       202.117.112.15
 dingzhg                         A       202.117.117.8
 djzx                            A       202.117.121.87
 dp                              A       210.27.12.227
 dtg                             A       202.117.114.35
 dttrdc                          A       219.245.79.48
 ecard                           A       202.117.112.199
 ecm                             A       202.117.116.79
 ecr                             A       202.117.115.9
 ee                              A       210.27.6.158
```

图 5-16　ls 命令的输出

（5）set type：设置查询的资源记录类型。DNS 服务器中主要的资源记录有 A（域名到 IP 地址的映射）、PTR（IP 地址到域名的映射）、MX（邮件服务器及其优先级）、CNAM（别名）和 NS（区域的授权服务器）等类型。通过 A 记录可以由域名查地址，也可以由地址查域名，查询结果如图 5-17 所示。

```
> www.tsinghua.edu.cn                              #由域名查地址
服务器:  [61.134.1.4]
Address:  61.134.1.4

非权威应答:
名称:    www.d.tsinghua.edu.cn
Addresses:  2001:da8:200:200::4:100
          211.151.91.165                           #得到IPv6和IPv4地址
Aliases:  www.tsinghua.edu.cn

> 211.151.91.165                                   #由地址查域名
服务器:  [61.134.1.4]
Address:  61.134.1.4

名称:    165.tsinghua.edu.cn                       #得到域名
Address:  211.151.91.165
```

图 5-17　查询结果

当查询 PTR 记录时，可以由地址查到域名，但是没有从域名查到地址，而是给出了 SOA 记录，如图 5-18 所示。

```
> set type=ptr                                                    #查询PTR记录
> 211.151.91.165                                                  #由地址查域名
服务器:  [61.134.1.4]
Address:  61.134.1.4

非权威应答:
165.91.151.211.in-addr.arpa      name = 165.tsinghua.edu.cn      #查询成功，得到域名
> www.tsinghua.edu.cn                                             #由域名查地址
服务器:  [61.134.1.4]
Address:  61.134.1.4

DNS request timed out.
    timeout was 2 seconds.
非权威应答:
www.tsinghua.edu.cn     canonical name = www.d.tsinghua.edu.cn

d.tsinghua.edu.cn
        primary name server = dns.d.tsinghua.edu.cn               #没有查出地址
        responsible mail addr = szhu.dns.edu.cn                    但给出了SOA记录
        serial  = 2007042815
        refresh = 3600 (1 hour)
        retry   = 1800 (30 mins)
        expire  = 604800 (7 days)
        default TTL = 86400 (1 day)
```

图 5-18　查询 PTR 记录

（6）set type=any：对查询的域名显示各种可用的信息资源记录（A、CNAME、MX、NS、PTR、SOA 及 SRV 等），如图 5-19 所示。

```
> set type=any
> baidu.com
服务器:  [218.30.19.40]
Address:  218.30.19.40

非权威应答:
baidu.com       internet address = 202.108.23.59
baidu.com       internet address = 220.181.5.97
baidu.com       nameserver = dns.baidu.com
baidu.com       nameserver = ns2.baidu.com
baidu.com       nameserver = ns3.baidu.com
baidu.com       nameserver = ns4.baidu.com
baidu.com       MX preference = 10, mail exchanger = mx1.baidu.com
>
```

图 5-19　显示各种可用的信息资源记录

（7）set degug：与 set d2 的作用类似，显示查询过程的详细信息，set d2 显示的信息更多，有查询请求报文的内容和应答报文的内容。如图 5-20 所示是利用 set d2 显示查询过程的信息。这些信息可用于对 DNS 服务器进行排错。

```
> set d2
> 163.com.cn
服务器:  UnKnown
Address:  218.30.19.40

------------
SendRequest(), len 28
    HEADER:
        opcode = QUERY, id = 2, rcode = NOERROR
        header flags:  query, want recursion
        questions = 1,  answers = 0,  authority records = 0,  additional = 0

    QUESTIONS:
        163.com.cn, type = A, class = IN

------------
------------
Got answer (44 bytes):
    HEADER:
        opcode = QUERY, id = 2, rcode = NOERROR
        header flags:  response, want recursion, recursion avail.
        questions = 1,  answers = 1,  authority records = 0,  additional = 0

    QUESTIONS:
        163.com.cn, type = A, class = IN
    ANSWERS:
    ->  163.com.cn
        type = A, class = IN, dlen = 4
        internet address = 219.137.167.157
        ttl = 86400 (1 day)
------------
非权威应答:
------------
SendRequest(), len 28
    HEADER:
        opcode = QUERY, id = 3, rcode = NOERROR
        header flags:  query, want recursion
        questions = 1,  answers = 0,  authority records = 0,  additional = 0

    QUESTIONS:
        163.com.cn, type = AAAA, class = IN

------------
------------
Got answer (28 bytes):
    HEADER:
        opcode = QUERY, id = 3, rcode = NOERROR
        header flags:  response, want recursion, recursion avail.
        questions = 1,  answers = 0,  authority records = 0,  additional = 0

    QUESTIONS:
        163.com.cn, type = AAAA, class = IN

------------
名称:    163.com.cn
Address:  219.137.167.157

>
```

图 5-20　显示查询过程的详细信息